KB040581

꽃은
어떻게
세상을
바꾸었을까?

꽃은 어떻게 세상을 바꾸었을까?

초판 1쇄 발행 _ 2010년 1월 18일
개정판 1쇄 발행 _ 2022년 6월 10일

원제 _ flowers : how they changed the world

지은이 _ 윌리엄 C. 버거
지은이 _ 채수문

펴낸곳 _ 바이북스
펴낸이 _ 윤옥초
책임 편집 _ 이성현
편집팀 _ 김태윤
책임 디자인 _ 방유선
디자인팀 _ 이민영

ISBN _ 979-11-5877-299-4 03480

등록 _ 2005. 7. 12 | 제 313-2005-000148호

서울시 영등포구 선유로49길 23 아이에스비즈타워2차 1005호
편집 02)333-0812 | **마케팅** 02)333-9918 | **팩스** 02)333-9960
이메일 bybooks85@gmail.com
블로그 https://blog.naver.com/bybooks85

책값은 뒤표지에 있습니다.
책으로 아름다운 세상을 만듭니다. — 바이북스

미래를 함께 꿈꿀 작가님의 참신한 아이디어나 원고를 기다립니다.
이메일로 접수한 원고는 검토 후 연락드리겠습니다.

꽃은 어떻게 세상을 바꾸었을까?

윌리엄 C. 버거 지음 | 채수문 옮김

바이북스
ByBooks

추천사

꽃의 매력에 흠뻑 빠지다

윌리엄 버거William C. Burger의 『꽃은 어떻게 세상을 바꾸었을까?』는 꽃, 꽃이 피는 식물, 그리고 꽃이 피는 식물과 인간을 비롯한 동물과의 관계에 대하여 흥미롭고도 유익한 이야기들을 듬뿍 담고 있다. 이 이야기들은 일반인들이 지하철에서 또는 여유로운 주말 오후의 공원 벤치에서 푹 빠져들 만큼 재미있게 쓰였을 뿐만 아니라, 생물학 전공자들조차 그 유익함에 매료될 만큼 깊이 있고 폭넓은 내용들로 채워져 있기도 하다.

꽃은 우리의 산야와 정원을 수놓기도 하며 한 남자의 사랑의 고백이 되기도 한다. 때로는 이제 완전히 말라버린, 하지만 여전히 소중한 추억의 모습으로 가정의 벽 한쪽을 장식하기도 하고, 고흐의 그림처럼 실물이 아닌, 그렇지만 여전이 아름답고 풍부한 모습으로 우리 곁에 있기도 한다. 나는 지금까지 10년 이상 식물이 어떻게 꽃을 피우는가를 연구하고 학생들에게 가르쳐왔다. 하지만 꽃은 나에게 여전히 수많은 신비와 더불어 아름다움을, 그리고 삶의 향기와 여유를 더해주는 존재가 아닐 수 없다.

윌리엄 버거는 이 책을 통해 꽃에 대한 나의 관심과 열정이 보다 넓은 시야 속에서 더욱 발전할 수 있는 기회를 주고 있다. 이는 비단 지식의 문제가 아닌 꽃의 존재 가치를, 그리고 생명체의 의미를 새롭게 바라보는 시야를 제공하기 때문이다. 그가 제시하는 꽃의 생명 가치는 꽃이 피는 식물에 국한되지 않고 곤충과 다른 동물들, 나아가 인간에 이르며 어떻게 세계가 꽃과 함께 그리고 꽃에 의지하여 발달하였는가를 이야기하고 있다. 이는 참되고 탈 인간중심적인 폭넓은 시야이며, 지구온난화를 극복하고 생태계와의 새로운 조화를 찾아야 할 인류에게 유익한 가치관이기도 하다.

윌리엄 버거의 이야기는 넓은 시야와 가치관을 던져주는 데 그치지 않는다. 나는 이 책을 읽으며 대학시절 숙독했던 찰스 다윈의 '종의 기원' 을 떠올렸다. 그 시절 다윈이 어떻게 그렇게도 면밀한 관찰을 할 수 있었으며, 그에 대한 상세하고 생동감 있는 기록을 남길 수 있었는지 놀라움을 금치 못했다. 윌리엄 버거는 다년간의 현장 경험에 기초한 풍부한 관찰과 깊이 있고 체계화된 지식을 누구나 쉽게 이해하고 빠져들 만큼 흥미로운 문체로 기술하고 있다. 이 책은 결코 전공서로서 기술된 것이 아니나 그만큼 유익한 지식을 주기도 하며, 한 편의 추리소설이 그렇듯 읽던 스토리를 접고 다른 일을 하게 허락하지도 않는다.

꽃과 꽃 피는 식물을 공부하며 늘 고민해오던 숙제 중 하나는 이 이야기를 어떻게 하면 많은 사람들에게 편안하고 재미있게 들려줄 수 있을까 하는 것이었다. 이제 윌리엄 버거의 『꽃은 어떻게 세상을 바꾸었을까?』를 통해 그 숙제에 대한 많은 답을 얻을 수 있을 것 같다. 참으로 반갑고 고마운 책이 아닐 수 없어 많은 분들에게 그리고 심지어 생물학을 전공하는 분들께도 적극 추천하는 바이다.

2009년 11월

노유선 서울대학교 생명과학부 교수

인류에 끼친 꽃을 피우는 식물의 공헌

이 책은 자연 사랑에 내 전부를 바친 평생의 기록이다. 자연에 대한 나의 이러한 감수성은 자연에 대해 남다른 애정을 가지고 있었던 어머니로부터 물려받았으며, 어린 시절 뉴욕 시의 북쪽에 있는 허드슨 고원지대의 작은 오두막집에서 많은 여름을 보냈던 경험들 속에서 더욱더 깊어졌다. 부모님이 1930년대 대공황의 어려운 시절을 무사히 넘기고 그 작은 휴식처인 통나무집을 짓고 살아갈 수 있게 되었던 것은 참으로 다행스러운 일이 아닐 수 없다. 녹색의 채소밭과 화려한 꽃이 피어 있는 들판과 울창한 숲 속에서 보낸 여름날들은 맨해튼의 콘크리트와 아스팔트 속에서 자라난 도심 속의 어린아이였던 내게 전혀 다른 세상을 심어주었다. 나는 이곳에서 꿀벌들이 바쁘게 일하는 모습을 지켜볼 수 있었고 어두컴컴하고 음침한 숲 속 세계를 들여다보았고, 밤새도록 여치들이 울어대는 소리를 들었다.

중학교 3학년 때, 생물 선생님은 자신은 먹고살기 위해 생물 선생을 하는 것이 아니라, 자연의 생명에 대한 존경과 사랑에 빠져들어 생물학을 전공하게 되었다는 것을 여러 번 강조했다. 나는 그때 선생님이 하고 있는 일이야말로 내가 앞으로 해야 할 일이라고 확신했다.

결국 나는 대학에서 생물학을 전공하게 되었고, 대학을 졸업하자마자 군에 입대했다. 그리고 군대에서 받은 봉급을 모아서 대학원에 진학할 학자금을 마련할 수 있었다. 놀랍게도 나는 미국 납세자들의 돈으로 생물학자가 될 수 있는 장학금을 확보하게 되었다. 그리고 대학원 공부를 시작하기 전에 뉴욕 식물원에서 화학자로 근무하고 있던 울리히 바이스Ulrich Weiss 박사 밑에서 실험 조교로 일했다. 우리는 흙 속의 곰팡이로부터 항생제를 추출하는 작업에 참가하고 있었다. 과학을 일상생활에 도움을 줄 수 있는 실용적인 분야로 만들어 나가고 또 과학을 산업화하기 위해 애쓰는 바이스 박사의 순수한 열정은 그때 이후 나를 이끌어가는 하나의 모델이었다.

미국의 납세자들은 이 책을 발간하는 데 있어서도 아주 중요한 역할을 했다. 이번에는 미국 국제개발처USAID를 통해서였다. 미국 국제개발처에서는 에티오피아 동부 지역의 농업대학을 지원하는 원조 프로젝트를 시행했는데, 오클라호마주립대학에서 이를 맡아 추진했다. 이곳 에티오피아 동부 산악지대는 생물학적으로, 그리고 문화적으로 다양한 환경을 가지고 있는 생물학의 보고寶庫였다. 이곳은 세계에서 가장 오래된 기독교 사회 중의 하나다. 나는 이곳에서 4년 동안을 아주 부지런하고 열심히 공부하는 대학생들과 농업생산성을 향상시키기 위해 헌신하는 교수들과 같이 활동하면서 크나큰 경험을 쌓게 되었다.

에티오피아 프로젝트를 마치고 미국으로 돌아와서는 시카고 자연박물관에서 일할 수 있는 행운을 얻게 되었다. 내가 맡은 사업은 미국 국가과학기금이 주관하는 프로젝트로서 중미 대륙의 식물도감을 만드는 작업이었다. 이 사업을 통해 세계에서 가장 다양한 종류의 꽃이 자라고 있으며, 꽃을 피우는 식물의 보고라 할 수 있는 중미 대륙을 연구할 수 있었던 것이다. 이 미국 국가과학기금은 수십 년간 코스타리카의 현지 생태계 조사를 지원해온 재단이다. 이곳 시카고 자연박물관과 시카고대학에서 인류학자, 지질학자, 동물학자들과 공동으로 연구를 진행하는 동안, 나는 꽃을 피우는 식물들이 오늘날 우리가 가지고 있는 풍성하고 다양한 자연을 만들어내는 데 엄청난 노력을 해왔음에도 불구하고 그 노력한 만큼 충분한 인정을 받지 못하고 있다는 것을 알게 되었다. 애석하게도 우리 인간의 종족을 성공적으로 번성케 하는 데 이들 꽃을 피우는 식물들이 얼마나 중요한 역할을 했는지를 이해하는 사람들은 거의 없다. 좀더 확실하게 말하면, 이들 꽃을 피우는 식물의 이야기를 단 한 권의 책으로 다 설명하기에는 터무니없이 부족하다는 것이다.

꽃을 피우는 식물에 대한 나의 생각을 인내심을 가지고 들어주고 자신들의 느낌을 가감 없이 말해줌으로써 이 책의 내용을 한층 윤택하게 만들어준 멀린다, 헬렌, 캐서린에게 감사한다. 나의 절친한 친구이자 식물학자인 프레드 배리와 정원사이자 편집자인 캐럴 울리히는 이 책의 초안에 대해 많은 수정을 해주었다.

이렇게 모든 사람들의 노력과 수고가 덧붙여지고 나서야 이 세상에서 아주 중요한 생명체의 무리, 꽃에 관한 이 책이 탄생하게 된 것이다. 그들은 기어다니지도 못하고, 남을 찌르거나 깨물지도 못하고, 나쁜 질병을 옮기지도 못하기 때문에 종종 인간들의 관심을 끌지도, 합당하게 대접받지도 못한다. 그럼에도 불구하고 칼 니클라스Karl Niklas가 말한 것처럼 '꽃'은 자신의 의지와는 관계없이 자손을 퍼뜨리고, 피나 뇌가 없이도 새로운 생명체를 탄생시키고, 근육이 없이도 살아 움직이고, 자신도 모르는 사이에 누군가가 지어준 이름으로 불려지고, 자신의 생각과는 관계없이 온 세상을 먹여 살리는 살아 있는 생명체인 것이다.[1]

1장 꽃을 어떻게 정의할 수 있을까?

2장 무엇을 위해 꽃은 피어나는가?

3장 꽃과 꽃을 돕는 친구들

4장 꽃과 그의 적들

5장 꽃을 피우는 식물과 다른 식물들을 어떻게 구분할 수 있을까?

Prologue

세상을 변화시켜온 꽃의 비밀

꽃은 우리 주변에서 가장 사랑스러운 존재 중 하나임이 분명하다. 정원에 우아하게 심어져 아름다움을 뽐내고 있든, 키가 큰 잡초 사이에 보일 듯 말 듯 숨어서 피어 있든, 혹은 넓은 공간에 보란 듯이 피어 있든 관계없이 꽃이 가진 밝고 상쾌한 빛깔은 이 세상을 보다 즐거움이 넘치는 곳으로 만들어준다. 꽃은 길가의 자그마한 잡초 사이에서도 피어나고 열대 수림의 나무둥치를 뒤덮으며 피어나면서 우리의 자연환경에 화려한 색을 칠해주고 있는 것이다. 그러나 꽃의 이러한 화려함도 초본식물이 무성하게 자라는 계절에는 그다지 도드라져 보이지 않을 때가 있다. 또한 넓은 대지에 생명이 사라져버리는 오랜 가뭄의 계절이나 혹독한 겨울철에는 꽃도 그 모습을 감추어버린다. 그러고는 봄이 찾아와 따뜻한 기운이 다시 대지를 감싸고, 오랜 동안의 열대성 건기가 끝나고 빗방울이 대지에 떨어지기 시작하면, 자연의 세계는 그 특유의 화려한 변신을 시작한다.

봄날의 따뜻한 기온과 우기의 새로운 성장력이 왕성한 식물의 생명 활동을 다시 시작하게 만드는 것이다. 대부분의 식물은 잎을 먼저 피우고 나중에 꽃을 피우지만 어떤 종들은 재빨리 꽃망울부터 먼저 터뜨리기도 한다. 해마다 반복되는 계절의 변화에는 모든 식물들이 동참한다. 그들은 언제 꽃을 피우고 열매를 맺고 씨를 퍼뜨릴 것인지 각각의 종에 따라 세밀하게 그 시기가 정해져 있다. 때로는 혹독한 계절이나 장기간의 가뭄, 또는 국지적인 재해로 인하여 이러한 패턴이 흐트러지기도 하지만 식물의 삶의 주기는 곧 정상대로 회복되고 태양의 주위를 돌아가는 지구의 1년간의 여행주기와 조화를 맞추어 살아간다.

꽃을 피우는 식물들은 1년 동안 계절의 변화에 리듬을 맞추어 따라간다. 이 계절이 변화하는 리듬이야말로 우리뿐만 아니라 전 생태계의 일상생활의 중심 역할을 하는 것이다. 수렵시대에서 농경생활로 넘어가게 되면서부터 사람들은 더욱더 민감하고 밀접하게 계절의 변화에 매달리게 되었다. 또한 농경생활은 인간으로 하여금 동식물과 아주 특별한 공동생활을 할 수 있도록 만들었다. 비록 씨 뿌릴 땅을 고르고 동물을 길들여 보살피는 일이 우리의 생활을 보다 더 깊숙하게 자연의 변화에 종속되게 만들었지만 새로운 파트너인 식물과 동물 덕분에 우리 인간은 보다 확실하게 먹을거리 공급원을 확보하게 되었고 농경생활을 통해 우리 인간의 수는 기하급수적으로 늘어났다.

이 새로운 관계를 맺는 데 있어서 꽃을 피우는 식물의 역할은 참으로 지대한 것이다. 그리고 우리 인간은 이러한 관계를 맺기에 알맞은 장소에서 인류의 위대한 문명을 꽃피울 수 있었다. 심지어 오늘날의 복잡다단한 기술시대에 있어서조차 실질적으로 우리들을 지탱하는 에너지를 공급해주는 채소의 대부분이 꽃을 피우는 식물이다. 또한 꽃을 피우는 식물은 인간에게 풍부한 영양을 제공하는 동물들을 먹여 살리는 역할도 한다. 인간의 생명을 유지하는 데 있어서 꽃과 식물이 얼마나 중요한 역할을 하는지 재삼 거론하는 것은 사족에 불과할 뿐이다.

우리 어머니는 전문 정원사 뺨칠 정도로 꽃을 피우는 식물에 대한 사랑과 지식을 가지고 있었고 고맙게도 나에게 어머니가 가진 열정의 일부를 전수해주었다. 나는 아주 어렸을 때, 식물들이 스스로 행복하기 때문에 꽃을 피운다고 철석같이 믿고 있었다. 나무들은 거의 꽃을 피우지 않고 있다는 것을 알고 나서는 숲 속에 살고 있는 나무들은 어머니가 정원에서 가꾸는 꽃들보다 덜 행복하다고 생각하기도 했다. 그리고 꽃은 정원을 찾아오는 바쁜 꿀벌과 예쁜 나비들에게도 그러한 행복을 나누어주고 있다고 여겼다.

어린 시절, 나는 활짝 피어나는 계절의 오색찬란한 세상에 점점 더 빠져들어 갔다. 이른 봄철이 되면 즐거움이 넘치는 새의 노랫소리와 더불어 일찍 피어나는 꽃들이 찾아온다. 그리고 시간이 가면 갈수록 꽃들은 점점 퍼져나가 온 대지를 덮고 새소리는 점점 잦아들어 간다. 8월이 되어 꽃이 절정에 이르고 나면 가을벌레들의 합창소리가 온 들판에 가득 넘친다. 9월이 되어 날씨가 시원해지면 꽃은 점점 줄어들고, 대신에 맛있는 과일과 채소는 더욱더 풍성해진다. 10월 중순이 되면 쌀쌀해진 날씨와 더불어 꽃은 이제 종말을 고한다. 하지만 단풍이 들어가는 나무들의 잎사귀들이 마지막으로 황홀한 색깔을 터뜨린다. 그리고 11월, 마지막 잎사귀들이 땅에 떨어지고 나무는 벌거벗은 몸으로 긴 겨울과 마주선다. 첫 추위가 다가오면 가을벌레들의 세레나데도 그 연주를 그친다. 그리고 온 들판과 숲은 깊은 침묵으로 빠져든다. 다만 차가운 겨울바람만이 앙상한 가지 사이를 휘파람 소리를 내며 지나갈 뿐. 하지만 길고 추운 겨울, 회색과 고독만이 가득한 겨울도 때로는 놀라운 환희를 만들어내기도 한다. 바로 백설이 온 세상을 뒤덮는 순간이 찾아오는 것이다. 이때는 말라버린 나뭇가지와 얼어붙은 대지가 또 다른 아름다움으로 다시 태어난다. 마침내 또다시 봄바람이 가득한 3월이 찾아오면 낮은 점점 길어지고 따뜻한 기운이 감돌기 시작한다. 그리고 우렁찬 합창 소리가 늪과 습지에서 울려나오기 시작한다. 바로 개구리와 맹꽁이들이 새봄이 오고 있음을 온 세상에 알리는 전령사의 역할을 충실히 하는 것이다. 그리고 4월 중순, 우리의 첫 야생화가 숲의 밑바닥으로부터 다시 피어나기 시작하여 5월이 되면 장엄한 꽃의 향연이 온 대지와 초원 위에 펼쳐지는 것이다. 꽃이 피고 지는 그 생명의 사이클이 다시 시작된 것이다.

어린 시절, 나는 꽃이 대지의 경관에 얼마나 중요한 존재인가에 대해 전혀 개념이 없었다. 오히려 아주 오래전 언젠가, 수백만 년 전 지질시대에는 꽃이 없이 오직 푸른 초원만이 존재하던 시기가 있었다고 생각했다. 그리고 흔하디흔한 작은 풀들과 사초들도 꽃을 가지고 있다는 사실을 알지 못했다. 이렇게 작은 식물들도 아주 작은 꽃을 만들어낸다는 사실을 전혀 모르고 있었던 것이다. 비록 이러한 꽃들이 블루베리와 토마토로부터 사과와 호박에 이르기까지 각기 다른 과일을 만들어내고 있다는 것은 알고 있었지만 꽃이 정확하게 무슨 일을 어떻게 하는지에 대해서는 전혀 아는 바가 없었다. 사실 이러한 모든 것들이 생명체의 중요한 존재 목적인 번식을 위해 작동하는 하나의 기능이라는 사실을 이해하게 된 것은 훨씬 뒤의 일이다.

모든 살아 있는 생명체들은 수많은 세대를 거치면서 무수한 고통과 죽음 속에서 그 존재를 이어왔다. 오로지 그러한 환경 속에서 성공적으로 살아남은 종들만이 번식에도 성공하고 수적으로도 풍족하게 번성했다. 나쁜 기후, 무서운 질병, 굶주린 포식자와 같은 그들의 생존을 위협하는 적들은 곳곳에 산재해 있다. 오직 스스로 번식할 수 있는 능력을 가지고 있는 종만이 이러한 파괴적인 힘에 대해 대응할 수 있다. 꽃이 지금까지도 존속할 수 있었던 것은 바로 모든 살아 있는 생명체들이 가지고 있는 이 번식 능력을 가지고 있었기 때문이다. 또한 꽃은 바로 이 번식 능력을 발휘하게 하는 하나의 기능 기관이다. 하나의 식물의 무리가 살아남기 위해서 그리고 번창하기 위해서 반드시 '배워야 할' 핵심적인 기능인 것이다. 그뿐만 아니라 꽃을 피우는 식물은 지구의 표면을 아름답게 장식하므로 녹색

식물 가운데서 특히 도드라져 보인다.

또한 꽃을 피우는 식물들은 광합성을 하는 '독립 영양 생물'이다. 즉 태양 에너지로부터 직접 에너지를 생산해내는 독립적인 생물체인 것이다. 그들은 스스로의 생존을 위해 에너지를 만들어 사용하고 또한 다른 생명체들에게도 에너지를 제공한다. 우리 인간이나 다른 동물들은 자신이 필요한 에너지를 얻기 위해서 다른 생명체나 다른 유기체에 의존하는 '종속 영양 생물'이다. 그러므로 비록 녹색식물들이 겉으로 봐서는 별로 활동적이지 않은 것처럼 보이지만, 녹색식물이야말로 전 생태계의 가장 기본적인 에너지원源으로서 바쁘게 움직이고 있는 것이다. 생물학자들은 꽃을 피우는 식물을 속씨식물이라고 부른다. 속씨식물 종의 수는 대략 26만여 종이나 된다. 지구상의 모든 식물의 종의 수가 30만 종 정도 된다고 평가되는 것을 감안한다면 우리 주변의 식물 중에서 속씨식물이 가장 많은 부분을 차지하고 있는 것을 알 수 있다.

그렇다고 해서 꽃을 피우는 식물이 생물학적 분포 전체에서 가장 많은 부분을 차지하는 것은 아니다. 나비, 나방, 딱정벌레, 벌, 베짱이, 메뚜기, 파리 같은 곤충들만 전부 더해도 100만 종은 훌쩍 넘기 때문이다. 딱정벌레만 해도 그 종류가 4만 5,000종을 넘고 지금도 새로운 종이 매일매일 발견되고 있는 실정이다. 그러나 생물수량어떤 환경 내에 현존하는 생물의 총수을 계산할 때 이 모든 딱정벌레들을 다 계산할 수 있는 것은 아니다. 어떤 딱정벌레종은 1갤런짜리 포장용기로 수천 개 포장을 하고도 남을 것이라는 이야기도 있다. 또 하나 꽃을 피우는 식물이 중요한 이유는 그것들이 덩치가 크다는 것이다. 비록 연못에 사는 부유식물개구리밥과(科) 식물 같은 것들은 1펜스 동전보다 더 작지만 대부분의 꽃을 피우는 식물들은 본질적으로 크기가 크다. 최소한 딱정벌레보다는 훨씬 크다. 그러므로 꽃을 피우는 식물의 크기와 에너지를 생성하는 광합성 작용 두 가지만 생각해보아도 꽃을 피우는 식물이야말로 우리 지구의 열대우림과 초본식물이 무성한 초원, 사바나 나무 숲지대, 그리고 농경지 내에서 가장 중요한 식물임을 쉽게 알 수 있다.

비록 꽃이 피어 있는 곳에는 벌들이 윙윙거리고 새들이 지저귀고 있어서 다소 소란스럽고 복잡해 보이긴 하지만 서로의 초자연적인 역할을 혼동하지 않는 자연 본연의 기능은 흔들림이 없다. 이들을 들여다보고 있으면 '아주 아름다운 꽃이나 열심히 일하는 나비들이 어떻게 이러한 자연의 역할을 수행했으며 어떻게 이런 놀라운 생명체들이 탄생하게 된 것일까?' 하는 아주 원초적인 의문을 불러일으킨다. 이에 대한 해답으로서 많은 사람들이 '전지전능한 신'이 존재하고 그 신에 의해 만물이 창조되었다고 믿는다. 이 지극히 정상적인 자연활동은 탄생과 죽음, 성공과 실패와 마찬가지로 우리로서는 상상하기조차 어려운 많은 경이로움을 가지고 있다.

이 의문에 대해 최초로 과학적으로 접근한 사람은 찰스 다윈Charles Darwin, 1809~1882이다. 그는 자연이 수만 년 동안 환경에 적응하여 진화했다는 '진화론'을 주장했다. 다윈은 오늘날 우리가 볼 수 있는 생물학적 다양성을 오랜 진화 역사의 산물이라고 설명한 것이다. 그리고 이러한 현상을 단지 자연에서 일어나는 하나의 과정으로 취급함으로써 생명의 역사를 과학적 과제의 범주로 끌어들였다. 예를 들면 다윈은 인간이 아프리카 대륙에서부터 기원하여 진화되었다고 주장했다. 왜냐하면 그곳에 인간과 유사한 침팬지와 고릴라가 많기 때문이다. 반면에 어떤 과학자는 인간의 발원지는 아시아라고 주장한다. 인간과 보다 더 가까워 보이는 오랑우탄이 아시아에 살고 있기 때문이다. 1세기 이상을 끌어온 이 논쟁은 아프리카에서 최근에 발견된 화석을 분석한 결과 다윈의 주장이 옳다는 것이 증명되었다. 또한 DNA 분석 결과 침팬지의 유전인자 코드가 우리 인간의 것과 가장 많이 닮았다는 것도 밝혀졌다. 그리고 아프리카에 사는 사람들이 다른 지역에 사는 사람들보다 유전적으로 훨씬 더 다양하다는 것이 밝혀졌다. 이는 우리 인간이 아프리카에서 최초로 발원했다는 사실을 증명하는 또 다른 증거다. 자연 그 자체와 자연에서 일어나고 있는 여러 현상들이 어떻게 변화했는가 하는 그 변화 과정으로부터 수집한 자료를 종합 분석한 결과, 현대 과학은 진화론을 자연의 활동과 자연의 긴 역사를 설명하는 하나의 유력한 프레임이라고 확정했다. 식물과 인간의 유전자와 염색체 중에는 서로 같은 기능을 발휘하는 것들이 많다. 지구촌에 살고 있는 많은 다양한 생명체들은 서로 깊은 일체성을 가지고 있는 것이다.

그럼에도 불구하고 사람들은 대부분 자연은 너무도 웅장하고 복잡하고 위대하기 때문에 이런 방식만 가지고는 설명할 수 없다고 생각한다. 이러한 생각들을 설명하기 위한 하나의 메커니즘으로서

'전지전능한 계획', 즉 창조론이 등장하게 된다. 지난 10여 년 이상 생물의 기원과 발달에 대한 이론들이 각종 언론매체를 통해서 활발하게 논의되어왔지만, 아주 흥미롭게도 이 '전지전능한 계획'이 거론된 적은 한 번도 없다. 이에 관련하여 단 한 권의 과학 서적이나 단 한 편의 논문도 발표되지 않았다. 그 이유는 아주 간단하다. 우리 주변의 세계에서 이 일반적인 이론을 검증하거나 본질적으로 증명할 수 있는 증거를 찾을 수 없기 때문이다. 어떤 사람은 이 '전지전능한 계획자'는 아무런 흔적을 남기지 않았다고 말하기도 한다.

현대 과학의 시대에 전지전능한 계획이라는 생각을 도입하는 것은 골프장에서 농구를 하자는 생각과 다를 바 없다. 사람들은 골프장에서 농구를 하지 않는다. 왜냐하면 일단 골프장에 들어가보면 농구공으로 할 수 있는 일이라고는 아무것도 없기 때문이다. 골프장에는 농구를 할 수 있는 시설이 되어 있지 않다. 이와 비슷한 논리로 자연의 세계에서 '전지전능한 계획'을 증명하거나 실험할 수 없으므로 이는 과학적 사실의 한 부분이 될 수가 없다. 그리고 더 간단하게 말하면 이것이 바로 '전지전능한 계획'을 주장하는 학자나 집단들이 학교 수업시간에 생물학을 가르치자고 주장하지 못하는 이유다. 그러므로 우리가 다음 장부터 논의하고자 하는 꽃에 대한 설명도 표준 과학 논리와 실험을 토대로 전개하고자 하는 것이다. 현대 과학이야말로 우리에게 자연세계에 대한 깊은 통찰력과 본래 그대로의 그림을 제공해주고 있는 설득력 있는 방법론이다. 지질학자들이 지구의 긴 역사를 연구하고, 심장 전문의들이 심장질환에 대해 좀더 알고 싶어 하는 것과 관계없이 인간이 지적으로 성공한 유일한 활동이 바로 과학이며, 그중에서도 식물학을 연구하는 것이야말로 이 원대한 과학 프로젝트의 핵심부분이다. 우리는 지금부터 그것을 알게 될 것이다.

로렌 아이슬리Loren Eisley, 1907~1977는 자신의 저서 『광대한 여행The Immense Journey』에 '꽃이 어떻게 세상을 바꾸어 놓았을까?'라는 제목의 글을 수록했다. 이 에세이에서 나를 놀라게 한 것은 그의 깊은 통찰력과 표현력뿐만 아니라 그것이 인류학자이자 시인에 의해서 쓰여졌다는 사실이었다. 어떤 식물학자나 생물학자도 꽃을 피우는 식물이 중요하다는 사실에 대해 이처럼 명확하게 연구하거나 알아낸 사람은 내가 알기로는 없다. 심지어는 비슷한 방법으로라도 접근한 적조차 없었다. 아마도 생물학자들은 식물 하나하나, 나무 하나하나에 대해서는 깊이 연구했지만 웅장한 숲의 무한한 가치에 대해서는 관심을 갖지 않았기 때문이라고 생각한다.

꽃을 피우는 식물에 대해 깊이 생각하고 꽃을 피우는 식물이 우리 세계에 가져온 변화를 정확하게 깨달은 사람은 네브래스카 주의 넓은 초원에서 자라난 한 시인이었다. 아이슬리의 에세이는 50년 전 처음으로 발간된 그때나 지금이나 모두가 사실인 것으로 판명되었다. 최근에 엄청나게 축적되었다는 새로운 현대의 과학적 지식이라는 것들도 고작 그의 깊은 관찰력과 통찰력을 보강하는 데 그치고 있을 뿐이다. 식물화석의 기록이 동물화석에 비하여 매우 부족하긴 하지만, 식물화석을 통해서 보건대 오늘날의 지구 표면이 아주 오래전의 지구보다 훨씬 더 위대하고 다양한 생명체로 아름답게 덮여 있다는 것을 알 수 있다. 그렇다! 이것은 사실이다. 다시 말하자면 꽃을 피우는 식물들이 지구를 변화시켜왔던 것이다. 아이슬리는 다음과 같이 그의 에세이를 갈음했다.

"꽃이라는 자연의 선물과 그 꽃이 만들어낸 다양한 종류의 열매가 없었더라면 인류와 조류는 비록 그들이 계속해서 생존해오기는 했겠지만 오늘날처럼 서로 달라지지 않았을 것이다. 파충류와 조류의 중간 형태였던 시조새는 세콰이어 나뭇가지 사이에서 딱정벌레를 잡아먹고 있을 것이고 인류는 어둠 속에서 바퀴벌레를 잡아먹는 야행성 동물에 불과할 것이다. 가냘프고 가벼운 꽃잎 하나가 지구의 얼굴을 바꾸었고 오늘날 우리가 지구의 주인이 될 수 있도록 만들어주었다. 어느 단 하나의 녹색식물 종이 지구상에서 종의 폭발을 이끌어낼 동물 집단을 만들어가는 엄청난 변화를 이끌어갈 수 있을까? 그것도 외부로부터의 영향이나 아무런 지원을 받지 않고. 만약에 우리 인류에게 그 책임이 주어졌다면, 이를 견뎌낼 수 있었을까? 이것은 꽃잎을 가진 식물, 또는 최소한 꽃을 달고 있는 식물 말고는 아무도 해낼 수 없는 일이다."[1]

이 책을 읽다보면 우리는 단순히 꽃에 대한 이야기만 읽는 것이 아니라 꽃을 피우는 식물의 존재에 대한 중요성을 우리 자신에게 계속해서 상기시키게 될 것이다. 이 책의 최종 목적은 꽃을 피우는 식물이 1억 년 이상 동안 생명체의 세계를 어떻게, 얼마나 많이 변화시켜왔는가를 보여주는 것이다. 그러나 그렇게 하기 전에 우리는 꽃과 꽃을 피우는 식물에게 보다 가까이 다가가고 개인적으로 친해져야 한다. 그런 다음에 꽃이 무엇을 하는지, 왜 그렇게 하는지, 무엇이 꽃을 도와주고 있는지, 무엇이 꽃을 괴롭히는지를 이야기할 것이다. 그러고는 무엇이 꽃을 피우는 식물을 다른 식물과 다르게 만드는지, 어떻게 그렇게 특별하게 만드는지를 생각하게 될 것이다. 마지막으로, 어떻게 지구상의 생태학적 시스템을 변화시키고, 어떻게 인류의 생성을 만들어냈는지, 그리고 인류를 지구상의 지배자로 만드는 데 어떻게 도움을 주었는지를 살펴볼 것이다.

자, 이제 화려하지 않은 야생화 친구 몇몇을 가까이 바라보면서 여행을 시작하기로 하자.

1

flower

꽃을 어떻게
정의할 수 있을까?

말하기조차 슬픈 일이지만 생물학은 정확하게 말하면 과학이 아니다. 화학이나 물리학과는 다르게 어떤 규칙이나 법칙이라고 부를 만한 것들이 거의 없기 때문이다. 물론 그중에는 몇 가지 단순한 규칙이 보이기는 하지만 생물학적 분야는 일반적으로 광범위한 다양성을 가지고 있다. 그러므로 어떤 사람은 '꽃'과 같은 정도의 것은 아주 간단하게 그 정의와 특성을 얘기할 수 있다고 생각할지도 모른다. 하지만 결코 그렇지 않다. 꽃은 그 크기나 모양이 우리가 생각하는 것 이상으로 아주 다양하다. 아주 크고 사랑스러운 가시연꽃으로부터 장미, 난초, 작은 녹색 꽃과 색깔이 없는 잔디 꽃까지. 물론 두말할 것도 없이 '꽃'이란 반드시 스스로 꽃임을 나타내는 어떤 모양과 구조와 기본적인 기능과 부분을 가지고 있어야 한다. 이른 봄 숲속에서 우리가 흔히 만날 수 있는 평범한 꽃을 통해 꽃의 기본적인 부분에 대해 알아보기로 하자.[1]

야생 제라늄

야생 제라늄은 숲 속의 밑바닥에서 자라는 아주 작은 허브 초본식물이다. 제라늄은 여름이 다 지나가면 그 줄기와 잎은 말라죽지만 잘 발달된 뿌리줄기를 가지고 있는 덕분에 이듬해 봄에 다시 싹을 틔운다. 우리는 이러한 식물을 다년생식물이라고 부른다. 흔히 볼 수 있는 야생 제라늄은 잎이 흙과 접해 있는 부분에서 나오며, 꽃대는 50~60센티미터 정도까지 자란다. 미국의 동부에서는 숲 속이나 나무가 우거진 곳의 가장자리에서 주로 서식하고 있으며, 주변 나무들의 잎이 돋아나 그늘이 생기기 시작하면 꽃을 피운다. 꽃잎은 가느다란 줄기 모양의 꽃자루 끄트머리에서부터 나오기 시작하고 꽃잎의 크기는 2.5~5센티미터 정도다. 꽃은 다섯 개의 꽃잎을 피우는데 평평하거나 약간 구부러진 표면을 하고 있으며 야생 라일락 같은 보라색이나 장밋빛 보라색을 띠고 있다. 이 꽃잎 아랫부분에는 다섯 개의 가늘고 창끝처럼 뾰족한 모양의 작은 녹색의 꽃받침 조각이 있다. 꽃받침 조각은 꽃봉오리가 피어나기 전에는 하나로 닫혀 있어서 봉오리의 끝부분을 감싸서 보호해주다가 꽃잎

◈ 야생 제라늄은 다년생식물로 숲 속이나 나무가 우거진 곳의 가장자리에서 볼 수 있다.

이 자라서 피어나기 시작하면서 꽃받침 조각은 스스로 갈라져서 꽃잎이 활짝 피어날 수 있도록 해준다. 이에 따라 꽃은 점차 활짝 피어나 만개할 수 있게 된다.

다섯 개의 꽃잎 안을 찬찬히 들여다보면 꽃의 중심인 화심花心 둘레에 돋아나 있는 열 개의 꽃술을 볼 수 있다. 이는 꽃의 수컷 역할을 하는 부분, 즉 수술이다. 수술 하나하나는 가느다란 수술대 줄기 위에 올라 앉아 있는 주머니 모양의 꽃밥을 그 꼭대기에 달고 있다. 꽃밥 안에서는 꽃가루가 만들어지며, 꽃가루가 충분히 익어가면 꽃밥이 열리고 꽃가루가 흩어지게 된다. 이러한 열 개의 수술을 한데 묶어서 수술군群이라고 부르며 이는 그리스어로 '안드로치움androecium', 즉 남성의 집이라는 뜻이다. 우리는 수술의 수가 열 개라는 사실에 주목할 필요가 있다. 이것은 꽃잎 숫자의 두 배인 것이다. 이렇게 꽃잎 숫자의 배수의 수술을 가지는 형태를 가진 꽃들을 쉽게 찾아볼 수가 있다.

마지막으로 열려진 화심花心에서 우리는 여성에 해당하는 부분인 암술여성의 집을 발견할 수가 있다. 제라늄에서도 다른 꽃과 마찬가지로 하나의 단일 구조물이 화심 속에서 솟아 올라오는 것을 볼 수가 있다. 이것은 우리가 암술이라고 부르는 것으로 제라늄의 암술은 관 모양의 긴 대롱 구조와 가느다란 암술대로 되어 있으며 암술대 꼭대기 부근에서 다시 다섯 개의 암술대 가지, 즉 암술머리로 갈라진다. 주변 여건이 맞으면 다른 식물로부터 곤충들이 실어나른 꽃가루는 바로 이들 암술머리 위에 올려지게 될 것이다. 두껍고 둥그런 암술대의 아랫부분이 바로 씨방이다. 이곳에서는 식물의 번식을 위한 많은 활동이 이루어진다. 씨방을 단면으로 잘라보면 다섯 개의 방이 있다. 이 방들을 소실小室 loculus이라고 부른다. 각 방에는 두 개의 배주胚珠가 들어 있다. 배주는 그 안에 난자 세포가 들어 있어서 씨앗이 만들어지고 만들어진 씨앗에 영양을 제공하는 기관이다. 꽃이 핀 후에, 수분작용이 이루어지고, 영양이 공급되면 배주는 씨방 내부에서 씨앗이 된다. 이때 씨방은 스스로 열매로 변한다.

제라늄의 열매는 여러 가지 특이한 성질을 가지고 있다. 각 소실에서 오직 한 개의 배주만 씨앗이 되고 열매로 자라날 수 있다. 그리고 열매가 익어가면 다섯 개의 씨방 부분은 각각 갈라지면서 떨어져 나가 암술대 및 암술에 붙어 있는 채로 위쪽으로 말려 올라간다. 이 특이한 열매를 통해서 우리는 제라늄속屬을 구별할 수가 있으며 이를 공통적으로 이질초본식물 무리라고 부른다. 제라늄속屬에는 모두 합쳐서 250~300개 정도의 야생 종이 있으며 주로 북반구 기후대나 열대지방의 고지대에 서식하고 있다.

본래 제라늄은 제라늄과科에 속하며 여기에는 정원용으로 개량된 제라늄도 포함된다. 마지막으로, 일반적인 꽃에 대해 보다 더 자세히 알아보고자 한다면 꽃을 수직으로 잘라보는 것이 좋다. 그리고 꽃의 외부 모양 중에서 꽃잎 위에서부터 살펴보도록 하자. 우선 가장 먼저 다섯 개의 꽃잎을 볼 수가 있고 꽃잎 안에는 열 개의 수술이 있으며, 꽃의 중심에는 암술이 자리 잡고 있다. 꽃받침 조각과 꽃잎, 수술과 암술이 씨방 아래쪽에서부터 올라온 이런 꽃을 자방상위식물子房上位植物이라고 한다. 지금부터는 여러 가지 다양한 꽃에 대해 알아보기로 하자. 우선 제라늄과 마찬가지로 다섯 개의 꽃잎을 가졌지만 전혀 다른 과에 속하는 꽃 중에서 장미를 살펴보자.

야생 장미

자! 우선 우리 주변에서 쉽게 볼 수 있는 장미부터 시작해보자. 하지만 장미의 속屬은 그 종의 수가 워낙 많은 데다가 여러 가지 목적으로 개량된 개량종 또한 워낙 많기 때문에 미국 동부 지역에 널리 퍼져 있는 야생 장미로사 캐롤라이나를 표본으로 하여 알아보겠다. 이 사랑스러운 장미꽃은 초여름에 초원과 넓은 숲 사이에서 쉽게 발견되는데 불과 30~100센티미터 길이의 줄기에서 꽃이 피어난다. 야생 제라늄에서 볼 수 있는 것과 마찬가지로, 이 꽃의 먼저 눈에 띄는 부분은 밝은 핑크빛을 띠고 있는 다섯 개의 꽃잎이 만들고 있는 둥근 모양의 서클이다. 평평하면서도 주걱 모양으로 살짝 구부러진 꽃잎들이 밝은 노란색의 화심을 둘러싸고 있다. 이것은 대부분의 개

로사 캐롤라이나 | 우리가 일반적으로 볼 수 있는 장미는 개량종으로서 야생의 장미와는 외형적 차이가 뚜렷하다.

량 장미와는 전혀 다른 모양을 하고 있다. 개량 장미는 대개가 꽃잎들이 서로 겹쳐지면서 꽃잎으로 꽃 전체를 덮고 있다. 이러한 관상용 장미와는 달리 야생 장미의 중앙 부분은 활짝 열려 있어서 곤충들이 마음대로 들락거릴 수 있다.

야생 장미의 중심부는 크게 두 개의 부분으로 구성되어 있다. 바깥 둘레 부분에 열다섯 개에서 서른 개 정도의 가느다란 꽃술이 있다. 꽃술의 끄트머리 부분에는 꽃밥이 달려 있는데 보통 노랗거나 갈색을 띠고 있다. 제라늄에서와 마찬가지로, 장미에서도 이것들이 '남성'에 해당되는 부분으로서 꽃술 하나하나는 수술대와 주머니 모양의 꽃밥으로 이루어져 있다. 꽃의 중심에서는 '여성'에 해당하는 부분을 볼 수가 있다. 이 부분도 제라늄에서 볼 수 있는 것과 비슷하다. 하지만 장미꽃에서는 암술의 모습을 볼 수가 없다. 반면에 아주 짧은 암술대와 암술머리가 꽃 중앙부에 뭉쳐져 둥그런 동산 모양을 만들고 있다. 일부 장미의 종류에서는 암술대가 뭉쳐져서 하나의 기둥 모양을 이루고 있기도 하다. 이런 경우에는 암술머리가 그 기둥 위에 달려 있다. 그러면 장미꽃의 씨방과 밑씨는 어디에 있을까?

장미꽃을 위에서 아래로 반으로 갈라보자. 그리고 암술부분의 아랫부분을 잘 살펴보면, 꽃잎 아랫부분에 두꺼운 통 모양을 한 것을 볼 수가 있다. 여기에 두꺼워진 씨방이 꽃잎과 수술 밑에 숨어 있다. 이처럼 꽃받침 조각과 꽃잎, 수술이 씨방 위로 솟아올라 있는 꽃을 제라늄과 같은 식물과 비교하여 자방하위식물子房下位植物이라고 부른다.[2] 장미도 제라늄과 마찬가지로 씨방에는 밑씨가 들어 있어서

로사 브랙테아타 | 야생 장미의 경우 다섯 개의 꽃잎이 활짝 열려 있어 곤충들이 쉽게 드나들 수 있도록 되어 있다.

수분이 이루어지면 씨앗으로 자라나게 된다.

꽃잎 아래에서 씨방 윗부분의 가장자리를 따라서 올라오면 다섯 개의 삼각형 모양의 녹색 구조물을 볼 수가 있는데, 이것이 바로 꽃받침 조각이다. 제라늄과 마찬가지로 꽃받침 조각은 꽃봉오리가 맺히는 초기에 꽃을 덮어서 보호하는 역할을 한다. 꽃이 피어나기 시작하면 꽃받침 조각도 열리고 꽃잎이 팽창하여 펴지면서 본래부터 가지고 있는 아름다운 색깔을 보여주게 되는 것이다. 활짝 피어나기 직전의 자랄 대로 자란 꽃봉오리를 따서 꽃의 5대 주요 부분을 다시 한번 살펴보기로 하자.

바깥쪽에는 거칠거칠한 모양의 초록색 꽃받침 조각이 있고 그 밑으로 녹색의 씨방이 외벽에 붙어 있다. 꽃받침 조각을 떼어내보면, 막 펼쳐지기 직전에 있는 꽃잎이 나타난다. 겹쳐져 있는 꽃잎 속에는 가느다란 노란색의 많은 수술이 숨어 있다. 마지막으로 꽃봉오리 중심부에는 밑에 숨어 있는 씨방으로부터 올라온 암술대와 암술의 윗부분을 볼 수 있다. 이 과정을 통해서 살펴보면 가장 중요한 부분인 여성 부분이 꽃잎과 수술 아래에 꼭꼭 숨어 있어서 수술과 암술대 사이로 침입하는 곤충들로부터 해를 입지 않도록 보호를 받고 있음을 알 수 있다. 그런데 이상한 것은 장미꽃의 여성 부분은 보호를 받고 있지만 제라늄의 여성기관은 그렇지 않다는 것이다.

수분과 영양공급이 정상적으로 이루어지면 꽃잎과 수술은 시들어 떨어지고 밑씨가 커가기 시작하여 씨앗으로 자라난다. 이때 씨방은 그대로 자라서 열매가 되어 그 안에 씨앗을 품고 있다. 씨방이 밝은 빨간색으로 완전하게 익으면 흔히 '장미 엉덩이' 라고 불리게 된다. 이 장미 엉덩이를 둘러싸고 있는 껍데기에는 비타민 C가 많이 포함되어 있고 맛이 좋아서 동물들의 영양 간식으로 이용되고 있다. 이러한 영양을 제공하는 대가로 동물들은 장미의 씨앗을 여기저기 흐트러뜨려준다. 장미 엉덩이는 다른 여러 종류의 장미과科 식물이나 사과, 체리, 복숭아와 같은 식물의 열매를 닮았다. 이런 종류의 과일은 과일 윗부분의 끝에 중심에서 생겨난 꽃받침 조각이 남아 있는 자방하위식물의 특성을 가지고 있기 때문에 다른 종류의 과일과 쉽게 구별된다. 제라늄이나 토마토 같은 것들은 꽃받침 조각이 열매의 아랫부분, 즉 꽃자루 부분에 남아 있다.

또 하나 장미과 식물의 재미있는 특성은 꽃을 구성하는 요소들이 다섯, 또는 다섯의 배수로 이루어져 있다는 것이다. 다섯 개의 꽃받침 조각, 다섯 개의 꽃잎, 열다섯 개 또는 서른 개의 수술 등이 그러하다. 제라늄과의 식물들은 씨방 위에 단지 세 개의 수술을 가지고 있지만, 이를 제외하고는 장미과의 식물과 유사한 점이 많다. 지금까지 제라늄과 야생 장미를 살펴보았다. 이제는 같은 속屬에 속하지만 전혀 다른 꽃을 피우는 식물을 대표하는 두 종류의 야생화를 살펴보기로 하자.

야생 백합의 두 종류

미국 동북부 지역에는 두 가지 놀라운 백합 종이 서식하고 있다. 이들 야생 백합들은 야생 장미 종류와 같이 초여름에 꽃을 피운다. 그리고 초원지대와 깊이 우거지지 않은 숲지대에서 많이 자란다. 이들 야생 백합도 제라늄에서 보는 것처럼 긴 수직 줄기꽃자루 위에 꽃이 핀다는 것이 가장 큰 특징이다. 하지만 이들 꽃들은 비교적 그 크기가 크다는 것이 다르다. 높이 솟아 있는 밝고 붉은 오렌지색 꽃은 멀리에서도 아주 잘 보인다. 숲백합Lilium philadelphicum은 꽃자루 끝에 수직으로 올라온 꽃을 달고 있다. 밑부분에서부터 위로 솟아 있는 여섯 개의 꽃잎은 아랫부분이 가늘고 꽃병 같은 모양의 암수를 나타내는 부분을 둘러싸고 있다. 또 다른 야생 백합인

턱스캡 백합Turk's cap lily과 미시간 백합Lilium michiganense은 긴 꽃자루의 끄트머리가 구부러져 있는데 이 구부러진 끄트머리에 꽃을 달고 있다. 여기에서 나온 여섯 개의 꽃잎은 다시 또 구부러져 있어서 전체적으로 꽃이 아래를 향해 피어 있는 모양이 되고 수술과 암술도 아래쪽 열린 공간을 향해 뻗어 나온다. 이들은 제라늄이나 장미와는 다르다. 다섯 개가 아닌 여섯 개의 꽃잎을 가지고 있을 뿐만 아니라 녹색 꽃받침 조각도 없다. 여섯 개의 꽃잎 기저 부분을 자세히 들여다본다면 꽃받침 조각과 꽃잎과는 다른 나선형 윤생체輪生體가 바깥쪽으로 세 개, 안쪽으로 세 개가 나 있는 것을 알 수가 있다. 이것을 전문적 용어로는 화피花被 조각이라고 부른다. 그러나 겉으로 보면 제라늄이나 장미와 비슷해 보인다. 화려한 색깔의 화피 내부에는 6개의 수술대가 원형으로 나 있으며 각각의 수술대는 가늘고 긴 꽃밥을 가지고 있다. 다시 한번 말하지만 수술대와 꽃밥은 수술군을 구성하며 이는 꽃의 남성 부분에 해당한다.

◈ 야생 백합은 제라늄이나 장미와는 달리 여섯 개의 꽃잎을 가지고 있다.

이들 백합꽃의 중심부에는 암술과 화피가 있고 암술의 아랫부분에는 씨방이 있다. 이들은 제라늄과 마찬가지로 자방상위식물이다. 씨방 윗부분에서 가늘고 긴 수술대가 올라오고 끝 부근에 가서는 세 개의 가지 또는 껍질로 갈라진다. 그리고 그 끝에는 끈끈한 꽃밥이 달려 있다. 백합꽃을 옆으로 잘라보면 씨방의 중앙 축에 연결된 세 개의 소실을 볼 수가 있는데, 여기에는 많은 밑씨가 들어 있다.

제라늄과 장미 같은 다섯 꽃잎 식물과 비교해보면, 백합꽃은 3이란 숫자를 많이 보여주고 있다. 세 개씩 나뉘어져 있는 여섯 개의 화피 같은 꽃잎, 역시 세 개씩 두 그룹으로 갈라져 있는 수술대, 세 개의 암술대를 가진 암술과 세 개의 소실이 그것이다. 꽃봉오리는 꽃받침 조각 없이 세 개의 바깥쪽 화피를 가장자리가 꼭 붙은 채로 만들어 올린다. 만약에 꽃이 피어나는 초기에 이들이 다치게 되면 꽃 모양은 엉망이 될 것이 분명하다. 이것은 두꺼운 꽃받침 조각이, 분홍빛 꽃잎들을 감싸고 보호하는 장미나 제라늄과는 다르다. 제라늄, 장미, 백합꽃은 확실히 서로 다른 종류의 꽃이다. 다섯 개의 꽃잎을 가진 식물과 세 개의 꽃잎을 가진 식물이 서로 어떻게 다른가 하는 부분에 대해서는 뒤에서 보다 자세하게 알아도록 하고, 지금부터는 꽃의 특성을 결정짓는 기본적인 부위부터 다시 한번 알아보자.

꽃의 각 부위에 대한 연구

대부분의 꽃은 꽃받침 조각이라고 불리는 꽃봉오리를 보호하는 두꺼운 녹색 서클이나 이와 유사한 외부 윤생체를 가지고 있다. 그러나 실제로 이러한 기능을 백합꽃에서는 찾아볼 수 가 없지만 무언가 비슷한 것이 있음에 틀림없다. 또 다른 윤생체는 화려한 색깔의 꽃잎이다. 꽃받침 조각과 꽃잎을 분리할 수 없는 백합꽃 같은 경우 화피가 이를 대신한다. 꽃받침 조각과 화피 두 가지를 모두 꽃덮개라고 부른다. 꽃받침 조각들은 따로 떨어져 있거나 일부가 붙어 있기도 하다. 꽃받침 조각들을 합쳐서 꽃받침이라고 부른다. 꽃잎 조각을 합쳐서 화관花冠이라고 부르는 것과 마찬가지다. 이러한 부분들에 대한 이름들이 조금 혼란스러운 것처럼 보이지만 좀더 복잡한 꽃의 세계로 들어가기 위해서는 이런 꽃받침, 화관, 꽃덮개 같은 용어들을 아주 유용하게 사용해야만 한다. 이것은 꽃의 생식기능을 보호하는 화려한 색깔의 외부 보호 장치를 일컫는 용어다. 하지만 실제로 가장 중요한 기능, 즉 꽃에서 이루어지는 유성생식에 관한 부분은 훨씬 더 복잡하다.

번식을 위한 꽃의 실제 활동은 다른 생물의 섹스에 해당되는 수분受粉활동이다. 이에 대해서는 다음 장에서 알아보기로 하고 여기에서는 우선 그 구조와 기능에 대해 알아보자. 많은 동물과 원시식물, 그리고 인간에게는 남성 세포와 여성 세포 두 가지의 기본적인 생식세포가 있다. 남성 세포는 아주 작고 길고 가는 꼬리를 가지고 있으며 난세포가 있는 곳에 도달하여 합쳐지기 위해 액체가 채워져 있는 중간지대를 헤엄쳐서 가는 것이 주 임무다. 여성 세포는 대개가 둥그런 모양을 하고 있고 한 곳에 정착되어 있으며 새 생명을 만들어내는 데 필요한 에너지를 보관할 수 있기에 충분할 만큼 그 크기가 크다. 여기에 더하여 난세포는 화학 물질을 발산하여 작은 정자가 제대로 길을 찾아서 수정해 성공적으로 번식할 수 있도록 도와준다.

꽃을 피우는 식물과 꽃을 피우지 않고 씨로써 번식하는 식물은 꽃가루를 통해서 꼬리 달린 작은 정자 세포와 같은 활동을 만들어낸다. 이때 꽃가루는 정자의 핵을 운반한다. 이 정자의 핵은 다른 생물의 수영하는 정자를 대신한다. 꽃가루는 바람이나 동물에 의해 운반되어 암술머리에 도달하게 되면 발아하게 되고 암술대를 따라 씨방 안에 있는 난세포를 향해 곧바로 성장한다. 이때 다른 생물의 정자처럼 정자가 헤엄쳐 갈 수 있도록 해주기 위한 액체는 필요하지 않다. 이 혁신적인 진화는 식물의 진화에서 대단히 획기적인 계기로 평가되었다. 이 중요한 진화 덕분에 아주 건조한 환경에서도 종자식물의 번식이 가능하도록 발전되었기 때문이다. 이 진화 이전에는 건조한 환경에서는 식물의 번식이 불가능했다. 심지어 오늘날까지도 양치류, 이끼류, 우산이끼류의 정자는 난세포가 있는 곳까지 물로 만들어진 아주 얇은 수막필름 속을 헤엄쳐가야 한다. 이 때문에 이들 식물들은 사막과 같은 지극히 건조한 환경에서는 볼 수가 없다.

이번에는 계속하여 꽃의 남성기관 즉, 수술에 대해 알아보도록 하자. 꽃들의 모양과 종류가 각각 서로 다름에도 불구하고 수술은 서로 비슷한 모양을 하고 있는 종種들이 많다. 앞에서 설명한 바와 같이 수술은 통상 가늘고 긴 줄기수술대와 그 끝머리에 붙어 있는 주머니 모양의 꽃밥으로 구성되어 있다. 꽃밥은 보통 위아래로 된 하나 또는 두 개의 방을 가지고 있는데 이곳에서 꽃가루가 만들어진다.

완전히 성숙해지면 꽃밥의 벽이 갈라지면서 꽃가루를 내보내게 되고 이 꽃가루는 동물이나 바람에 실려 널리 퍼져나가게 된다. 꽃가루의 바깥 벽은 오랜 기간의 어려운 여행을 견딜 수 있도록, 그리고 특히 속이 말라버리지 않도록 충분히 두껍게 만들어져 있다. 이 두꺼운 외벽은 꽃가루가 정확하게 동일한 종의 암술 위에 떨어져 암술머리가 발산하는 화학적 신호를 만났을 때에만 열리도록 되어 있다. 이때 꽃가루는 발아하게 되고 암술로 들어가는 아주 미세한 '꽃가루관'이 만들어진다. 꽃가루관은 난세포가 있는 곳을 향해 아래로 자라게 된다. 이렇듯 꽃의 남성기관은 아주 짧은 기간 동안만 그 기능을 발휘한다. 즉 꽃이 피어남에 따라서 꽃가루를 생성하고, 성숙시키고, 보관하는 것이 전부다. 이러한 꽃의 모든 수술의 기관을 통틀어 수술군群이라고 부른다.

꽃의 중앙부에 이르면 우리는 여성기관을 만나게 된다. 이를 암술군群이라 부르는데, 꽃의 여성기관은 남성기관보다 훨씬 더 다양하며, 각 종마다 서로 다르다. 우리는 이미 백합, 제라늄, 장미를 통해 자방상위식물과 자방하위식물과의 차이점을 알아보았다. 대부분의 꽃들이 단지 하나의 암술하나의 씨방을 가지고 있지만 일부는 꽃 중앙에 여러 개의 암술을 가지고 있는 경우도 있다. 작약, 미나리아재비, 늪매리골드와 같은 꽃들이 이런 종류에 속한다. 가장 간단한 암술을 가진 꽃부터 연구를 시작해보자. 가장 간단한 암술군은 단일 여성기관을 가진 꽃의 경우를 말한다. 꽃의 맨 밑바닥 부분에는 두껍게 자란 씨방을 가지고 있으며, 씨방 안에는 하나의 소실을 가지고 있고 그 소실 안에는 하나 또는 여러 개의 밑씨를 가지고 있다. 하나의 가느다란 암술이 끝나는 지점인 암술대 끝에는 한 개의 암술머리가 있다. 이미 앞에서 설명한 바와 같이, 서너 개 이상 여러 개의 각각 독립된 암술이 꽃의 중앙에 뭉쳐 있는 보다 복잡한 암술기관을 가진 꽃들도 있다. 이러한 꽃의 예로서 미나리아재비와 작약을 들 수 있다. 하지만 이런 꽃은 이 세상의 모든 꽃 중에서 극히 일부에 불과하다.

대부분의 꽃들은 중심부에 한 개의 암술을 가지고 있으며, 하나의 씨방과 하나 이상의 소실, 여러 개의 암술과 암술머리를 가지고 있다. 우리는 이러한 경우를 제라늄과 백합꽃에서 볼 수 있었다. 학자들은 아주 오랜 옛날에는 세 개의 암술이 같이 나왔었는데 세월이 흘러가면서 여러 가지 방법으로 뭉쳐졌을 것이라고 해석하기도 한다. 백합꽃의 경우에는 세 개의 암술로 구성되어 있던 암술군이 서로 합쳐졌을 것이라고 가정할 수 있다. 이러한 진화의 초기에서 발생했을 것으로 추정되는 초기융합은 단지 소실이 세 개로 분리되어 있는 모양과 세 개의 암술머리를 가지고 있는 모습을 통해서 추정이 가능하다. 식물학자들은 이것을 세 암술잎 암술three-carpellate pistil 또는 암술군gynoecium이라고 부른다. 세 개의 각각 다른 암술 또는 암술잎으로부터 만들어졌다는 가정 아래 이렇게 이름 지은 것이다여기서 암술잎은 암술과 같은 의미다. 이와 마찬가지로 암술이 다섯 개의 소실과 다섯 개의 암술대와 암술머리를 가지고 있을 경우 이들은 오래전에는 다섯 개의 암술잎으로부터 형성된 것이라는 가정을 가능하게 한다. 비록 이론적으로 성립된 것이긴 하지만 이러한 암술잎 숫자를 분석함으로써 꽃을 피우는 식물의 여러 다른 종들 사이의 관계를 판단하는데 대단히 유용하게 사용되고 있다.

꽃을 피우는 식물의 종마다 씨방 내의 소실의 숫자가 다를 뿐만 아니라 소실 내부의 밑씨 숫자도 하나에서 수백 개까지 아주 다양하다. 밑씨는 씨방 안에 있는 중앙줄기를 따라서 만들어지거나 고추의 경우, 태반 속에 만들어지거나 토마토와 같이, 소실의 바깥벽을 따라서 생긴다. 밑씨는 또한 소실의 끝부분이나 바닥에 붙어서 생기기도 한다. 이러한 다양성은 암술이 수술에 비해 얼마나 복잡하고 다양한 변화를 겪어왔는지를 설명해준다. 그러므로 각각의 꽃의 남성기관과 여성기관은 둘 다 그 꽃이 속해 있는 종과 속을 알려주는 결정적인 힌트가 되고 있다.[3]

융합에 의해 탄생한 꽃들

제라늄과 백합꽃에 있는 3소실 씨방은 단일 암술들이 융합된 것이라는 사실을 도출해낼 수 있다는 것을 우리는 이미 알고 있다. 또한 다른 여러 종의 꽃에서도 여러 기관들의 융합은 진화론의 중요한 증거로서 역할을 하고 있다. 가장 좋은 예로써 난꽃을 들 수가 있다. 난꽃은 3배수의 형태를 보이고 있으므로 근본적으로는 백합꽃과 다른 종류가 아니다. 하지만 난꽃은 몇 가지 특이한 변형된 형태를 보여주고 있다. 그 하나로 난꽃은 하위자방을 가

난꽃의 가장 큰 특징은 수술과 암술의 일부가 붙어 있다는 것이다.

지고 있다. 백합꽃과 마찬가지로 난꽃에도 여섯 개의 꽃잎 모양의 화피 조각을 가지고 있다. 바깥쪽에 있는 세 개는 비교적 작으며 꽃잎 모양을 하고 있고 안쪽의 세 개는 색깔을 가지고 있고 꽃입술 모양을 하고 있다. 보통 이들 안쪽 세 개의 꽃잎 중 하나는 자라서 다른 것보다 더 큰 모양의 꽃입술을 만든다. 난꽃에서 꽃입술은 아주 큰 자루 모양을 하고 있다. 그리고 가장 특이한 것은 수술과 암술의 일부가 붙어 있다는 것이다. 암술대 윗부분과 암술머리, 수술이 완벽하게 붙어 있어서 하나의 줄기 모양을 하고 있다. 진화 기간 동안 암술머리와 꽃밥의 숫자가 줄어들었고 그 모양이 크게 변화했다. 또 하나 중요한 것은 꽃가루가 가루형태가 아니라 화분괴花粉塊라고 부르는 두 개의 특이한 덩어리 모양 속에 뭉쳐져 있다는 것이다. 이 현

명한 진화 덕분에 난꽃은 다른 종의 식물에서는 볼 수 없는 활동을 할 수 있다.[4]

또한 난꽃은 전 세계의 꽃이 가지고 있는 수많은 다양성에 또 하나의 특이한 형태를 추가하고 있다. 난꽃에는 남성기능 부분과 여성기능 부분이 서로 합쳐져 있는 것이다. 이것은 다른 꽃을 피우는 식물에서는 보기 힘든 대단히 희귀한 현상이다. 꽃잎이나 화피가 합쳐지는 일반적인 경우에는 이들이 합쳐져서 튜브 모양이나 컵 모양의 꽃부리를 형성하는 경우가 널리 알려져 있을 뿐이다. 이렇게 합체가 되는 것은 오랜 기간 동안의 진화의 결과이므로 이를 관심 있게 살펴보아야 한다. 이러한 사실은 수많은 같은 종의 꽃을 분석하고 특히 꽃의 초기 발달과정을 자세히 관찰해온 결과 그 진화의 과정을 알아낸 것이다.

개화 초기에 있는 튜브 모양의 꽃을 자세히 검사해보면, 꽃의 끄트머리에 세 개, 다섯 개, 여섯 개의 독립된 아주 미세한 돌기들이 올라오고 있는 것을 볼 수 있다. 이것은 잎시세포라고 불리는 것으로 이들 각각의 독립된 작은 잎시세포들은 꽃이 자라기 시작하면서 서로 합쳐져 하나의 고리 모양을 만들었다가 나중에는 하나의 튜브 모양을 이루게 된다. 어떤 꽃들은 꽃이 만들어지는 초기에는 서로 갈라진 채로 있다가 꽃이 피어나는 개화과정에서 합쳐지는 것도 있다. 이러한 관들이 꽃 내부의 깊은 곳에 감추어져 있고 그에 따라서 꿀이 우묵한 장소에 담겨 있도록 함으로써 꿀이 바람에 의해 증발하지 않도록 보호하기 위한 것이다. 또한 이들은 꽃가루가 각각 정해진 방법, 즉 일정한 크기를 가진 꽃가루가 정해진 방향으로만 꽃의 내부로 들어올 수 있도록 유도하는 역할도 한다. 동시에 다른 종류의 크기나 모양을 가진 꽃가루는 안으로 들어오지 못하도록 제지한다.

꽃의 수정기관은 꽃의 특성에 따라 다양한 모양을 가지고 있다. 능소화과에 속한 붉은꽃부리 능소화의 화려한 꽃과 개오동꽃과 태산목 무리의 흰색 꽃 등이 좋은 예다. 개오동꽃은 넓으면서 아래로 향한 꽃받침 조각을 가지고 있다. 이것은 꿀벌들이 내려앉기 좋도록 착륙지점을 만들어준 것이다. 아메리카 대륙의 열대지방에 자라는 타베부이아능소화의 일종 나무의 화려한 꽃들은 이러한 꽃의 특징을 잘 보여주고 있다. 다닥다닥 붙어 있는 수많은 작은 꽃들도 또한 이러

화려한 꽃을 자랑하는 타베부이아는 능소화의 일종이다.

한 파이프 모양으로 합쳐진 꽃잎을 가지고 있다. 펼쳐진 꽃부리 밑에 가느다란 관을 가지고 있는 협죽초꽃고비과 식물와 작은 항아리 모양의 꽃부리를 가진 블루베리가 그 좋은 예다. 박하과와 그 친척 종의 꽃들은 꽃부리관으로 만들어낸 튼튼한 두 개의 입술을 가지고 있다. 개오동꽃과 마찬가지로 아랫입술은 곤충이 내려앉을 수 있도록 앞으로 튀어 나와 있고 작은 윗입술은 아주 작은 모양을 하고 그 위에 얹혀져 있다.

이러한 변형된 꽃부리관을 가진 꽃들은 꽃가루 매개곤충의 활동을 통제할 수 있다는 장점을 가지고 있다. 이에 비하면 장미나 백합꽃은 매개곤충들이 어느 방향에서나 접근할 수 있다. 꽃부리관을 가진 대부분의 꽃은 오직 한 방향으로만 매개곤충을 받아들이고 있다. 곤충들이 정해진 경로로만 들어오게 만들기 때문에 암술머리를 그 방향으로 향하기만 하면 멀리 있는 꽃으로부터 꽃가루를 날라온 곤충들을 좀더 일찍, 그리고 놓치지 않고 맞이할 수 있게 해주는 것이다. 그리고 일단 곤충이 꿀을 빨아먹기 위해 꽃의 관속으로 깊숙이 들어오면 꽃밥은 자신의 꽃가루를 떨어뜨린다. 이때 이 곤충은 돌아나가면서 그 꽃의 꽃가루를 온몸에 묻혀 가지고 다른 꽃을 찾아가 꽃의 암술머리에 그 꽃가루를 묻힐 수 있게 된다. 이렇게 꽃이 좀더 복잡해진 구조를 갖게 된 것은 최근의 진화적 혁신의 결과로 인한 것이 아닌가 한다. 고대 공룡시대의 꽃 화석에서는 이러한 복잡한 구조를 가진 꽃들은 찾아볼 수가 없다.

꽃의 대칭성과 배수倍數의 법칙

한 손에는 장미와 백합꽃 같은 꽃을 들고, 다른 손에는 난꽃, 두꽃입술박하two-lipped mints와 개오동꽃을 들고 비교해보면 이들이 기본적으로 대칭형을 가지고 있다는 것을 아주 명확하게 알 수 있다. 장미와 백합꽃은 방사형으로 대칭을 이루고 있다. 마치 피자처럼 어느 방향에서 잘라내도 정확하게 똑같은 모양으로 반을 가를 수 있다. 이에 비해 난꽃과 두꽃입술박하꽃은 양방향 대칭형이다. 즉 단지 어느 한 방향으로만 잘라내야 서로 대칭되게 절반으로 자를 수 있다.

앞에서 설명한 바와 같이 양방향 대칭형 꽃은 자신의 꽃의 일부를 변형시켜 곤충을 원하는 방향으로만 들어올 수 있도록 만든다. 이것은 꽃으로 하여금 찾아오는 매개곤충에게 보다 더 확실하게 꽃가루를 묻혀주고 동시에 가져오는 꽃가루를 확실하게 받아내도록 해준다. 그러나 이외에도 여러 가지 변형된 모양을 가진 꽃들이 많이 있다.

모양이 변형된 꽃 중에서 가장 대표적인 것이 꽃 안에 배수의 법칙을 가진 기관을 가지고 있는 경우다. 이 경우는 장미꽃의 수술을 보면 쉽게 설명이 된다. 즉, 장미꽃은 항상 5의 배수를 보여주고 있다. 작은 꽃봉오리일 때에는 다섯 개의 작은 원시수술세포를 가지고 있지만 꽃이 피어남에 따라서 5의 배수로 나누어진다. 꽃이 가진 배수의 법칙은 개량된 장식용 꽃들에서도 찾아볼 수 있다. 실제로 개량된 장식용 장미나 정원용 장미는 많은 꽃잎이 서로서로 겹쳐져 있어서 이러한 꽃들 중의 일부는 원예사가 증식시키지 않는다면 자연 속에서 절대로 스스로 번식할 수 없다. 이와 반대로 어떤 부위가 없어지거나 적어지는 경우도 발견할 수 있다. 이런 경우는 대부분 바람에 의해 수분이 이루어지는 풍매화에서 발견할 수 있는데 이에 대해서는 뒤에서 설명하겠다.

크기가 작은 꽃들의 경우에는 보다 더 복잡하게 발전하기도 한다. 작은 꽃들을 한데 모아서 서로 합쳐놓는 아주 간단한 방법이지만 그 효과는 대단히 크다. 야생 당근queen Anne's lace은 작은 꽃들을 한데 모아서 하나의 작은 산형꽃차례여러 개의 꽃꼭지가 우산살처럼 퍼져서 피는 무한꽃차례의 하나를 만들고 이 작은 산형꽃차례들을 모아서 또 다른 큰 산형화서를 만든다. 산형꽃차례는 하나의 가는 줄기 위에 붙어 있는 꽃들을 우산 같은 모양으로 뭉쳐놓은 것이다. 이 산형꽃차례야말로 가장 설명하기 좋은 '꽃차례'의 예다. '꽃차례'란 꽃대에 달린 꽃의 배열이나 꽃이 피는 모양을 말한다. 당근꽃차례의 아랫부분을 자세히 살펴보라. 그리고 모든 꽃들이 표면에 평평하게 나타나도록 만들어진 '작은 산형꽃차례로 뭉쳐진 큰 산형꽃차례'를 찾아내보라. 더욱 흥미로운 것은 실제로는 엄청나게 작은 꽃들이 조밀하게 뭉쳐서 그저 하나의 꽃으로 보인다는 사실이다. 이 꽃차례에 대해서 자세히 알아보기 전에, 또 다른 작은 꽃들의 종류, 즉 '꽃처럼 보이지 않는 꽃'에 대해서 연구해보기로 하자.

꽃처럼 보이지 않는 꽃들

우리가 꽃에 대해서 이야기할 때, 사람들은 으레 정원을 아름답게 장식하고, 화려한 색깔을 가지고 있고, 자연환경에 아름다움과 활기를 불어넣는 어떤 식물을 생각하기 마련이다. 그러나 지구상에는 우리가 좀처럼 알아보지 못하는 아주 작은 꽃들도 많이 있다. 대부분의 사람들은 초본식물이나 사초sedge, 바위틈이나 습지에서 자라는 작은 여러해살이 초본식물류도 꽃을 피운다는 말을 듣고 깜짝 놀란다. 하지만 분명히 그들도 꽃을 피운다. 이 아주 작고 알아보기 힘든 꽃들은 대부분 포엽bract, 꽃 밑에 있는 잎의 변형 사이에 숨어 있는 경우가 많으며 특별한 색깔을 띠지 않는다. 포엽은 작은 잎이나 비늘처럼 생긴 것으로 개화 초기에 꽃봉오리나 작은 꽃을 보호한다. 이들의 꽃이 색깔을 갖지 않는 이유는 아주 간단하다. 이들은 통상 바람으로 꽃가루를 날려 수정을 하는데 바람은 장님이기 때문이다. 다시 말하면 동물에 의해 수분활동이 이루어지는 꽃처럼 동물들을 유혹하기 위해 화려할 필요가 없기 때문이다. 초원지대처럼 같은 종의 식물들이 많이 자라고 있는 탁 트인 넓은 서식지에서는 바람에 의해 꽃가루를 수정하는 것이 동물에 의한 수정보다 훨씬 효과적이다. 뿐만 아니라 숲 속에서도 나뭇잎이 많지 않은 이른 봄과 같은 시기에는 바람에 의한 꽃가루 수정이 효과적이다.

어린 꽃봉오리나 꽃을 피우고 있는 중인 꽃봉오리는 꽃받침에 의해 보호될 뿐만 아니라 꽃봉오리를 둘러싸고 있는 포엽에 의해서도 보호를 받는다. 앞에서 설명한 바와 같이 포엽은 꽃봉오리가 커질 때 이들이 밖으로 튀어나오지 않도록 보호하는 작은 비늘처럼 생긴 보호막이다. 초본식물이나 사초류에서는 작은 포엽이 하나 또는 여러 개의 작은 꽃들을 보호하는 중요한 보호수단이 되고 있다. 왜냐하면 이들은 꽃이 너무도 작고 꽃받침이나 꽃잎, 화피와 같은 것들을 가지고 있지 않기 때문이다. 우리는 이런 꽃을 두상화florets라고 부른다. 포엽 안에서 보호받고 있는 초본식물의 작은 꽃은 세 개 또는 여섯 개의 수술과 깃털에 싸인 두 개의 암술머리를 가진 암술 하나를 가지고 있다. 작은 암술머리는 바람에 실려오는 꽃가루가 붙기 쉽도록 미세한 털로 싸여 있다. 초본식물 꽃의 씨방은 아주 작지만 그 안에는 하나의 소실이 들어 있다. 그리고 그 소실 하나는 씨앗 하나를 만들어낸다. 몇몇 초본식물의 씨앗은 인간의 식량 에너지의 중요한 자원이 되고 있다. 바로 밀, 쌀, 보리, 옥수수, 사탕수수, 호밀, 귀리, 조와 같은 곡식들이다.[5]

사초류는 초본식물과 유사하게 생겼지만 그 꽃은 구조적으로 초본식물과 전혀 다르다. 사초류 역시 포엽으로 싸여 있다. 하지만 그 꽃은 세 개, 또는 여섯 개의 작은 화피를 가지고 있다. 전체적으로는 백합꽃의 화피와는 많이 다르지 않다. 사초류의 자그마한 씨방은 세 개의 암술대 가지를 가지고 있지만 초본식물과 같이 각각 하나씩의 소실과 밑씨를 가지고 있다. 초본식물이 건조한 지역에서 잘 자라는 반면 사초는 늪지대나 습지에서 잘 자란다. 초본식물과 사초는 넓은 사바나, 초원, 늪지대를 만들어주는 아주 중요한 풍매화 식물이다.

우리와 아주 친숙한 꽃 식물 중 또 다른 종류에는 떡갈나무참나무, 너도밤나무과의 작은 꽃무리가 있다. 나무는 아주 거대한 크기지만 그 꽃은 자그마하다. 그 작은 꽃들은 두 가지의 형태, 즉 암꽃과 수꽃의 형태로 피어난다. 조그만 암꽃은 눈에 잘 띄지 않는다. 잎겨드랑이엽액이라고도 하며 잎자루가 줄기에 붙어 있는 곳을 말한다에 매달려 있기 때문이다. 떡갈나무의 수꽃은 미상꽃차례미상화서(尾狀花序)라고도 함. 고양이 꼬리와 비슷하다로 피어나기 때문에 막 나뭇잎이 피어나기 시작하는 이른 봄에 가지 끝에 매달려 있는 꽃차례가 쉽게 눈에 띈다. 하나하나의 미상꽃차례는 많은 수꽃을 달고 있고, 각각의 수꽃은 작은 꽃덮개 하나와 가느다란 수술, 그리고 그 끄트머리에 몇 개의 꽃밥이 달려 있다. 이들 수꽃에는 꽃잎이나 암술은 없고 수술만 있어서 충분한 꽃가루를 만들어낸다. 마찬가지로 암꽃에도 꽃잎과 수술이 없고 씨방과 짧은 암술, 두세 개의 돌출된 암술머리를 가지고 있다. 이들이 아주 작고 아무런 색깔을 가지고 있지 않은 것은 사초류처럼 바람에 의해 꽃가루 매개가 이루어지기 때문이다. 이처럼 단출한 기관을 가진 작은 꽃들을 만들어내는 것은 에너지를 절약하는 결과를 가져온다. 이들은 이 절약된 에너지를 더 많은 꽃가루를 만드는 데 사용한다. 이렇게 만들어진 많은 꽃가루는 공기의 움직임을 이용해 같은 종의 암술머리에 도달할 가능성을 높이는 데 사용된다.

이처럼 바람에 의해 꽃가루가 운반되는 작은 녹색 꽃으로부터 곤충에 의해 꽃가루가 운반되는 아름다운 장미, 백합, 그리고 심지어는 아주 큰 수련에 이르기까지 꽃의 종류가 천태만상이라면, 정확하게 꽃을 정의할 수 있는 기준은 무엇일까? 그 해답은 바로 생식기관, 즉 암술과 수술에 있다. 대부분의 꽃은 두 가지 생식기관을 모두 가지고 있는데 이런 꽃을 양성화 또는 완전화로 부른다. 반면에 떡갈나무와 같이 꽃이 하나의 생식기관만을 가지고 있으면, 단성화 또는 불완전화라고 불린다. 단성화 또는 불완전화에는 몇 가지 종류가 있다. 어떤 나무는 꽃은 단성화이지만 같은 나무에서 암꽃과 수꽃을 모두 피운다. 어떤 나무는 한 나무에 오직 한 가지 성의 꽃만을 피운다. 이러한 암수딴그루 나무는 북방의 온대 지역에서는 대단히 희귀하지만 남쪽의 열대지방에서는 비교적 많이 볼 수 있다. 파파야, 대추야자 나무가 그 예다. 그러면 지금부터는 동물에 의해 꽃가루가 운반되는 아름다운 꽃에 대해 알아보기로 하자.

꽃처럼 보이는 가짜 꽃들

우리는 정원과 야생에서 꽃처럼 보이지만 실제는 꽃이 아닌 꽃들을 만날 수 있다. 그들은 누가 보아도 꽃이라고 부르기에 전혀 부족하지 않다. 하지만 학술적으로 엄밀하게 따져보면 꽃은 아니다. 우리가 가장 좋아하는 정원용 또는 장식용 나무인 아메리카말채나무flowering dogwood, 봄에 희거나 연분홍색의 꽃이 핌, 미국 버지니아 및 노스캐롤라이나 주의 주화(州花)와 부겐빌레아bougainvillaea, 분꽃과의 식물로 부겐빌레아, 털부겐빌레아 등을 통틀어 지칭. 남아메리카가 원산지이며 전 세계 13종 정도가 서식하는데, 그중 2종이 재배된다, 이 두 가지가 이러한 가짜 꽃을 가지고 있다. 환하고 화려한 색깔의 포엽이 꽃잎처럼 보이지만 실제 꽃은 잘 드러나 보이지 않는다. 아메리카말채나무는 이른 봄에 온 동네를 아름다운 꽃으로 물들인다. 키도 자그마하고 한 번 자라면 더 이상 자라지 않기 때문에 집이나 정원에서 키우기에 알맞다. 아메리카말채나무는 하얀색 또는 약간 연분홍색깔을 지닌 네 개의 커다란 포엽이 꽃무리를 감싸고 있다. 이 화려한 색깔의 포엽이 꽃잎처럼 보이나 실제로는 꽃이라 할 수 없다.

부겐빌레아는 베란다 주위를 덩굴로 감싸거나 덤불 모양으로 자라게 하여 장식하는 열대식물로 인기가 높다. 부겐빌레아의 가짜 꽃은 세 개의 화려한 포엽이 가느다란 빨대 모양의 진짜 꽃을 감싸고 있는 형태다. 이 밝은 핑크와 빨강, 오렌지색의 포엽이 한 달 가량 피어 있기 때문에 사람들의 사랑을 받는 것이다. 그 화려한 포엽 가운데 꽃가루를 만들고 있는 작고 보잘 것 없는 진짜 꽃에 대해서는 아무도 관심을 갖지 않는다.

인기 있는 장식용 식물들 중에는 이렇게 아주 선명한 색깔을 보여주는 포엽을 가지고 있는 것들이 많이 있다. 이들 중에서 특히 겨울철에 인기가 높은 포인세티아는 화려한 컬러를 띠고 있는 부분이 꽃의 일부가 아니라 잎이 변형된 것이라는 것이 확실하게 드러난다. 또한 북미 지역의 동부 초원지대와 중서부 초원지대에서도 이러한 작은 가짜 꽃을 가진 식물들을 많이 발견할 수 있다. 이들 중에서 꽃등대풀은 포인세티아와 같은 종에 속하지만 전혀 다른 모양이다. 이러한 영악하기 짝이 없는 가짜 꽃들은 꽃이 만발하는 7월에 아메리카 대륙의 중서부 초원지대에서 부지기수로 발견된다. 꽃등대풀의 작은 꽃들은 다섯 개의 흰색 꽃잎이 녹색 컵 모양의 꽃받침으로부터 올라오는 것처럼 보인다. 이들은 아무리 뜯어보아도 꽃처럼 보인다. 수술은 일반적인 수술의 모양을 하고 있으나 암술은 줄기 모양으로 생겼다. 나중에 이 줄기는 열매가 성장함에 따라 같이 길게 자라난다. 이러한 북아메리카와 중앙아메리카의 야생화와 남미 대륙에서 전래된 포인세티아는 아주 화려하게 꽃을 피우는 식물의 종류인 등대풀속屬에 속한다. 전 세계의 약 1,600종이 퍼져 있는 등대풀속屬의 식물 중에는 잎이 없는 대형 선인장 모양의 다육식물도 많이 발견되고 있다. 이들 다육성 등대풀은 주로 아프리카에 서식하고 있다. 이들 열대성 등대풀 종류들은 아주 큰 가짜 꽃을 가지고 있다. 이 가짜 꽃은 여러 개의 포엽과 몇 개의 수술 뭉텅이, 그리고 따로 피어나는 암꽃의 암술로부터 변형된 것이다. 이러한 변형의 증거는 쉽게 발견할 수 있다. 하지만 이러한 증거는 북아메리카 대륙의 꽃을 피우는

크리스마스 꽃으로 불리는 포인세티아의 빨간색 꽃잎은 꽃의 일부가 아니라 잎이 변형된 것이다.

식물 종의 작은 '꽃'에서는 쉽게 눈에 띄지 않는다. 사실 이들은 야생에서 발견하기 쉬운 '가짜 꽃'의 가장 좋은 샘플 중 하나다. 하지만 우리 주위의 야생 서식지나 정원에서는 이보다 더 복잡한 가짜 꽃들도 많이 발견할 수 있다.

우리가 쉽게 만날 수 있는 가짜 꽃은 해바라기속Asteraceae, 국화과에 속하는 것들이 많다. 이들의 옛 이름인 'Compositae'란 이름은 작은 꽃들이 머리 또는 두상꽃차례에 빽빽하게 뭉쳐서 하나의 구성체composite를 만들고 있다는 점에서 아주 잘 어울리는 이름이다. 민들레의 노란색 가짜 꽃을 떼어내어 보면 각각 반 인치12밀리미터 길이의 가늘고 작은 꽃들이 한 다스씩 뭉쳐져 있음을 발견할 수 있다. 이들은 '설형화ligulate flowers'라고 불리는데, 그 까닭은 하나하나가 각각 길고 혓바닥 모양의 꽃잎을 가지고 있기 때문이다. 꽃의 기저 부분에서는 여러 개의 녹색 포엽이 이 뭉쳐진 꽃 덩어리를 서로 겹쳐서 감싸고 있다. 이를 총포involucre라고 부른다. 아주 조밀하게 뭉쳐진 꽃들이 이 총포에 싸여 있어서 실제로 하나의 꽃처럼 보이게 만든다. 당연히 곤충들은 이것을 꽃이라고 여길 수밖에 없다. 민들레꽃의 경우, 두상꽃차례의 작은 꽃들은 모두가 각각 하나의 혓바닥 모양의 똑같은 꽃잎을 가지고 있다. 그러나 두상꽃차례를 이루고 있는 작은 꽃들이 두 가지 이상의 다른 모양을 하고 있는 복잡한 꽃들도 있다.

해바라기속의 많은 종들은 두 종류의 전혀 다른 모양의 작은 두상화로 구성되어 있는 두상꽃차례를 가지고 있다. 중앙에는 두상화가 접시 모양으로 조밀하게 뭉쳐져 있다. 그들은 보통 꽉대기가 다섯 개의 작은 판으로 갈라진 작고 가느다란 꽃부리관을 가지고 있다. 이들 꽃부리관은 방사형으로 대칭을 이루고 있으며, 이들 접시 모양의 작은 꽃들은 가짜 꽃의 둥그런 중앙부분을 만들고 있다. 그리고 이 중앙부의 외곽부분을 따라서 또 다른 종류의 꽃들이 자리 잡고 있다. 이들은 설상화다. 이들은 양방향 대칭형 설상화들로 가짜 꽃잎을 가진 가짜 꽃을 이루고 있다. 멀리서 보면 이들은 영락없는 꽃이다. 데이지, 애스터국화과의 개미취와 쑥부쟁이 등, 노란 데이지꽃 가운데가 검은 국화의 일종으로 미국 메릴랜드 주의 주화(州花)는 이러한 두 가지 서로 다른 작은 꽃을 한 군데에 모아 놓음으로써 아주 보기 좋은 모양의 꽃을 만들고 있다.

민들레 꽃(위)과 민들레 씨앗(아래)

그리고 꽃이 피어나면 딱딱한 녹색의 총포가 그 많은 꽃들을 보호하기 위해 꽃들을 둘러싸고 있다. 개량된 해바라기의 경우 피자만큼이나 큰 가짜 꽃을 만들기도 한다.

이들에게서는 주머니 모양의 꽃밥을 찾을 수가 없다. 대신에 국화과의 꽃들은 꽃의 가장자리를 따라서 다섯 개의 수술을 하나로 합쳐서 길고 가느다란 관을 만들어왔다. 대부분의 국화과 식물은 암술대가 팽창하면서 꽃가루가 수술대의 관 내부로부터 밖으로 나올 수 있도록 밀어 올려준다. 이렇게 암술대가 꽃가루를 꽃가루 매개자를 만날 수 있는 위치에 놓아주게 되는 것이다. 그러고 나면 암술대의 끝은 두 개로 갈라지고 뒤로 구부러진 채로 꽃가루를 받아들이기 위해 암술머리의 표면을 드러나게 만들어준다. 이 복잡한 꽃의 형태는 이들 데이지, 애스터, 해바라기와 같은 식물들을 다른 종류의 식물과 구분하여 국화과라는 자연적인 분류집단으로 묶어준다.[6]

또 다른 가짜 꽃들

토란속屬에는 실내관상용으로 개량된 안수리움Anthurium, 디펜바치아Dieffenbachia, 몬스테라Monstera와 옥외용 관상식물인 잭인더펄핏jack-in-the-pulpit, 북아메리카 원산의 천남성과 식물과 앉은부채skunk cabbage, 외떡잎식물문 천남성목 천남성과의 여러해살이 풀 들이 포함되어 있다. 토란은 아주 작은 꽃들이 실린더 모양을 한 중앙 줄기에 조밀하게 뭉쳐져 있다.

이를 육수꽃차례spadix, 꽃대가 굵고, 꽃대 주위에 꽃자루가 없는 수많은 작은 꽃들이 피는 꽃차례다.라고 부른다. 육수꽃차례는 처음에는 불염포천남성과의 육수꽃차례를 둘러싸고 있는 주머니 모양의 포라고 부르는 봉투같이 생긴 잎 모양의 기관에 의해 둘러싸여 있다. 꽃이 성숙함에 따라서 불염포는 간단한 띠 모양으로 바뀌거나 육수꽃차례와 꽃을 둘러싼 아름다운 꽃덮개 모양을 이루게 된다. 잭인더펄핏의 꽃은 육수꽃차례의 아랫부분 보호용 박스 역할을 하는 튜브 모양의 불염포 속에 피어 있다.

앉은부채의 자줏빛 '꽃잎'도 마찬가지로 둥근 육수꽃차례를 감싸고 있는 불염포다. 앉은부채는 이외에도 몇 가지 특이한 특성을 가지고 있다. 그중 하나가 마치 스컹크 같은 냄새가 나는 것인데 그것은 그저 식물 줄기가 부러졌을 때 줄기의 조직에서 나는 나쁜 냄새일 뿐이다. 이에 관해서는 잠시 잊기로 하자.

이러한 식물들은 자연을 촬영하기 좋아하는 사진작가들에게 북반구의 초봄에 볼 수 있는 그저 커다란 '꽃'일 뿐이다. 그리고 단지 이들 화려한 가짜 '꽃'만이 새로운 계절의 전령사가 아니다. 운이 좋으면 얼음이 녹아가는 우리 주변의 습지 서식지에서도 얼마든지 봄소식을 전해주는 많은 식물들을 볼 수가 있다. 혹시 이들 꽃들이 뜨거운 열기를 내뿜어서 얼음이 녹는 것은 아닐까? 사실이 아니라는 것은 누구나 쉽게 알 수 있다. 하지만 분명히 이들은 가장 활동적인 줄기를 가지고 있는 식물 그룹에 속해 있어서 생장하는 동안 일정한 열을 발산한다는 것만은 확실하다. 이렇게 열을 방출하는 식물 종의 특성은 열대지방의 토란에서도 발견할 수 있다. 사실 대부분의 토란은 열대지방에 서식한다. 이 지방의 더운 열기는 이들 가짜 꽃이 가지고 있는 고약한 냄새를 널리 퍼져나가게 하는 데 도움을 준다. 이들은 마치 고기 썩는 냄새가 난다. 토란과의 많은 가짜 꽃 식물들은 파리에 의해 꽃가루가 옮겨진다. 당연히 파리는 썩은 고기 냄새를 좋아한다. 이들 토란들은 자줏빛 나는 붉은 꽃자루를 이용해 파리를 안쪽으로 들어오도록 유인할 뿐만이 아니라, 그들을 한참 동안 잡아놓는 특이한 종류의 토란도 있다. 즉, 암꽃이 꽃잎에 날아온 파리를 안으로 받아들이고 나서 수꽃이 꽃가루를 방출하여 파리에게 묻게 할 때까지 육수꽃차례 안에 파리를 가두어둔다. 그 속에서 여기저기 헤매느라 꽃가루를 흠뻑 뒤집어쓴 파리는 도망갈 길을 막고 있던 장애물을 치워줘야 날아갈 수 있다. 아마도 또 다른 육수꽃차례의 화려한 색깔과 냄새에 매혹되어 그곳으로 날아갈 것이다.[7]

비록 진짜 꽃은 아니지만 몇몇 토란과의 육수꽃차례와 육수화肉穗花 들은 아주 멋지고 우아한 모양을 하고 있다. 2001년 미국의 위스콘신대학교의 온실에서 부두백합voodoo lily의 꽃을 피운 적이 있다. 무려 7년간 조심스럽게 보살핀 결과였다. 부두백합은 줄기가 없다. 대신에 몇 년에 걸쳐 매년 하나씩 커다란 잎사귀를 만들어낸다. 성장 계절마다 피어나는 잎사귀들은 나무의 땅속 저장기관알줄기, 구경(球莖)을 크게 만든다. 땅속의 알줄기에는 꽃을 피우고 열매를 맺는 데 필요한 에너지를 저장하고 있다. 부두백합은 마지막으로 가장 큰 잎사귀가 피어나고 그 성장 계절을 마치게 되면 더 이상 잎을 피우지 않는다. 그리고 마침내 다음 성장 계절이 시작됨과 동시에 커다란 가짜 꽃줄기가 땅속에 있는 알줄기로부터 바로 올라온다. 위스콘신대학교의 온실 안에서 이 부두백합의 커다란 줄기와 육수꽃차례가 무려 1.8미터 높이까지 피어났다. 육수꽃차례가 완전히 피어났을 때 그 직경은 무려 1미터 가까이 되었고 마치 자줏빛 스커트를 뒤집어놓은 것같이 보였다. 이 괴물같이 보이는 꽃차례는 피어나자마자 재빨리 엄청난 악취를 풍겼다. 하루빨리 결실을 맺으려는 눈물겨운 노력인 것이다. 불염포의 내부는 금세 모여든 파리로 가득 찼다. 메디슨 주와 위스콘신 주에서는 여름철 파리가 들끓는다. 하지만 북반구의 파리들이 이렇게 거대한 열대식물로부터 대접을 받는다고 누가 상상이라도 해보았을까? 이 거대한 가짜 꽃이 자라는 상황은 매일매일 인터넷으로 중계가 되었다. 그리고 마침내 이 꽃이 활짝 피어났을 때 무려 25만 명의 시민들이 구경하러 왔다. 부두백합은 수마트라의 우림지대에서만 야생으로 자라나기 때문에 이 식물이 꽃을 피우는 광경을 본 사람은 거의 없었다.

가짜 꽃에 대하여는 이 정도로 하고 이제는 정상적인 꽃에 대해 알아보기로 하자.

씨를 만드는 데 필요한 것은 무엇일까?

모든 꽃들에게서 볼 수 있는 흥미로운 것 중의 하나는 꽃의 여성기능에 해당되는 부분이 꽃의 중앙에 위치하고 있다는 사실이다. 그 이유는 아주 간단하다. 그곳에 꽃이 가지고 있는 여러 도관導管들이 위치하고 있기 때문이다. 자그마한 씨방에서 커다란 열매로, 작은 밑씨에서 씨앗으로 변화하는 과정은 많은 영양분을 필요로 한다. 이러한 영양분은 줄기의 관다발 조직을 통해서 꽃으로 밀어 올려진다. 이들 관다발 조직은 줄기의 중앙부분에 위치한다. 그러므로 성장에 관련된 기관의 대부분이 꽃의 중앙에 가까이 위치하고 있다는 것은 어떻게 보면 지극히 상식적인 것이다.

흥미롭게도 이러한 사실은 새로운 가능성을 내포하고 있다. 꿀벌이나 다른 곤충들이 빠르게 날갯짓을 하면 순간적으로 상당한 정전기가 발생한다. 이 정전기로 충만한 곤충의 몸뚱이가 꽃 속으로 들어오면서 촉촉한 암술대 및 암술머리에 닿으면 식물의 중앙 관다발 시스템으로 직접 연결되는 전기장을 만들어낸다. 이 전기장은 뿌리로 연결되는 수분에 의해 접지되어 땅속으로 흐르게 된다. 이러한 충전된 정전기의 이동은 곤충의 몸에서부터 꽃가루가 떨어져 나와 암술머리로 달라붙기 쉽도록 해준다. 이것이 꽃의 여성기능이 꽃의 중앙에 위치하고 있는 또 다른 이유다. 그러면 지금부터는 씨앗을 만들어가는 문제에 대하여 알아보기로 하자.

광합성의 대부분의 과정은 잎에서 이루어진다. 엽록소가 잎에 있기 때문이다. 그리고 엽록소는 태양으로부터 에너지를 받아들이는 색소세포와 연결되어 있다. 꽃과 열매를 생산하는 데 필요한 에너지를 광합성을 통하여 얻기 위해서는 몇 주에서 몇 달이 걸린다. 옥수수는 꽃을 만들기 전에 무려 두 달 이상 성장해야 한다. 사과나무는 이른 봄에 꽃을 피우지만 9월 하순에 잘 익은 과일을 만들어내기 위해서는 긴 여름을 필요로 한다. 그렇다면 크로커스crocus, 영국에서 봄에 맨 먼저 피는 꽃나 민들레, 수선화와 같은 봄꽃들은 어떻게 이른 봄에 그렇게 화려한 꽃을 피울 수 있을까? 대답은 아주 간단하다. 이런 꽃들은 자체적으로 에너지를 저장하는 시스템을 가지고 있다. 알뿌리, 땅속줄기, 그리고 뿌리가 바로 에너지 저장 창고 역할을 한다. 봄에 꽃을 피우는 나무들도 꽃과 잎을 피울 수 있는 에너지를 저장할 필요가 있다. 사과의 경우 여름철에 이루어지는 광합성은 두 가지 일을 한다. 첫째는 달콤한 사과를 만들어내는 일이다. 그리고 동시에 꽃눈을 만들고 다음 해 봄에 꽃과 잎을 피우는 데 충분한 에너지를 저장하는 일이다. 이렇게 해서 식물은 조심스럽게 계절에 순응하며 계절의 흐름을 따라간다. 열대우림이나 북부 수림지대나 계절적으로 건조해지는 초원에서나 꽃과 씨앗의 생산은 계절과 조화를 이루어야 하는 것이다. 다음 장으로 넘어가기 전에 내가 발견한 아주 특이한 꽃에 대해서 이야기해보기로 하자.

에티오피아의 동부에 이른 비가 내리기 시작했다. 아카시아 수림지대는 온통 새로 피어난 녹색 잎으로 장식되는 가슴 벅찬 축복을 받기 시작하는 시기다. 마치 새봄 같은 이 사랑스러운 계절을 즐기기 위해 우리는 하라 고원지대에서부터 남쪽으로 흐르는 강을 따라서 캠핑을 하기로 했다. 이 강은 건기에는 보통 말라버린다. 알맞은 장소를 찾아낸 우리는 그곳에 텐트를 설치하고 주변을 돌아다니며 새로 성장하고 있는 식물들을 관찰했다. 그때 우리 그룹의 한 팀원이 소말리아어를 하는 현지인들을 만났는데, 그들이 땅속에서 무언가를 캐내고 있었다. 자세히 보니 하얀 버섯 모양을 한 어떤 덩어리를 채취하고 있었다. 그들이 채취하고 있는 것이 무엇이든지간에 그것은 현지에 서식하는 식물이나 버섯이 틀림없었다. 그것은 전혀 경작되지 않은 완벽한 야생 상태의 아카시아 숲 속에서 만들어진 것이었다. 그리고 그것이 현지의 시골에 사는 양치기가 발견할 수 있는 것이라면 나 같은 훈련된 식물학자도 발견할 수 있다고 확신했다.

나는 이 뭔가 특이한 것을 찾아서 이제 막 새싹이 돋은 풀과 자라나는 작은 초본식물들로 새롭게 장식되어가고 있는 평평하고 어두운 대지를 뒤지고 다녔다. 마침내 나는 한창 사방으로 퍼져나가고 있는 작은 아카시아나무의 덧꽃부리 아래에서 뭔가를 발견했다. 진한 갈색의 흙이 직경 약 10센티미터 정도의 넓이로 불룩하게 올라와 있었고 중앙부분이 약간 갈라져 있었다. 이곳에서 뭔가 솟아오르기 시작하고 있음에 틀림없었다. 나는 불룩하게 올라온 부분의 주변을 파내기 시작했다. 그 안에 자라고 있는 것을 다치게 하지 않기 위하여 넓게 파냈다. 한참 동안 노력을 기울인 끝에 나는 길이 20센티미터, 두께 7~10센티미터, 무게 약 500그램 정도 되는 줄기를 캐냈다. 이 물건의 조직은 무처럼 촘촘하고 하얗게 생겨서 내가 지금까지 보았던 버섯과는 전혀 달라 보였다. 옆에서 보면 둥그렇게 보이는 이 뿌리줄기가 무엇인가를 알아내는 방법은 잘라보는 것뿐이다. 중앙부분을 위에서 밑으로 쪼개서 반으로 잘라내는 것이다. 나는 가지고 있던 사냥용 칼로 절반을 쪼갠 후에야 내부를 들여다볼 수 있었다. 그것은 바로 하나의 꽃이었다.

아랫부분은 커다란 하위씨방이었고 그 안에 있는 한 개의 소실 끝에 많은 밑씨들이 빽빽하게 들어 있었다. 그 위에 동그랗게 튀어나온 부분이 있었는데 암술머리 부분이었다. 꽃 덮개는 두꺼운 튜브 모양을 하고 있었는데 안쪽 벽에는 세 개의 커다란 V자 모양의 수술이 붙어 있었다. 이 '튜브 모양의 꽃덮개'의 꼭대기는 포탄의 끝처럼 원뿔모양으로 생겼다. 두터운 흙 사이로 뚫고 올라가기 쉽도록 하기 위해서인 듯했다. 학교로 돌아와서 많은 식물 종들을 샅샅이 연구한 끝에 이것이 기생식물인 히드노라과Hydnoraceae의 꽃이라는 것을 알아냈다. 몇 달이 지난 후에 반쪽 표본알코올에 담근 것을 런던의 큐가든에 보내어 연구한 결과 이것이 에티오피아에서만 자라는 히드노라 조바니스라고 판명되었다.

이들 식물식물이라고 부를 수 있을지 모르지만은 아카시아나무의 뿌리에 기생하고 있으면서 유일하게 꽃을 만들어내는 것이었다. 만약 내가 이 두꺼운 꽃을 캐내지 않았다면 이 꽃의 꽃덮개의 윗부분은 아마도 흙의 표면 위로 몇 센티미터 가량 솟아올랐을 것이다. 이 식물은 꼭대기 부분이 서로 연결된 채로 꽃덮개 부분은 갈라져 열리고 서너 개의 입구를 통해서 꽃가루 매개곤충들이 꽃 안으로 들어갈 수 있게 한다.

꽃의 내부는 어둡고 흐릿하게 되어 있어서 딱정벌레와 다른 꽃가루 매개자들이 꽃 안을 샅샅이 뒤지며 꿀물을 찾고 입구를 찾아서 돌아다니게 만든다. 이 특이하고 호화찬란한 쇼는 일주일 이상 지속되지는 않을 것이라고 확신한다. 지상으로 올라온 부분은 금세 시들고, 썩어버리기 때문이다. 미처 씨앗이 지하에서 자라기도 전에 쇼는 끝나는 것이다.여기에서 이들 땅속에 만들어진 씨앗이 어떻게 퍼뜨려지는가에 대한 의문이 생긴다. 멧돼지 같은 동물이 파헤쳐서일까? 아니면 두더지 같은 동물에 의해서일까? 그러나 특별히 더 흥미로운 것은 이 특이한 꽃이 엽록소 없이 아카시아나무의 뿌리에 붙어서 기생하며 살아가는 모습이다. 또한 이 기생식물과 그의 숙주인 아카시아가 본격적인 우기가 막 시작되기 전에 미리 내리는 비

사이의 짧은 시간 동안에 꽃을 피운다는 사실을 주목할 필요가 있다. 더 중요한 것은 숙주와 기생식물이 동시에 꽃을 피우기 위해서 엄청난 에너지를 소비한다는 사실이다. 그렇다면 식물은 왜 꽃을 피우는 데 그렇게 많은 에너지를 사용할까? 꽃을 피우는 근본적인 목적은 무엇일까?

2

flower

무엇을 위해 꽃은
피어나는가?

식물은 왜 꽃을 피울까? 그 이유를 좀더 자세하게 알아보기 위해서는 최근에 나온 보고서를 자세히 살펴볼 필요가 있다. 그런데 이 보고서는 식물에 관한 것이 아니라 동물에 관한 것이다. 과학 잡지에 실린 논문들은 대부분 실험 결과나 관찰 결과를 다루고 있지만 가끔씩은 자연에서 일어나는 여러 가지 특이한 현상을 다루기도 한다. 이러한 보고서는 과학적 연구 보고서 이전에 자연의 실험 보고서라고 할 수도 있을 것이다.

유전적 폐쇄성이 종에 미치는 영향

2003년 2월에 '영국 왕립학회Royal Society of London' 에 보고서 하나가 제출되었다. 「다른 종의 유입이 차단되어 유전적 발달이 막혀버린 늑대 사회의 구조」라는 제목의 연구 보고서였다. 여기에서 '막혀버렸다bottlenecked' 는 뜻은 그 늑대 사회가 단지 몇 마리의 개체에 의해 시작되었기 때문에 유전적 다양성이 거의 없어서 그 후손들이 유전인자의 퇴화로 인하여 열등화되고 있음을 뜻한다.[1]

스칸디나비아 반도에서는 1960년대에 이미 늑대들이 멸종된 것으로 알려졌다. 수십 년에 걸쳐서 총으로, 독약으로, 올무로 늑대를 완전히 없애버렸다고 생각하고 있었던 것이다. 그러나 그 후 1983년, 스웨덴의 남부지방에서 우연히 한 무리의 늑대가 발견되었는데, 다른 야생 늑대 무리는 핀란드나 러시아에 서식하고 있었기 때문에 다른 늑대의 무리와는 무려 800킬로미터 이상 떨어진 상태였다. 유전자 DNA의 분석결과로 이 늑대 무리가 단 한 쌍의 늑대로부터 시작되었다는 것을 알 수 있었다. 하지만 세월이 흐름에 따라 그들은 점점 퇴화되어 겨우 열 마리 정도가 생존해가고 있었을 뿐이었다. 그리고 그들은 유전적으로 다양하지 못하고 아주 열등한 개체들이었다. 그 이후 학자들은 이 늑대 집단을 주의 깊게 관찰하기 시작했다. 그러던 중 1991년 이후 갑자기 늑대 무리의 개체 수가 증가하기 시작했다. 생존 환경은 전혀 변화가 없었음에도 불구하고 갑자기 번식 능력이 왕성해진 것이다. 2002년에 이르자 불과 10여 마리의 개체에 불과했던 이들 늑대들이 10개 가족에 100여 마리가 넘게 증가했다! 도대체 이들 늑대 무리에 무슨 일이 생긴 걸까?

이 자연적 현상을 이해하는 데 현대의 DNA 분석 기술이 많은 도움이 되었다. 늑대 집단의 DNA 표본을 채취한 결과 이들 고립된 늑대 집단에 다른 한 마리 늑대의 DNA가 섞였다는 것을 알아냈다.

멀리서 새로운 개체가 찾아온 것이다. 사실 DNA 검사를 위한 표본 채취는 털 몇 가닥이면 충분하다. 이 새로이 이주한 늑대 한 마리의 DNA가 기존 집단의 건강은 물론 집단의 미래를 바꾸었다는 사실을 증명할 수 있는 다양하고 놀라운 증거가 많이 발견되었다. 이 늑대의 무리에 대한 연구 사례는 왜 식물이 화려한 꽃을 피우는지 그 이유에 대해 우리에게 시사하는 바가 크다.

식물은 새로운 짝을 찾기 위해 여기저기 돌아다니거나 새로운 유전자를 받아들이기 위해 찾아다닐 수가 없다. 대신에 많은 식물들은 일종의 '유혹과 보상'의 방법을 택한다. 즉 동물의 도움을 이용하는 것이다. 꽃가루를 매개하는 동물은 아주 먼 거리까지 꽃가루를 운반한다. 온몸에 꽃가루를 뒤집어 쓴 꿀벌이 거센 바람을 뚫고 이미 한 번 들러 왔던 식물과 같은 종류의 식물이 자라고 있는 먼 지역을 찾아온다고 상상해보자. 멀리 떨어진 야생화를 찾아와 꿀을 가득 빨아들이면서 이 꿀벌은 핀란드나 러시아에서 찾아온 한 마리의 야생 늑대가 스웨덴에 멀리 고립되어 있던 늑대 집단을 위해 한 일과 똑같은 일을 할 수 있을 것이다. 그 늑대가 '꽉 막힌' 늑대 집단에 새로운 유전적 다양성을 가지고 왔듯이 동물들이 멀리 떨어져 있는 꽃의 유전인자를 가지고 있는 꽃가루를 운반해줌으로써 식물들에게 똑같이 유전적 다양성을 가져다주는 일을 할 수 있을 것이다.

그러나 앞에서 설명한 바와 같이, 이처럼 화려한 색깔을 가지고 있지도 않고 동물에 의해 매개되지 않는 작은 꽃들이 많다. 이들은 바람에 의해 꽃가루가 운반되는 꽃들이다. 동물이 운반하는 것처럼 효과적이진 않지만, 야생에는 바람에 의해 수정이 가능하도록 엄청나게 많은 꽃가루를 만들어내는 특별한 종의 식물들도 많다. 사실 동물을 이용해 수정을 하는 식물과 바람을 이용해 수정을 하는 식물들 사이에는 에너지 소비량이 현격히 차이가 난다. 동물에 의해 꽃가루를 운반하는 꽃들은 화려한 색깔의 꽃 밑에 향기로운 냄새를 만들어내거나 에너지가 충만한 꿀을 만들어내야 한다. 반면 바람에 의해 꽃가루를 운반하는 꽃들은 대량의 꽃가루를 만들어내야 한다. 결국 어떤 방법이든지 꽃가루 수정 활동은 대량의 에너지를 투자해야 하는 고비용 작업이다. 그렇다면 왜 꽃들은 크기나 모양에 관계없이 꽃을 피우는 데 그 많은 에너지를 투입해야 하는 걸까? 아니, 좀더 단도직입적으로 묻자면 이들은 꽃을 꼭 피워야만 하는 걸까?

꽃은 진정 무엇을 위해 피어날까?

이에 대한 빠르고 심플한 답변은 바로 섹스다. 꽃은 남성 세포와 여성 세포가 하나가 되어가는 과정 중에서 가장 중요한 부분을 담당한다. 남성 세포와 여성 세포가 결합되면 새로운 생명의 기초가 되는 것이다. 꽃의 역할은 꽃가루와 난자의 핵이 씨방 내부에서 하나로 결합되고 수정된 난세포를 만들어내는 것이다. 이 수정된 난세포는 분열과정을 거쳐 수정란을 만들기 시작한다. 수정란은 에너지가 풍부한 씨앗 속에 들어앉아 있으면서 스스로 배양할 준비를 하고 여건이 좋아지면 발아하여 새로운 식물의 생명을 키우기 시작한다. 그렇다면 이 모든 것이 생식세포 없이도 이루어질 수 있을까?

사실 새싹을 틔우거나, 곁뿌리, 살눈, 그리고 기타 다른 방법으로 무성생식을 하는 식물들도 많다. 민들레 같은 식물의 꽃은 수정되거나 안 되거나 관계없이 생존 가능한 씨앗을 만들어낸다. 하지만 대부분의 식물과 동물은 유성생식이라는 정상적인 과정을 통해 번식한다. 그리고 이 사실은 다음과 같은 의문을 야기시킨다. 왜 생존을 유지하기 위해 이토록 번거로운 노력과 불필요한 과정을 겪어야 하는가? 다른 생식세포와 결합되지 않으면 아무런 소용이 없고 그리고 결합될 때까지는 쓸데없는 세포일 뿐만 아니라 염색체의 숫자도 다른 세포의 절반 밖에 안 되는 생식세포를 생성하는 진정한 이유는 무엇일까?

유성생식은 엄청난 비용이 드는 활동임에도 불구하고 모든 복잡한 생명체의 생존을 위한 가장 핵심적인 과정이다. 실제로 이 과정이 얼마나 복잡한 것인가를 살펴보자. 우선 여성 세포는 짝을 찾기 위해서 모든 어려움과 고초를 이겨내야만 한다. 그리고 유성생식을 한다는 것은 그 여성 세포 자손의 절반은 남성이라는 사실을 의미한다. 여성 세포의 자손의 절반인 이 남성은 다음 세대를 위해 정자를 만드는 그 이상의 기여를 해야 할 것이지만 사실은 그렇지 못하다. 모든 생물이 자신이 스스로 번식하도록 하는 것이 더 단순한 것이 아닐까? 사실은 일부 유기체들은 그렇게 하지만 그와 같은 경우는 대부분이 생존 능력이 감소하기 시작했다. 나쁜 돌연변이들이 계속 해서 만들어진 것이다. 하지만 이들을 제거할 방법은 없다돌연변이는 어쩔 수 없는 유전자 코드의 변화이고 이런 변화의 대부분은 해로운 것이다. 유성생식을 하지 않으면 각 종족들의 유전적 기반이 나빠지기 시작한다. 유성생식은 좋은 유전적인 조합과 나쁜 유전적인 조합을 동시에 만들어냄으로써 각각의 유전자의 특성을 계속해서 재배열한다. 그리고 '자연의 선택동종의 생물 개체 사이에 일어나는 생존경쟁에서 환경에 적응한 것이 생존하여 자손을 남기게 되는 것'에 의해서 이 중에서 패배한 유전인자를 제거한다. 반면에 선택된 인자는 항상 변하는 환경 속에서 좀더 오랜 기간 동안 테스트를 받을 것이다.

또 하나 중요한 것은 생식세포를 생산하는 초기 단계인 감수분열을 하는 동안에도 염색체의 교정이 가능하다는 것이다. 하지만 일반적인 세포분열인 유사분열은 분열과정에서 염색체 교정을 하지 못한다감수분열에서는 분열된 세포는 정상적인 염색체 수의 절반에서 분열이 끝난다. 이렇게 만들어진 생식세포는 정상적인 성인 염색체 숫자가 되기 위해서는 다른 생식세포와 결합해야 한다. 가장 중요한 것은 감수분열로 만들어진 생식세포가 짝지어지는 과정에서 염색체가 교환되는 '교차감수분열 때 형성된 2가염색체가 꼬이면서 서로 다른 두 유전자의 대립유전자 사이에서 재조합이 일어나는 현상'가 가능하게 된다는 것이다. 이 교차는 같은 염색체 내에서 새로운 유전인자 조합을 만들어낸다. 생식세포의 결합이 모든 종류의 염색체의 조합을 가능케 하는 반면에, 교차는 여기에서 한 발 더 나아가 염색체 내부에서 유전인자의 재정렬이 일어나는 것이다.

유성생식에서 중요한 것은 무엇인가?

앞에서 살펴본 바와 같이 유성생식은 새로운 개체를 만들어내고 유전적 다양성을 지속하는 하나의 창조적 시스템임과 동시에 일종의 정비유지 시스템이다. 인간의 경우에는 감수분열 기간에 스물세 개의 상동염색체가 짝을 이루어 마흔여섯 개의 염색체가 정렬하게 된다우리는 어머니로부터 스물세 개의 염색체를, 아버지로부터 스물세 개의 다른 염색체 세트를 받는다. 감수분열 과정에서 두 방향으로 정렬하고 서로 떨어져 나감으로써 각각의 딸세포daughter celll가 정상적인 완성 세포의 반인 스물세 개의 염색체를 갖게 된다. 두 개의 염색체 세트조부모로부터 받은 염색체는 각각의 부모의 생식세포 안에서 수천 개의 다른 조합으로 섞이게 된다. 같은 가족으로부터 태어난 아이들이 왜 그렇게 서로 다른지 그 이유가 바로 여기에 있다. 그리고 이게 전부가 아니다. 앞에서 알아본 바와 같이 교차를 통해 더 많은 새로운 유전인자의 조합을 만들어낼 수 있게 된다.

마지막으로, 유성생식은 다른 어떤 무성생식보다 더 빨리 각각의 개체를 통해서 새로운 유전자를 퍼뜨릴 수 있는 이점이 있다. 따라서 모든 유성생식은 명아주에 의해서 이루어지든, 펭귄에 의해서 이루어지든, 또는 인간들에 의해서 이루어지든 모두 이러한 이점을 제공하는 것이다.

한마디로 유성생식을 하는 근본적인 이유는 유성생식이 고도의 유전적 다양성을 만들어내고 또 이를 계속적으로 유지하기 때문이다. 그래서 어느 하나의 종種의 입장에서는 다양한 자손을 가지면 각각의 서식 지역 내에서 새로이 발생하는 환경적 변화에 또다시 적응해야만 할 필요성이 적어지게 된다. 만약에 식물들이 각각 유전적으로 다양하다면 도저히 피할 수 없고 예측할 수 없는 환경적 변화로 인하여 발생하는 문제에 대해 스스로 대처하기가 훨씬 용이하게 된다. 또한 유성생식이 가지고 있는 보다 더 중요한 장점은 지속적으로 유전자를 재배열함으로써 소위 '붉은 여왕의 경고Red Queen's admonition'라고 불리는 생존경쟁에 적극적으로 대응할 수 있게 만들어준다는 사실이다.

시카고대학교의 리 밴 베일른Leigh Van Valen, 1935~ 교수는 이러한 유성생식의 대해 진화적 '적응'의 개념으로 접근했다. 그는 개별적인 식물이나 동물에 대해 생각하지 않고 어느 한 종種에 속한 모든 개체들에 관한 문제를 생각하게 되었다. 그는 '적응'이란 생물이 자신이 살고 있는 생태계에 있는 모든 생물 종들의 에너지를 어떻게 사용하는가 하는 것에 대한 문제일 수도 있다는 것이다. 다시 말해서 만약 어떤 한 생물의 종이 전체적인 적응력을 증가시키고 있다면, 그 종은 그 생태계에서 가용한 에너지를 더 많이 사용하고 있다는 것을 뜻한다는 것이다.[2] 우리는 생태계 에너지의 많은 부분이 그 생태계에 쏟아지는 햇빛의 양에 따라 결정될 뿐만 아니라 생태계의 살아있거나 죽어 있는 조직 속에 저장되어 있는 에너지의 양에 따라 결정된다는 것을 잘 알고 있다. 결과적으로 어떤 생태계든지 그 안의 에너지 양은 조밀하게 제한되어 있다. 그래서 밴 베일른 교수는 어느 한 종이 적응력을 향상시켰다면, 그 결과는 같은 생태계에 다른 종에게 부정적인 영향을 끼친다고 주장한다. 루이스 캐롤Lewis Carroll, 1832~1898의 소설 『이상한 나라의 앨리스』에 나오는 '붉은 여왕'을 인용하면서 그는 각각의 종들은 '각자 자기가 달려갈 수 있는 만큼 힘껏 달려가지만 결국 같은 곳을 지키고 있는' 세상에 살고 있는 자신을 발견하게 된다고 주장한다. 새로운 돌연변이와 유성생식은 항상 진행 중에 있으며 이를 통해서 오래전부터 이어져 내려오는 우리의 유전자 전체의 혼합이 이루어지고 있고, 이러한 전체 유전자의 혼합은 이 영원히 멈추지 않는 경주에서 우리가 진화하고 살아남도록 도와준다.

사실상 유성생식이야말로 생존환경의 골치 아픈 문제들, 즉 짧은 수명의 문제와 병원체와 기생생물의 급격한 진화 등에 대처하는 유일한 방법이다. 식물이든 동물이든 사람이든 종족의 생존에 미치는 가장 심각한 문제는 바로 이들 박테리아, 바이러스, 곰팡이, 그리고 작은 기생생물이 일으키는 문제들이다. 이들은 우리를 공격하기 알맞도록 적응되어 있다. 이들 유해 생물들은 과거에는 그렇게까지 나쁜 문제를 일으키지 않았던 것들도 계속적으로 스스로 진화하고 있다. 결코 진화를 멈추지 않는 전염병을 앞서가는 유일한 방법은 역동적인 유전자 체계를 발전시키는 것 말고는 없다. 그러나 때문에 자가수정이나 가까운 친척끼리의 교배근친교배는 자손들 사이에 다양성을 만들 수 없다. 이보다 훨씬 좋은 것은 동일 종 내의 먼 친척과의 유전자 교환이계교배이다. 이것이야말로 꽃이 존재하는 진짜 목적이다.

자가수정을 막아라

꽃가루가 꽃의 암술머리 위에 안착하여 발아發芽하면, 암술대 안에는 아래로 향하는 꽃가루관이 발달하기 시작한다. 이 관을 통해 정자의 핵이 난자 세포가 들어 있는 씨방으로 다가가는 것이다. 꽃가루관에서 나온 하나의 정자의 핵이 씨방 내에 있는 난자의 핵과 결합하는 것이 바로 수정이다. 식물은 이러한 수정을 통해 완전 염색체를 복구하며 같은 종족의 또 다른 개체를 창조하는 데 필요한 유전적 자원을 제공한다. 그렇다면 만약 어떤 식물의 꽃가루 알갱이가 다른 종의 암술머리에 안착하면 어떻게 될까?

대답은 아주 간단하다. 아무 일도 발생하지 않는다. 꽃가루 알갱이는 반드시 동종의 암술머리 표면 위에 떨어져야 발아한다. 꽃가루 알갱이의 표면에서는 일정한 화학적 신호를 내보내게 되는데 이 화학적 신호를 받은 암술머리의 표면은 꽃가루에게 '계속 진행하라' 또는 '중단하라'고 반응신호를 보낸다. 이렇듯 정확하게 주고받는 화학적 신호가 없이는 수정이 이루어지지 않으며, 오직 올바른 암술머리 위에 떨어져서 여건이 제대로 성립되어야만 꽃가루 알갱이가 발아하게 되고 이에 따라 암술은 꽃가루관을 씨방을 향해 아래로 자라게 만든다. 이와 같이 여러 가지 사례에서 볼 수 있는 것처럼 유성생식이 올바로 이루어지려면 꽃가루와 암술 사이에 교감이 있어야만 하는 것이다.

실제로 꽃의 러브스토리는 바람이나 동물이 꽃가루를 같은 종류의 꽃 암술머리에 운반해주면서부터 시작된다. 만약 암술머리에 자기 꽃에서 만들어진 꽃가루가 떨어진다면 어떻게 될까? 실제로 많은 꽃들이 암술과 수술을 동시에 가지고 있기 때문에 이런 자가수정이 일어날 가능성은 상당히 높다. 유성생식의 가장 중요한 목적이 집단 내의 유전자적 다양성을 증가시키기 위해서라면 스스로의 내부에서 이루어지는 수정보다는 다른 개체와의 수정이 이루어져야만 그 목적을 이루는 것이다. 그러므로 식물 각각의 종들은 이러한 근친교배 중에서도 가장 나쁜 자가수정의 확률을 감소시키기 위해 여러 가지 수단을 자체적으로 발전시켜왔다. 우선 가장 세련된 시스템의 하나를 살펴보기로 하자.

꽃들이 자가수정을 막는 데 사용하고 있는 내부 생화학적인 시스템 중의 하나가 바로 '자가불화합성'이다. 암술머리에 떨어진 꽃가루 알갱이는 암술머리의 표면을 향해 화학적 신호를 발사한다. 즉, 이 꽃가루는 자신의 몸체에서 떨어진 것이므로 더 이상의 수정활동의 진행을 중지하라는 경고를 보낸다. 이렇게 자가불화합성의 시스템이 가동되면 암술머리도 스스로 꽃가루 접수 시스템을 닫아버리고 암술대 내부에서 자라고 있던 꽃가루관의 성장도 정지시켜버린다. 더 흥미로운 것은 꽃의 자가불화합성은 우리 인간의 자가면역체계와는 반대적인 성격을 가지고 있다는 사실이다. 인간의 자가면역체계는 외부에서 들어오는 외래 세포와 유기체를 감시하고 있다가 다른 개체로부터 낯선 침입자가 식별되면 즉시 이를 파괴하거나 불능화시켜버린다. 꽃에서의 자가불화합성 시스템은 자기 꽃에서 온 꽃가루를 감시하고 찾아내서 기능을 발휘하지 못하게 한다.[3]

자가불화합성 시스템을 가지고 있는 식물의 암술머리는 꽃이 개화하기 이전에 이미 꽃가루를 받아들이거나 거부할 화학 물질을 충전하고 있다. 꽃이 개화하기 시작하고 꽃가루가 만들어질 때쯤이면 암술머리는 이미 외부에서 들어오는 꽃가루 중에서 받아들여서는 안 될 꽃가루와 바람이나 곤충에 의해 멀리서부터 전해지는 동종의 꽃가루를 구분할 준비를 끝낸 상태다. 또한 자가불화합성을 이용해서 자신의 꽃에서 떨어지는 꽃가루도 거부해야 한다. 반면에 같은 종의 다른 식물의 몸체나 다른 꽃에서부터 오는 꽃가루는 적극적으로 받아들여야 한다. 이것은 고도로 복잡한 유전자의 특성에 적응한 아주 미묘하고 세련된 화학적 시스템이다. 하지만 대다수의 화훼식물들은 이러한 세련된 시스템을 발전시키지 않았다. 그들은 다른 방법으로 자가불화합성을 대신하고 있다.

자가불화합성을 발전시키지 않은 식물들이 자가수정을 회피하는 데는 여러 가지 방법이 있다. 가장 간단한 시스템은 사람과 같이 암수를 분리시키는 것이다. 만일 각각의 꽃마다 오로지 하나의 성만 가지고 있다면 스스로 수정하진 못할 것이다. 이러한 식물의 꽃을 단성화라고 부른다. 이런 식물의 꽃에는 수술남성과 암술 및 씨방여성 중 어느 한 가지 성 기관을 가지고 있을 뿐 두 가지 성 기관을 다 가지고 있지는 않다. 또 어떤 꽃들은 수술과 씨방을 다 가지고 있기는 하지만 실제로는 그중 어느 한 기관의 기능만 하는 꽃도 있다. 생존 가능한 꽃가루만 생산하거나 아니면 씨방만이 그 기능을 발휘하고 다른 쪽의 기능은 퇴화되어 있는 경우다. 이러한 꽃과 식물을 우리는 '기능적 단성화'라고 부른다. 이러한 식물의 경우 단지 여성 기관의 기능이 활성화된 꽃만이 열매와 씨를 생산할 수 있다.

BC 2000년 이전에 살았던 고대 수메르인들은 꽃의 성 기관과 그 유사기관에 대해 잘 알고 있었다. 고대 수메르인들은 대추야자를 아주 유용하게 이용했는데, 대추야자는 꽃가루를 생산하는 수나무와 열매를 생산하는 암나무로 나누어져 있다. 그중 수나무는 달콤하고 영양 많은 대추야자를 생산할 능력이 없다. 수메르인들은 나무가 자라서 암나무인지 수나무인지를 알 수 있을 때가 되면 암나무만 골라서 과수원에 심고 한쪽에는 완전히 자란 수나무를 따로 심었다. 꽃이 피는 계절이 되면 제사장이 수나무의 큰 꽃을 잘라내어 과수원 사이를 다니며 꽃가루가 골고루 흩어지도록 흔들고 돌아다녔다. 대추야자는 바람에 의한 수정을 하므로 이러한 방법으로 수정의 효과를 극대화한 것이다. 비록 고대인들이 그 속에 숨어 있는 구체적인 작용을 잘 모르긴 했지만, 대추야자를 많이 수확하기 위해 최대한 많은 암나무를 심고 꽃가루를 퍼뜨릴 수 있는 수나무는 최소한으로 심어야 한다는 것을 알고 있었다. 또 다른 암수딴그루의 대표적인 식물은 파파야다. 이런 단성화식물의 종류는 그리 흔하지는 않다. 특히 혹독한 기후에서는 더욱 그렇다. 이들 단성화식물들은 주로 목본식물에 많고 초본식물에는 극히 적다.

자가수정을 제어하는 다른 방법들

완전한 기능을 발휘하는 양성화를 가지고 있으면서 자가불화합성 체계를 가지고 있지 않은 식물들은 자가수정을 방지하기 위해 또 다른 수단을 사용한다. 이런 다양한 메커니즘 중에서 가장 공통적인 것은 아주 정교한 타이밍이다. 대부분의 꽃들은 자가수정을 막기 위한 '행동'으로서 이 타이밍을 사용한다. 예를 들어 어떤 꽃들은 자기의 암술이나 씨방이 충분히 성숙하기 전에 꽃가루를 성숙시켜 뿌리기도 한다. 이런 경우를 가리켜 남성조숙 단계, 여성후숙 단계라고 하고, 이러한 꽃들을 가리켜 웅화선숙protandrous, 雄花先熟형이라고 부른다.

다른 꽃들은 이와 반대의 방법을 사용한다. 즉, 자기의 꽃가루가 퍼지기 전에 암술과 씨방이 먼저 꽃가루를 받아들일 준비를 갖추어 자기 꽃의 꽃가루가 퍼지기 전에 먼저 수정을 끝내는 것이다. 이런 꽃들을 자화선숙protogynous, 雌花先熟형이라고 부른다. 어느 쪽이든지 자가수정의 기회는 극도로 감소한다. 아보카도과와 월계수과에 속하는 식물들은 아침에는 암술이 꽃가루를 받을 준비를 갖추고 오후에는 꽃밥이 꽃가루를 퍼뜨린다. 또는 암술이 오후에 꽃가루를 받고 다음 날 오전에 꽃밥을 퍼뜨린다. 이러한 경우에는 꿀을 찾는 곤충들이 자기 꽃의 꽃가루가 터지기 전에 다른 꽃으로부터 나온 꽃가루를 운반해온다.

또 다른 자가수정 회피 방법은 꽃의 구조에 있다. 꽃의 구조상 자가수정의 가능성이 거의 없도록 만들어져 있다. 이에 해당하는 꽃의 예로는 박하, 현삼, 난초과의 식물과 같이 두입술꽃들이다. 이러한 꽃들은 곤충이 내려앉는 부분은 넓지만 관으로 들어가는 입구가 아주 좁은 관형 꽃부리를 가진 양방향 대칭형 모양을 가진 꽃인 경우가 많다. 보통 긴 암술대가 통로 입구의 꼭대기 위로 아치형으로 구부러져 있어서 암술대가 수분을 위해 들어오는 외부 꽃가루를 처음으로 맞이하도록 되어 있다. 암술머리는 암술대 끄트머리에 달려 있어서 다른 꽃으로부터 들어온 꽃가루가 만나기 쉽게 되어 있는 것이다. 이때 곤충은 자신의 몸을 꽃의 내부 속으로 밀고 들어가며 꿀을 빨아 먹고는 꽃 밖으로 나가면서 그 꽃의 꽃가루를 온몸에 묻혀 나가게 된다. 그러므로 이런 종류의 꽃에서는 복잡한 꽃의 구조로 인하여 자가수정의 가능성이 희박하게 되는 것이다.

개오동나무과의 식물인 능소화의 꽃들도 두입술꽃으로, 곤충이 내려앉기 좋도록 착륙 장소가 잘 발달되어 있고, 좁은 통로를 가지고 있으며, 긴 암술대를 가지고 있어서 암술머리를 꽃의 입구 가까이 위치시킬 수 있도록 되어 있다. 또한 여기에 더하여 이들 중에는 비비 꼬인 통로를 가지고 있는 꽃들도 있다. 암술머리는 보통 두 개의 넓은 입술 모양을 하고 있으며 암술머리의 정면 부분은 입술의 표면에 붙어 있다. 이 입술은 곤충에 의해 날아온 꽃가루가 접촉될 때까지 벌어져 있다가 꽃가루가 닿으면 닫혀버린다. 이 또한 자가수정을 회피하는 방법 중의 하나다.

25만 종이 넘는 꽃을 피우는 식물에게는 많은 종류의 수정 전략이 있다. 가장 똑똑한 방법 중의 한 가지는 꽃잎이 완전히 떨어질 때까지 꽃잎을 활짝 펼치고 있으면서 다른 꽃으로부터 최대한 많은 꽃가루를 받아들이는 방법이다. 이는 외부 수정의 기회를 극대화시키는 것이다. 그리고 만약 외부로부터 꽃가루를 받아들이지 못할 경우 어떤 꽃들은 아주 특별한 방법으로 그들의 '텐트'를 접는다. 이들은 꽃가루가 가득 찬 자신의 수술의 꽃밥을 암술머리에 접촉시킴으로써 자신의 존재를 끝마친다. 유전적 다양성의 증대라는 이익을 포기하고 자가수정을 하는 것이다. 하지만 아무 씨앗도 생산하지 못하는 것보다는 종의 생존을 위해 자가수정이라도 하는 방법이 훨씬 낫다. 말할 필요조차 없이 식물은 이러한 다양한 방법을 스스로 결정해온 것이 아니라 각기 다른 식물의 종별로 다양한 수정방법을 활용해오면서, 어떤 한 가지 방법이 효과가 있다고 판명되면 계속해서 그 방법을 사용해왔다.

능소화와 같은 꽃들은 구조상 자가수정이 거의 일어나지 않는다.

유성생식과 외계교배는 오랜 시간을 통해 다양한 개체수를 역동적으로 유지할 것이라고 학자들은 이야기한다. 이것이야말로 항상 변화하고 병원균으로 가득 찬 세상에서 생존을 유지하는 데 필요한 것이다. 여기서 또 하나의 문제가 있다. 유성생식은 단지 다른 생식세포 간에

서로 소통이 잘 이루어지는 것도 필요하지만 유성생식을 위한 계절적으로 알맞은 시기도 필요하다는 것이다.

유성생식과 계절

동물 간의 유성생식에 의한 번식은 단지 암컷과 수컷이 서로 만나는 것뿐만 아니라 서로가 적절한 여건과 적절한 분위기가 만들어져야 한다. 서로 간에 생식세포가 준비되지 않으면 서로 같이 결합할 수가 없다. 성적 접촉을 하는 생물학적 목적은 생식이기 때문에 생식세포가 생산적 결합을 위한 준비가 되어 있어야 한다. 그중에서도 계절적 환경이 대단히 중요하다. 자신의 자손들이 가장 잘 생존하려면 1년 중 생존 조건이 최적인 시기에 출산을 해야 하기 때문에 암컷에게는 이 계절적 환경의 적절성을 알아내는 것이 핵심이다. 이것은 식물에게도 마찬가지인데 바로 성장 조건이 좋을 때 씨앗을 만드는 것이 중요하기 때문이다. 식물과 동물 모두 1년 중 수정 가능 기간이 지극히 제한되어 있다. 몇몇 어류에게는 5월 보름달빛 아래에서 만조 때 연안에 파도가 밀려와 부딪히는 기간이 그 최적의 시기다. 이와 비슷하게 그들의 생식세포가 서로 합쳐지기 위해서는 식물들에게도 아주 섬세한 동시성이 필요하다. 꽃가루를 받아들일 다른 동종 식물들의 꽃이 받아들일 준비가 되어 있지 않은 상태에서 수많은 꽃가루를 퍼뜨리는 것이야말로 엄청난 낭비다. 즉 매개동물에 의해 수정되는 꽃이나 바람에 의해 수정되는 꽃이나 상관없이 수정을 위해서 꽃가루를 퍼뜨릴 때 동종의 다른 꽃들이 꽃가루를 받아들일 태세가 동시에 되어 있어야만 한다. 이와 같이 식물들이 제때에 꽃을 피우고 제때에 씨앗을 생산하기 위해서는 계절과 완벽한 조화를 이루어야 한다.[4]

지구의 어느 지역이든 각 지역마다 각각에 맞는 계절의 사이클을 가지고 있다. 지구의 자전축북극에서 남극까지의은 태양을 도는 공전 궤도에서 약 23도 가량 기울어져 있다. 지구의 입장에서 보면 이것은 매년 태양을 한 바퀴 돌 때 자전축이 앞뒤로 이동한다는 것을 의미한다. 여름에 북반구는 태양을 향해 기울어지고 남반구는 태양으로부터 멀어진다. 이 기울기는 계절의 변화를 가져오므로 북반구에 살고 있는 우리에게 1년간의 활동에 일정한 리듬을 준다. 낮의 길이가 짧아지면 추운 겨울이 되고 낮의 길이가 서서히 길어지면 점점 따뜻해져 봄이 오게 된다. 그리고 계속해서 여름의 긴 낮이 오고 뒤이어 가을의 짧은 낮의 길이로 바뀐다. 극지방에서는 여름 몇 주 동안은 24시간 태양이 떠 있는 백야 현상이 나타나기도 한다. 마찬가지로 겨울 몇 주 동안은 태양이 수평선 아래로 숨어버리는 때도 있다.

온대지방에서는 봄철이 되면 서서히 따뜻한 날씨가 찾아오기 시작하고, 숲 속의 잎사귀들도 천천히 피어나기 시작한다. 봄철은 숲 속에 살고 있는 많은 식물이 꽃을 피우는 계절이다. 이 계절에 바람으로 꽃가루를 매개하는 대부분의 식물은 잎사귀들이 피어남과 동시에 꽃을 피운다. 강한 바람이 부는 3월과 4월은 아직 잎이 피어나지 않은 숲을 통과하여 꽃가루를 넓은 대지에 퍼뜨리기에 가장 좋은 시기다. 숲에서 피는 꽃들에게도 이른 봄은 꽃을 피우기 가장 좋은 계절이다. 이들 식물들은 지난여름에 이미 꽃눈을 준비했고 에너지를 뿌리에 저장시킨 덕분에 날씨가 따뜻해지기 시작하면 바로 새싹을 틔울 준비를 한다. 햇빛이 바닥에 닿는 기간이 짧기 때문에 이들은 숲 속 나무들의 잎이 다 피어나서 숲이 어두워지기 전에 그들의 꽃을 피우는 주기를 끝내야만 한다. 또한 이들 숲 속의 꽃들은 일찍 꽃을 피움으로써 새로이 태어나는 곤충들에게 영양분을 제공한다. 그러나 들판이나 초원의 식물들은 일찍 꽃을 피우지 않는다. 이 탁 트인 광활한 지역에서 북극 바람이 갑자기 들이치기라도 한다면 아주 취약하기 때문에 초원지대의 식물은 숲 속의 식물보다 늦게 꽃을 피운다. 하지만 일단 이들 초원지대의 식물들이 꽃을 피우기 시작하면 10월까지 아름다운 꽃의 향연을 계속한다. '지중해식물군락' 지역에서 봄을 보내면 이 세상에서 가장 아름다운 꽃의 축제를 볼 수가 있다.

지중해성 기후는 매우 특이한 성질을 가지고 있다. 여름은 아주 덥고 건조하고 가을 역시 서늘하지만 건조하다. 비는 통상 추운 겨울에 내리고 곧이어 봄이 일찌감치 시작된다. 이러한 연간 강우 시기와 기온의 사이클 덕분에 대부분의 초목들이 봄에 아름다운 꽃의 향연을 벌인다. 이러한 꽃의 향연은 미국의 캘리포니아 주, 칠레 중부, 호주 남서부, 아프리카 남부 그리고 지중해 지역에서 벌어진다. 이들 지역은 모두 북위 및 남위 30도에서 40도에 위치하고 있다. 그리고 이들 지역은 아메리카 대륙의 서부 지역에서 발견되고 있는 것과 동일한 경향을 보이고 있다. 그들은 나무가 작고, 잎사귀들이 거칠며, 절반 이상의 식물들이 짧은 생을 가진 1년생 식물인 것이 특징이다. 이러한 대부분의 식물은 봄에 꽃을 피우고 길고 건조한 여름과 가을에 걸쳐 씨앗을 키운다. 하지만 소위 온대 지역을 벗어나 적도 지역으로 눈을 돌리면 전혀 다른 계절의 기후를 만나게 된다.

열대성 기후

적도에 가까이 가면 1년 내내 낮 길이의 차이가 길어야 한 시간밖에 되지 않는다. 그렇다고 계절적 영향이 없다는 것은 아니다. 북반구의 계절이 태양에 의해 만들어지듯이 열대성 기후도 남북으로 움직였다가 다시 돌아오는 태양의 공전 궤도에 의해 결정된다. 하지만 여기서는 계절적 변화가 단지 기온에 의해서만 결정되는 것이 아니라 강우의 양상에 의해서도 결정된다. 열대성 강우는 남북 양 회귀선 사이의 수렴收斂 지역의 기후를 따라가는 경향이 있다. 이 지역의 기후는 태양이 움직이는 선에 따라 1년 동안 아래위로 오르락내리락하면서 움직인다. 그에 따라서 열대성 기후의 주 계절인 건기와 우기가 매년 되풀이된다.

내가 처음으로 열대 지역에 갔을 때 동부 에티오피아에서 극적으로 변하는 건기와 우기를 체험했다. 나는 7월에 에티오피아의 고원 지대에 도착하여 녹색의 잎사귀와 곡식이 한창 자라고 있는 세계로 들어갔다. 이 시기에는 오후에 일정한 시간에 소나기가 내린다. 이것은 분명히 우기였다. 곡식들은 늦은 9월까지 성숙하고 연노랑 메스켈 데이지Meskel daisy가 고원지대 전체에 피어난다. 그러다가 10월 초가 되면 갑자기 바람의 방향이 바뀐다. 사하라 사막과 아라비아 사막을 가로질러 북풍이 불어오는 것이다. 하늘은 구름 한 점 없이 수정처럼 맑고 비는 더 이상 오지 않는다. 매일매일 햇볕이 강하게 내려쬐기 시작한다. 몇 달 동안 단 한 방울의 비도 오지 않는다. 잎사귀들은 말라가고 풀들은 시들어가고 초원은 누렇게 타들어간다. 주간에는 바람이 강하게 불어서 안개 먼지가 곳곳에 파고든다. 강은 한두 개를 제외하고는 바닥을 드러낸다. 몇 개월이 지나가도 비는 오지 않는다. 그러다가 마침내 4월 초가 되면 바람의 방향이 바뀐다. 얼마 지나지 않아 습기를 머금은 달콤한 바람 냄새가 불어오기 시작하고 여섯 달 만에 처음으로 푸른 하늘에 구름이 만들어진다. 남동쪽으로부터 바람이 불어오면 조금씩 빗방울이 떨어지기 시작한다. 6월까지 비는 주기적으로 내린다. 거의 매일 오후에 소나기가 내리기 시작하는 것이다. 9월까지 계속해서 비가 내리고는 지난해와 마찬가지로 10월 초가 되면 다시 갑자기 비가 그친다.

에티오피아가 있는 북동부 아프리카는 인도양의 몬순 기후대에 속한다. 남쪽으로부터 불어오는 바람은 인도양의 습기를 가득 머금고 있으며, 북쪽으로부터 불어오는 바람은 바삭거리는 건조한 공기를 싣고 온다. 이 두 가지의 바람 때문에 이곳에는 전혀 상반된 두 가지 계절이 극적인 대조를 이루고 있는 것이다. 즉 우기와 건기가 바로 그것이다. 에티오피아 대부분의 지역은 이와 같은 기후형태지만 남부 아프리카의 케냐와 적도 부근에서는 1년에 두 번의 건기와 두 번의 짧은 우기가 찾아온다. 계속해서 더 남쪽으로 내려가면 우기가 한 번뿐이다. 이 지역에서는 비가 10월과 3월 사이 즉, 에티오피아의 건기에 내린다. 비는 북반구에서 예측 가능한 것처럼 열대 지역에서도 1년 주기로 태양과 연계되어 내리고 있음이 분명하다. 우주에서 찍은 지구의 사진을 생각해보라. 12월에 찍은 사진을 보면 아프리카의 대부분과 세계의 남부 지역이 밝게 빛나고 있다. 남극에서는 여름이다. 남북회귀선 사이의 수렴 지역으로부터 남쪽으로 가면 갈수록 우기가 되고 이 기간 동안 북아프리카 지역은 긴 건기가 중간쯤 지나가고 있다.

우기

뜨거운 열대 지역에서는 몇 개월 동안을 물 한 방울 없이 지나고 나면 우기가 시작된다.

대지의 경관은 우기가 시작됨에 따라 스스로 빠르게 변하기 시작한다. 서늘한 북반구와는 달리 비가 온다 하더라도 따뜻한 기온이 지속되기 때문에 열대 수림지대에서는 나무들이 빠르게 잎을 피우기 시작한다. 초원지대에서는 건기 동안 바싹 마르고 때로는 불에 타버렸던 덤불들이 새싹을 틔우기 시작한다.

그리고 새들은 둥지를 짓기 시작하고 많은 곤충들이 축제를 즐길 준비를 한다. 긴 건기를 거치는 동안 거의 소멸된 생명들이 빗줄기가 내리면서 생명의 재탄생을 위한 활동을 시작하는 것이다. 마치 북반구의 봄철에 이루어지는 것처럼 활발한 생명의 활동이 벌어진다. 열대성 기후에서 살아가기 위해서는 매년 계속되는 계절의 변화에 조화를 이루는 것이 필요하다. 식물들은 길고 건조한 수개월 동안 살아남아야 한다. 그러고는 우기가 되면 재빨리 싹을 틔우고 성장하고 꽃을 피운다. 북반구에서 날씨가 추워지고 식생들이 성장의 문을 닫아버리는 시기가 되면 열대지방에서도 서서히 습도가 부족해지는 시기가 다가온다. 낮 길이의 변화는 온도의 변화를 만들어낼 뿐만 아니라 북반구의 생명체들에게 주기적으로 계절이 지나가고 있다는 것을 알려주는 신호이기도 하다. 매년 북반구의 철새들은 여름의 끄트머리가 되면서 서서히 짧아지고 있는 낮의 길이를 감지하기 시작하고 남쪽으로의 이동할 준비를 한다. 하지만 열대지방에서는 기온도 그렇게 큰 폭으로 변하지 않고 낮 길이의 변화도 북반구처럼 몇 시간씩 차이 나는 것이 아니라 아무리 차이가 나더라도 1시간 이상은 차이 나지 않는다. 그렇다면 이 지역의 식물들은 어떻게 우기가 다가오는 것을 예측할 수 있을까? 어떻게 그들은 성장을 다시 시작해야만 한다는 것을 알 수 있을까?

에티오피아에는 아프리카의 다른 곳에 비하여 비가 일찍 내리기 시작한다. 그리고 이 비는 다채로운 변화를 가져온다. 갈색 먼지가 가득 낀 가시덤불 숲과 밀짚 색깔을 하고 있던 초원이 푸른 잎의 새싹을 틔우기 시작하는 것이다. 윗부분이 넓게 펼쳐진 아카시아나무의 가지들은 빠르게 연녹색의 어린 잎으로 옷을 갈아입고 파란 모자를 쓰기 시작하고, 시간이 지나면서 희고 노란 작은 꽃송이들이 온 가지를 장식한다. 60센티미터 정도의 줄기를 가진 '크리넘 백합crinum lily'은 비가 오기 시작하고 2주일이 지나면 길이가 17~18센티미터나 되는 커다란 꽃을 피운다. 이 커다란 줄기와 꽃은 비가 오기 전에는 상상조차 할 수 없던 것들이었다. 그리고 곤충들이 온 천지를 붕붕거리며 날아다니기 시작한다. 돌아온 습기가 대지에 생명을 불어넣고 있는 것이다. 내가 땅으로부터 꽃줄기가 올라오는 희귀한 히드노라Hydnora를 발견한 것도 이때쯤이었다.

그러나 적절한 계절에 맞춰 꽃을 피운다는 것은 그렇게 간단한 것만은 아니다. 어느 해에는 건기의 중간인 12월에 갑자기 생각지도 않았던 비가 쏟아지기도 한다. 작은 초본식물과 허브들이 기다렸다는 듯이 발 빠르게 녹색의 새싹을 터뜨린다. 하지만 나무나 크리넘 백합과 같은 다른 대부분의 식물들은 전혀 반응을 보이지 않는다. 어떻게 그렇게 하는지는 모르지만 이들은 진정한 우기는 아직도 몇 개월 더 멀리 있다는 것을 알고 있는 것이다. 과학자들은 이것을 '휴면 상태'라고 부른다. 휴면 상태란 식물들이 충분한 기간이 지날 때까지 성장을 재개하지 않는 것을 말한다. 12월에 비정상적으로 오는 비는 대부분 짧게 잠깐 오는 것이라는 것을 이들 식물들은 알고 있는 것이다. 그리고 몇 개월이 더 지나 이른 4월에 마침내 진정한 우기를 알리는 비가 오게 되면 모든 꽃들이 재빠르게 적극적으로 반응하기 시작한다. 동부 아프리카에서는 비가 항상 충분히 내리지 않기 때문에 정상적인 강우가 시작되자마자 많은 나무가 거의 동시에 꽃을 피운다. 어떤 이유로든 이 계절의 리듬에 조금이라도 늦어진다면 열매가 성숙하고 적절한 씨앗을 생산하는 시간이 부족하게 되기 때문이다. 생존을 위한 싸움에서는 성공적인 번식이 가장 중요하다. 이 척박한 땅에서 성공적인 번식을 한다는 것은 건강한 씨앗을 생산하는 것을 의미한다.

열매와 씨앗을 성공적으로 성숙시키기 위해 이들 열대식물들이 보여주는 '노력'은 정말로 놀랍다. 클레이니아Kleinia는 아프리카 관목 식물국화과로 건조한 지역에 적응해 다육질 줄기를 만들어냈다. 잎은 작고 쉽게 떨어져나가지만 손가락 굵기만 한 두툼한 녹색 줄기가 광합성의 대부분을 수행한다. 동부 에티오피아에는 쉽게 구별되는 두 가지 종류의 클레이니아가 있는데 붉은 자줏빛 꽃을 가진 클레이니아와 노란 꽃을 가진 클레이니아다. 같은 과에 속한 다른 식물들과 마찬가지로 이들은 성장 계절인 우기의 막바지에 들어서야 꽃을 피운다. 그러고는 바로 건기의 초입으로 들어간다. 나는 그들이 같은 시기에 꽃을 피웠기 때문에 그 두 종류의 줄기를 동시에 채집했다. 줄기를 신문지 길이로 잘라서 표본으로 만들었고 깨끗하게 정리된 그 줄기들을 번호를 붙인 접어놓은 신문지에 싸서 적당히 열을 가한 후 환기가 잘 되는 건조기 위에 올려놓았다. 충분히 건조시켰다고 생각하고 건조기로부터 꺼내서 그 표본들을 검사했다.

그런데 신문지를 펼친 순간 무언가 잘못되었다는 것을 알았다. 꽃이 보이지 않았다. 채집번호와 채집 노트에는 분명 꽃 색깔을 가리키고 있었는데 건조된 표본에서는 꽃을 찾을 수 없었다. 나는 갑자기 헷갈리기 시작했다. 나는 분명히 꽃이 피어 있는 부분을 표본으로 채집했다. 그러나 거기에는 꽃에 대한 어떤 흔적도 보이지 않았다. 그곳에는 퍼뜨릴 준비가 되어 있는 성숙한 씨앗만이 남아 있었던 것이다.

우기가 시작되면서 클레이니아가 꽃을 피울 준비를 하고 있다.

그다음 해, 또 이들 종류에 대한 표본을 수집했으나 동일한 결과가 나왔다. 꽃은 사라졌고, 씨앗만이 남아 있었다. 분명히 이들은 나의 건조 행위를 건조 기후가 계속되고 있는 것으로 생각한 것이다. 줄기로부터 습기를 빨아내자, 그들은 그들의 꽃을 성숙한 씨앗으로 바꾸어버린 것이다자방하위식물과 하나의 밑씨를 가진 식물은 하나의 단단한 열매와 씨앗을 만든다. 꽃줄기를 자르고 접고 불구로 만들어놓아도 아무런 문제가 없는 듯해 보였다. 이러한 식물들은 씨를 어떻게 만드는가를 알고 있었다. 이뿐 아니라 채집활동 중에 더 놀라운 일들이 많이 있었다.

사바나 지역의 꽃차례들

이른 봄비가 내리는 5월에 에티오피아의 리프트 계곡 가장자리에 있는 넓은 아카시아 초원에서 식물 표본을 채집하면서 나는 이런 종류의 서식지에서 볼 수 있을 거라고는 기대하지 않았던 키가 큰 난초Eulophia schimperiana를 발견했다. 그 꽃은 단지 2~3센티미터 정도의 길이에 지나지 않았지만 몇 개의 줄기를 가진 긴 꽃대의 꼭대기에 달려 있었다. 대략 1미터가 넘을 듯했다.

이 난꽃은 이미 땅 밑에서 새로 자라기 시작하는 말라버린 풀잎식물초본식물들 위쪽으로 자라나 있었다. 땅 위에는 풀잎 사이로 난초의 가인경假鱗莖, pseudobulb, 줄기가 짧아져서 다육질이 된 것이 자리 잡고 있었다. 길이는 약 15센티미터였고 두께는 2.5센티미터 정도로 두꺼웠다. 그곳이야말로 난초가 에너지를 갈무리해놓은 곳임이 틀림없었다. 그 에너지는 키가 큰 꽃대를 빠르게 세우는 데 사용하기 위한 것이다. 이렇게 비가 올 때 재빨리 꽃을 피워야만 꽃가루 매개동물들이 많이 활동하는 시기에 수정을 하고, 남은 우기 동안에 씨앗 캡슐을 성숙시킬 수 있기 때문이다.

조심스럽게 이 환상적인 식물인 난초의 표본을 채취하면서 가인경 중의 하나를 떼어내서 높은 고지에 있는 우리 대학의 온실로 가지고 돌아왔다. 해발 약 1,000미터 되는 리프트 밸리의 더운 초원지대에서 살고 있었던 이 난초는 지금은 해발 2,100미터에 있는 온실에서 자라고 있는 것이다. 리프트 밸리에서는 수많은 길고 뜨거운 건기를 견뎌왔지만 이곳에서는 고지대의 시원한 기온 속에서 1년 내내 뿌려주는 물을 받으며 살게 되었다. 그러자 그 가인경은 금세 뿌리를 내리고 새싹을 틔우기 시작했다. 온실의 생장환경을 아주 좋아하는 것 같았다. 그러더니 놀랄 만한 일이 생겼다. 그 후 3년 동안 1년 내내 물을 계속 주는 데도 불구하고 이 난초는 내가 처음 채집했던 그 시기에만 꽃대를 만드는 것이 아닌가! 매년 5월이면 꽃은 꽃대를 밀어 올리기 시작하는 것이었다. 계속 물을 주는데도 이 시기 말고 다른 시기에는 꽃을 피울 기색조차 보이지 않았다. 도대체 무슨 까닭일까?

처음으로 녀석을 만났을 때 나는 분명히 이 난초가 6개월 이상의 지독한 가뭄이 지나가고 난 후에 이제 막 내리기 시작하는 이른 비에 반응하여 꽃을 피우기 시작한 것이라고 생각했다. 하지만 이곳 온실에는 그 같은 가뭄이 없다. 물을 계속해서 뿌려주었으므로 일찍 내리는 비도 없다. 그렇다면 이 난초는 계절이 5월이 되었다는 것을 어떻게 감지할까? 단 한 가지 그럴듯한 설명은 이 난초가 1월부터 5월까지의 낮의 길이가 늘어나고 있는 것에 대해 반응하는 것이다. 하지만 이곳은 적도로부터 단지 북위 9도 밖에 떨어져 있지 않아서 12월부터 6월까지 낮의 길이 차이는 불과 1시간도 채 되지 않는다. 어쨌든 이 미세한 낮의 길이의 차이가 일정한 스케줄대로 살아가도록 난초를 자극하고 있는 것이 틀림없다. 심지어는 새로운 인공적인 환경에서 살아가고 있음에도 불구하고 말이다. 한 시간도 안 되는 낮 시간의 변화에 반응하는 난초의 모습은 사실 그렇게 놀라운 것은 아니다. 심지어는 연간 30분 정도밖에 변하지 않는 낮의 길이에도 반응하는 벼의 종류들도 있는 것으로 알려져 있다. 분명한 것은 이들 열대 식물들이 내가 전혀 상상하지도 못했던 훨씬 세련되고 신비로운 방법으로 태양의 공전 주기에 자신의 삶의 주기를 맞추어 살아가고 있다는 사실이다.

물론 온대지방에 살고 있는 식물들은 계절에 따라 훨씬 더 뚜렷해지는 낮 시간의 차이에 자신을 맞추며 살아가고 있다. 북위 9도 지역에서 낮의 길이가 가장 길 때와 가장 짧을 때의 차이가 1시간에 불과한 것에 비하면 북위 42도 지역에서는 무려 약 6시간이나 차이가 난다. 이 지역은 미국의 캘리포니아와 오리건 주의 경계 지역과 시카고, 보스턴, 로마를 연결하는 지역이다. 어떻게 식물의 세포들이 정확하게 현실의 세계와 시간을 맞추고 낮의 길이의 변화를 감지하는지에 대해서는 실험실의 단골식물인 애기장대Arabidopsis thaliana를 통해 연구를 계속하고 있다. 이것은 서캐디안 리듬생물이 나타내는 여러 현상 중, 대개 24시간 주기로 되풀이하는 변화를 말한다을 보여주는 과학으로 자기의 세포와 조직을 자신을 둘러싸고 있는 세상과 보조를 맞추어나가도록 만들어주는 일종의 내부 시계라고 할 수 있다. 우연히도 애기장대는 작고 잘 자라고, 짧은 생애 주기와 비교적 간단한 게놈을 가지고 있기 때문에 실험실에서 가장 선호하는 식물이다. 그리고 2000년에는 이 애기장대가 완벽한 DNA 순서를 가지고 있는 식물임이 최초로 밝혀졌다.

열매를 맺을 때, 새싹을 틔울 때

동물에게 무엇인가 먹기 좋은 것을 제공하는 것은 동물로 하여금 식물의 씨앗을 퍼뜨리게 만드는 좋은 방법이다. 그리고 실제로 식물은 동물들의 영양 공급이 꼭 필요한 시기에 먹을거리를 제공함으로써 더 많은 효과를 거두고 있다. 산사나무, 가막살나무, 사사프라스 나무 같은 북아메리카에 살고 있는 많은 나무와 떨기나무 덤불들은 9월이나 10월에 과즙이 많은 열매를 익게 한다. 철새들이 남쪽으로 이주해가는 시기에 맞춘 것이다. 철새들은 이 영양 많은 열매를 통해 에너지를 얻고 아주 먼 곳까지 날아가 그 씨를 퍼뜨려준다. 새들이 퍼뜨려주는 열매들은 즙이 많고 대개가 적색, 청색, 자주색, 흑색 또는 흰색의 열매들이 많다. 이러한 색깔들은 녹색 식물들 사이에서 이들 열매들이 잘 드러날 수 있도록 만들어주고 우리 인간의 눈과 유사한 새들의 시각에 잘 띄도록 하기 위한 것이다. 또한 이들 열매들은 이들을 삼키는 동물들의 입의 크기에 맞도록 너무 크지 않게 만들어진다.

또한 더 큰 입을 가진 대형 동물들이 먹을 수 있도록 크기가 큰 열매도 많이 발달되었다. 이들 대형 동물들은 대부분 털을 가진 포유류이며 포유류에 의해 씨를 퍼뜨리는 열매는 오렌지색, 노란색, 갈색, 또는 녹색을 띤다. 그리고 열매들은 딱딱한 외부의 껍질이나 각질을 가지고 있어서 동물들이 열매의 달콤한 부분을 먹기 위해서는 이 껍질을 깨뜨려야 한다. 예를 들면 호박, 호리병박, 카카오 열매 등이 그것이다. 이들 열매들은 처음에는 초록색을 띠고 있고 그 맛도 떫거나 신맛을 지닌다. 그리고 시간이 흐름에 따라 열매들이 자라면서 색깔이 바뀌고 마침내 달고 과육이 풍부하고 동시에 씨도 여물어 퍼뜨려질 준비를 갖추게 된다. 이렇게 녹색의 딱딱하고 신 열매접근 금지의 표시로부터 노랗고 달콤하고 과즙이 풍부한 열매방문 및 취식 환영의 표시로 바뀌는 것은 참으로 현명한 변신이라 할 수 있다. 우리가 가장 좋아하는 사과는 사실 서아시아의 깊은 산속에서 전래된 종이다. 사과는 달콤하고 과육이 풍부하며 곰이 월동을 위해 동면에 들어가기 전에 체내에 최대한 많은 영양분을 축적해야 하는 시기에 땅위에 떨어진다. 씨앗 중에서 일부는 곰이 씹을 때 으깨어지기도 하지만 대부분의 씨앗들이 온전한 채로 곰의 입을 통과하여 효과적으로 퍼져나가게 된다.

일단 퍼뜨려진 씨앗들은 내부적으로 언제 싹을 틔워야 할지를 결정하는 메커니즘을 내장하고 있다. 우리는 이미 에티오피아의 건기 중간에 비정상적으로 비가 내리는 시기 이후에도 많은 식물이 잎을 피우지 않는다는 사실을 알고 있다. 아마도 그건 휴면의 필요성 때문으로 보인다. 이와 마찬가지로 다른 서식지에 사는 식물의 씨앗들도 휴면의 필요성을 가지고 있다. 우리가 살고 있는 북반구, 심지어 2월에 따뜻한 비가 내리는 지역에서조차도 단출한 씨앗과 식물들이 휴면상태로 남아 있는 것이 대단히 중요하다. 3월에 짧고 매서운 추위가 오면 2월에 오는 비에 일찌감치 자라기 시작한 식물들의 새싹들은 모두 죽어버릴 수 있기 때문이다. 사실 북반구에 서식하는 많은 식물들이 촉촉하고 따뜻한 기후에 반응할 수 있게 되기 위해서는 상당히 긴 동절기를 필요로 한다. 이러한 시간은 씨앗과 식물이 계절의 리듬과 조화를 이루도록 도와준다.

식물들은 자신은 물론 씨앗이 땅에 안착할 수 있게 하기 위해 또 다른 전략을 가지고 있다. 다음 해 여름이나 그다음 우기에 정말로 참담한 가뭄이 올 것이라고 상상해보라. 그러면 모든 씨앗들이 이듬해 봄에 새싹을 틔울 수 있을까? 이런 상황이라면 이미 뿌려진 씨앗 전부를 잃어버릴 수도 있다. 이것은 대단히 나쁜 전략일 수밖에 없다! 많은 식물들은 싹을 틔우기까지의 휴면시간을 연장시킴으로써 이 문제를 해결해나가고 있다. 이와 같이 싹이 트는 시기를 몇 년씩 늦추는 것은 주변의 여건과 상황에 따라 자신이 발아의 시기를 조절할 수 있다는 것을 의미한다. 어떤 경우에는 씨앗을 보호하고 있는 단단한 보호막인 딱딱한 껍질을 마모하거나 깎아내야 할 경우도 있다. 이것은 단지 장기간을 견뎌내야 하는 우발적인 상황이 발생했을 경우에만 그렇게 만들어진다. 어떤 씨앗들은 습기를 받아들이고 싹을 틔우기 전에 충분한 열기가 필요하기도 하다. 또 어떤 씨앗들은 태양광을 필요로 하기도 하고 어떤 씨앗들은 축축하고 어두운 암흑을 필요로 하기도 한다. 이렇게 각각의 종마다 나름대로의 다양한 비법과 전략들을 가지고 있다. 열대지방과 온대지방의 토양은 싹이 트지 않은 많은 씨앗을 품고 있다. 여건이 좋지 않은 해에도 생존하기 위한 여러 가지 전략을 사용할 수 있도록 하기 위해서다. 이것이 6,500만 년 전 공룡들이 지구상에서 모두 사라졌던 대멸종의 시기에도 꽃을 피우는 식물들이 살아남을 수 있었던 까닭이다. 땅속에서

잠자고 있는 많은 씨앗들은 여건이 좋아지면 다시 싹을 틔우게 될 것이다.

이와 같이 꽃과 꽃을 피우는 많은 전략들은 속씨식물을 우리의 지구에서 가장 성공적으로 적응해가는 종류의 하나로 만드는 데 도움을 주었다. 다음 장에서는 이러한 성공의 많은 부분이 그들의 동물들과의 복잡한 관계 속에 이루어졌다는 사실에 대해 연구해보도록 하자.

3

flower

꽃과
꽃을 돕는 친구들

꽃과 그의 '친구 관계'의 역할을 연구하려면 우리는 숲 속에 자라는 60미터 크기의 나무로부터 1페니짜리 동전보다 더 작은 수초에 이르기까지의 모든 식물과 생물의 유기체들을 연구해야 한다. 그리고 우리가 통상적으로 식물을 이해하는 것보다 훨씬 더 깊이 이해해야 한다. 이러한 식물의 '친구 관계' 중 가장 중요한 대다수는 우리가 볼 수 없는 관계다. 이것은 땅속에서 일어나고 있는 식물의 뿌리와 서로 협동하는 균류와의 공생관계를 말한다. 비록 식물이 왜 유독 균류와 공생관계를 가져야만 하는지 그 이유를 정확히 알 수는 없지만 확실한 것은 지구상에 살아 있는 생명의 세계에서 가장 중요한 공생관계라는 것이다.

꽃의 가장 큰 조력자, 균류

우선적으로 균류는 어떤 종류의 생물인가를 다시 한번 생각해보자. 이 곰팡이 왕국에는 우리가 관심을 주지 않는 독버섯류, 일반 버섯류, 곰팡이류, 효모류, 녹병균류, 이끼류, 깜부기류 그리고 더 작은 균류들 모두가 포함되어 있다. 비록 한때 이들은 식물 세계의 하층계급으로 분류되기도 했지만 지금은 균류가 자신들만의 별도의 왕국을 가지고 있는 것으로 인식되고 있다. 균류는 식물과는 확실하게 다르다. 그 차이점 중 대표적인 것으로는 균류가 녹색을 띠고 있지 않다는 것이다. 균류에 속한 종들은 그 어느 종도 엽록소를 가지고 있지 않을 뿐만 아니라 다른 녹색식물이 하는 것처럼 광합성으로 필요한 영양소를 섭취하지 않는다.

균류의 몸체는 대부분 머리털 두께만큼 가는 실과 같은 모양으로 이루어져 있으며 각각 독자적인 방법으로 땅속이나 유기체에 나선형으로 감겨져 있다. 그곳에서 그들은 효소를 방출하여 자기들에게 필요한 먹을거리를 녹이고 소화시킨다. 그렇게 하여 먹을거리를 미리 소화시킨 후 영양소만을 체내로 흡수하는 것이다. 박테리아도 이와 비슷한 방법으로 활동한다. 그러나 박테리아들은 크기 면에서 아주 작고 복합적 형태로 구성되어 있지도 않다. 따라서 균류보다 훨씬 더 간단한 생명체로 분류된다. 또한 균류가 지닌 세포의 세포벽은 식물 세포의 벽처럼 셀룰로오스cellulose로 만들어지지 않고 키틴질로 만들어져 있다키틴질은 곤충들의 표피를 만드는 성분이다.

균류는 또한 그들의 몸체구조가 어떻게 구성되었는가에 따라 구별된다. 식물은 생물분류체계의 상위 계층에 분류되어 있으며 수정된 씨앗을 통해 그 생명이 시작되고 스스로 뿌리와 잔가지의 끝에 있는 성장조직분열조직 속에 있는 성장세포의 활발한 분열을 통해 성장해간다. 이에 비해 균류는 수정된 씨앗도 없고 성장세포도 가지고 있지 않다. 균류는 그들의 몸체 내부에 있는 가느다란 균사를 서로 뭉치고 엮어서 버섯도 만들고 이끼도 만들고 다른 더 큰 조직체도 만들어낸다. 어떻게 이들이 이런 성장을 하는지는 아직까지 미스터리로 남아 있다. 거기에 더하여 균류는 다른 식물과는 다르게 세포 차원에서 특이한 형태의 유성생식 결합을 한다. DNA 배열 순서를 비교해보면 균류가 식물과는 다르다는 것을 알 수 있고 오히려 식물에 가깝기보다는 동물성 미생물 생명체와 아주 가까운 친척이라는 것을 알려주고 있다.[1]

많은 과학자들은 균류와 지상식물 사이의 공생관계가 아마도 식물이 지구상의 표면에 맨 처음 출현했을 때부터 시작되었을 것이라고 믿고 있다. 초기에 지구상에 등장한 식물들에게 있어서 가장 중요한 생존의 문제는 어떻게 수분과 미네랄 영양소를 얻느냐 하는 것이었다. 뿌리와 내부 파이프시스템관다발시스템이야말로 땅속으로부터 수분을 빨아들이고 이 빨아들인 수분을 식물의 몸체 전체로 골고루 분배하는 가장 좋은 방법이었다. 그러나 식물의 뿌리는 수분을 빨아들이는 데는 아무런 문제가 없지만 흙 속에 녹아 있는 필수적인 미네랄을 흡수하는 데에는 어려움이 있다. 이 문제를 해결하는 데 있어서 균류와의 협력관계가 대단히 도움이 되는 것이다. 지상식물들은 균근菌根, 문자 그대로 균류의 뿌리이라고 불리는 특별한 결합체를 만들어 냄으로써 토양으로부터 핵심적인 미네랄을 빨아올리는 방법을 발견했다. 이 방법에서 균류의 역할은 이러한 긴요한 미네랄을 찾아내서 뿌리 내부로 직접 흡수할 수 있는 형태로 변형시키는 일이다. 이 얼마나 놀라운 일인가!

그렇다면 균류는 왜 녹색식물을 위해 자기의 에너지를 소비하는 것일까? 그 이유는 그러한 행위의 보상으로 이들 균류가 균근 내부에 식물로부터 당분을 얻을 수 있는 교환시스템을 가지고 있기 때문이다. 여기에서 우리는 파트너 양쪽이 단출한 이익을 보는 진정한 공생관계를 볼 수 있는 것이다.

녹색식물들은 그들이 가지고 있는 엽록소와 태양광선의 에너지를 이용해, 즉 광합성을 통해 스스로 자신들의 성장을 위한 에너지는 물론 다른 균류와의 공생관계를 위해 나누어줄 수 있는 에너지가 풍부한 화합물질을 생산해내고 있으며 균류와의 뿌리 합성체인 균근은 식물의 뿌리가 스스로는 빨아들이지 못하는 영양소를 효율적으로 가져다주고 대신에 균류로 하여금 녹색 잎 안에 만들어져 있는 당분을 섭취할 수 있도록 도와준다. 식물학자들은 지상식물의 80퍼센트 이상이 최소한의 미네랄 영양소를 토양 속의 균류에 의존하는 것으로 평가하고 있다. 사실 이러한 균근의 교환시스템은 이미 4억 년 전에 지구상에 식물의 서식지를 확장시키는 혁신을 이루는 데 결정적인 기여를 했던 시스템이다.

열대우림의 풍부한 녹색식물, 황금색 물결을 이루는 평야지대의 곡식들, 초원지대의 다양한 꽃을 피우는 식물들은 단지 태양광과 좋은 기후에만 의존해 살아가는 것이 아니다. 지상의 식물들은 땅속에서 빨아올리는 물로부터 우선적으로 얻어지는 질소, 인산, 칼륨, 황과 같은 필수적인 광물질들이 없이는 생존할 수 없다. 균류는 흙 속에 존재하는 이러한 필수 미네랄들을 식물들에게 공급할 수 있도록 도와주고 있으며, 이것은 지구상의 생물계를 유지하는 데 핵심적인 역할을 하는 부분이고 지구상에 살고 있는 전체 생명체를 위해 가장 중요한 생물학적 협조관계일 것이다.

균류가 생태계에 기여하는 것은 이것이 전부가 아니다. 균류는 죽은 식물체를 분해하고 썩게 한다. 균류는 셀룰로오스를 소화시킬 수 있는 효소를 가지고 있다. 균류와 박테리아가 없다면 숲은 죽은 식물의 시체로 가득 쌓여 있고 숨이 막히게 될 것이다. 앞에서 설명한 바와 같이 균류들의 외벽은 키틴으로 되어 있기 때문에 스스로를 분해하는 데는 문제가 없다. 미네랄을 빨아올리고 영양소를 재활용하는 측면에서 균류는 현재 진행 중인 식물의 활동시스템에서 가장 긴요한 역할을 담당하고 있다. 하지만 꽃은 이러한 균류 말고도 많은 복잡한 구조의 조력자들을 가지고 있다.

꽃의 수정을 돕는 매개곤충들

꽃의 친구들에 대해 설명할 때 우리는 대부분의 꽃들이 자신을 선전하고 유혹하기 위해 색깔, 향기, 모양을 내고 있다고 이야기한다. 이것들은 동물들에게 "어서 나에게로 오세요" 하는 신호다. 대부분의 꽃들은 빈손으로 이들을 유혹하는 것은 아니다. 찾아오는 동물곤충들에게 확실한 보상을 제공한다. 수분과 당분, 기타 영양소가 녹아 있는 꿀이 꽃을 방문하는 대부분의 동물들에게 주어지는 가장 기본적인 보상이다. 이들 매개동물들은 그들의 일상 활동에 필요한 에너지를 당분이 풍부한 꿀에 의존하고 있다. 여기에 더하여 아주 특별한 고급 꽃들은 특별히 선택된 매개동물 고객들에게 오일이나 향기를 제공하기도 한다.[2] 여기에 대해서는 뒤에서 설명하기로 하고 우선 꿀벌 종에 관한 이야기부터 시작하도록 하자.

나는 어렸을 때 뒝벌에 매혹되었고 뒝벌들이 꽃을 얼마나 바쁘게 들락거렸는지를 기억하고 있다. 벌들이 꿀을 모으고 있다는 것을 들으면서 나는 꿀이 벌들에게도 내가 먹는 아이스크림처럼 달콤할 것이라고 상상했다. 뒝벌은 정말로 분주하게 활동하고 있었다. 그 당시에도 나는 그들을 관찰하면서 깊은 감동을 받았다.

그들은 왜 그렇게 열심히 일하는 것일까? 이 질문은 깊이 생각해야 할 가치가 있다. 비록 그 답은 단순한 것일지라도 그 속에 내포되어 있는 의미는 아주 심오한 것이다. 바쁜 뒝벌은 게으른 뒝벌보다 더 많은 숫자의 새끼들을 부양할 수 있는 능력을 가지고 있다. 이들처럼 열심히 일하는 유전적 특성을 가지고 있는 종들은 보다 많은 자손들을 생산하지만 이러한 유전적 프로그램이 부족한 종들은 적은 수의 자손을 생산하게 되고 결국에는 멸종의 위기에 떨어지고 만다. 하지만 이렇게 열심히 일한 결과는 해가 갈수록 그리고 세대를 지날수록 아주 바쁜 꿀벌들을 만들어냈다. 이러한 자연선택이 실제로 어떻게 작용하고 있는지에 대한 또 다른 예는 얼마든지 있다.

이와는 반대로 꿀을 적게 제공하는 꽃들에게는 방문하는 동물도 적어지고 그에 따라 생산하는 씨앗도 적어지며, 결국에는 이들은 서식지에서 사라져버린다. 실제로 꽃이 피어 있는 들판과 그들의 매개동물은 경제적으로 보면 하나의 시장과도 같다. 여기서는 효과적으로 일을 해야 한다. 그렇게 하지 않으면 멸종되기 때문이다. 이곳은 애덤 스미스Adam Smith, 1723~1790의 자유주의의 시장경제의 법칙과 자연의 복합경제를 생산하는 찰스 다윈의 자연선택의 이론이 서로 섞여 있는 곳이다. 이러한 자연계의 시장에는 많은 역할 수행자들이 있기 마련이고 또 당연히 있어야 한다.

뒝벌에게 벌이가 나빴던 해는 식물의 종자 생산도 나쁜 해다. 하지만 이런 일들은 오래가면 안 된다. 곧바로 정상적으로 회복되어야 한다. 만약 정말 여건이 나쁜 해가 2~3년 계속되면 국지적인 식물의 숫자는 아주 적어질 수 있다. 만약 운이 좋다면 가까운 인접 지역에서 살아남은 식물들이 씨와 자손을 개체 수가 적어진 지역으로 퍼뜨리게 될 것이고 이렇게 인접 지역에서부터 접수한 식물의 씨와 자손을 통해서 그 지역은 다시 식물들이 자랄 수가 있을 것이다. 이렇게 자연은 화려한 선전을 통해서가 아니라 수백만 년을 거치며 수천 번의 자연재해를 통해서 식물과 동물의 생존력을 시험해왔던 것이다. 불행하게도 오늘날에는 야생의 식물군락지들이 아주 적고 제한되어 있어 국지적인 종의 멸절이 발생하게 되면 그 지역에 다시 식물이 번식할 수 있는 기회가 지극히 제한된다. 또한 전 세계적으로 식물 종의 멸절이 냉혹하게 계속되고 있다. 이 문제는 너무나도 심각한 문제이므로 별도로 다루기로 한다. 자 이제부터는 보다 긍정적인 측면을 토의해보기로 하자.

눈에 잘 띄는 대칭형 모양의 꽃과 화려한 꽃 덮개, 고혹적인 향기, 달콤한 당분은 모든 식물이 만들어내는 아주 중요한 생산품이다.[3] 화려한 파티를 여는 것도 에너지를 소비하는 일이다. 꿀을 만들어내는 특수세포들은 세포를 구성하는 활동 그 자체에도 에너지를 필요로 할 뿐만 아니라 달콤한 꿀을 만들어내기 위해서도 에너지를 사용한다. 이 꿀이야말로 꽃가루를 매개해주는 동물들에게 가장 중요한 보상이다. 꿀벌과에 속하는 종들은 군집생활을 하든지, 독립생활을 하든지 간에 이들 꿀과 꽃가루를 자기들의 새끼를 키우는 유일한 식량으로 활용한다. 이것이야말로 전 세계에 걸쳐 가장 중요한 매개곤충인 2만 5,000종이 넘는 꿀벌을 만들어내는 중요한 요소다. 비록 우리 인간은 꿀을 직접 우리의 생존을 위해 사용하진 않지만 벌꿀을 무척 좋아한다. 그리고 수천 년 동안이나 꿀벌을 가축처럼 길러왔다. 여기에 더하여 꿀벌은 사과로부터 알팔파에 이르는 우리의 중요한 식량과 채소의 핵심적인 꽃가루 매개곤충이다. 이 경제적으로 중요한 오랜 상호작용의 역사 덕분에 꿀벌은 오늘날까지 중요한 과학적 연구의 대상이 되어왔다. 이러한 연구를 통해 우리는 꿀벌의 세계와 꿀벌이 가진 놀라운 능력에 대해 보다 많은 지식을 가질 수 있었다. 대부분의 일벌들은 생식능력을 상실한 암벌들이다.

놀라운 꿀벌의 능력

오스트리아의 동물학자인 카를 폰 프리슈Karl von Frisch, 1886~1982 교수와 그의 조교들은 꿀벌에 대한 선구자적인 연구 활동을 통해 많은 것을 알아냈다. 프리슈 교수는 아주 간단한 기구를 이용한 실험을 통해서 꿀벌이 다양한 색깔을 볼 수 있다는 것을 알아냈다. 비록 꿀벌들이 인간만큼 많은 색깔을 구별할 수도 없고 스펙트럼의 적외선 부분을 볼 수 있는 것은 아니지만, 반면에 자외선 스펙트럼 부분을 더 많이 볼 수 있다. 사실은 인간에게는 똑같은 색깔로 보이는 많은 꽃들이 실제로는 자외선 스펙트럼 안의 각각 다른 색깔의 패턴을 가지고 있다. 프리슈의 실험은 꿀벌들이 편광 빛을 식별할 수 있다는 것을 보여주었다. 그리고 그 능력은 꿀벌들로 하여금 우리 인간은 할 수 없는 방법으로 푸른 하늘의 한 부분만을 보고도 태양의 위치를 판단할 수 있게 한다. 그러나 가장 중요한 프리슈의 발견은 꿀벌의 색깔 식별 능력이 아니다. 그는 꿀벌들이 서로 의사소통을 하고 있다는 것을 알아냈다.

그에 따르면 꿀벌은 새로운 꿀이 어느 방향에 있는지, 그 맛은 어떤지에 대해 '춤의 언어'로 서로 이야기하고 있다고 한다. 좀더 가까운 거리에서는 빙빙 돌면서 춤을 추어서 대화하고, 100미터 이상 떨어진 거리에서는 8자 모양으로 비틀비틀하며 춤을 춘다. 이러한 춤은 벌집의 바로 위에서 이루어진다. 춤을 추는 거리, 비틀거리는 횟수, 수직으로부터의 각도와 태양과의 각도는 거리와 방향을 나타내는 것이다. 그 꿀이 발견된 곳에서 막 돌아온 다른 꿀벌이 계속해서 같은 춤을 반복해서 추거나 똑같은 춤을 추는 것은 새로 발견된 꿀의 원천이 얼마나 가치가 있는가를 알려주는 것이다. 꿀벌은 새로 발견된 꿀이 양이 풍부하고 다른 꿀 채취 동물로부터 많은 방해를 받지 않는 한 비틀거리는 춤을 추러 집으로 돌아오지 않는다. 비록 이러한 꿀벌 행동의 해석이 정확한지에 대해 논란이 되기도 하지만 연구가 계속될수록 프리슈의 원래 결론이 정확했다는 것이 확실해지고 있다.[4] 실제로 30분 동안 태반 속에 꿀벌의 춤을 관찰해보면 그 시간 동안의 태양의 움직임에 의해 위치가 바뀌면 그에 대한 위치를 보정하기 위해 춤의 각도를 바꾸는 것을 보여주고 있다. 여기에 더하여 최근에 레이더를 이용해 새로 가르쳐주는 꿀의 위치를 찾아가는 꿀벌의 비행을 실제로 추적함으로써 춤의 언어의 기능을 증명했다. 꿀벌은 새로운 꿀을 발견했을 때 그 꽃의 향기와 함께 돌아와서 똑똑하기 짝이 없는 작은 춤을 춤으로써 동료 꿀벌들과 그 정보를 공유하는 것이다.

벌집으로 꿀을 가지고 온 꿀벌은 다른 벌에게 꿀을 토해낸다. 이 꿀이 우리가 실제 접하는 벌꿀이 되기 위해서는 여러 공정을 거쳐야 한다. 이 과정은 꿀의 당분을 과당으로 그리고 포도당으로 변화시킨다. 꿀벌 한 마리는 한 번에 약 50밀리그램의 꿀을 가지고 돌아올 수 있다. 그러므로 꿀 1킬로그램을 모으려면 20만 번을 왕복해야 한다. 벌꿀은 쉽게 부패하거나 상하지 않기 때문에 꿀벌에게는 장기간 보관 가능한 에너지원이 된다. 저장된 벌꿀 덕분에 꿀벌은 겨울 동안 자신들과 벌집을 유지할 수 있는 것이다. 길고 추운 겨울 내내 20

만 마리가 살고 있는 벌집을 유지하려면 약 15킬로그램 이상의 꿀이 필요하다. 꿀벌이 긴 겨울을 보내기 위해 취하는 방법 중 하나는 겨울 동안 자신들의 머리 무게를 줄이는 것이다.[5] 핀란드의 어느 학자가 꿀벌은 겨울에는 뇌의 활동과 뇌의 크기를 줄이고 꽃이 피는 봄에는 뇌의 크기를 늘린다는 사실을 발견했다. 이것이야말로 겨울에 에너지를 절약하는 아주 훌륭한 방법이 아닐 수 없다. 자신의 내부 컴퓨터의 용량을 줄이는 것이다. 꿀벌을 치는 사람들의 이야기를 들어보면 이러한 '뇌의 축소'에도 불구하고 꿀벌은 겨울 동안에도 꽃이 피어 있던 방향을 기억할 수 있다고 한다. 핀 머리만 한 크기의 뇌로서도 기억력은 나쁘지 않은 것이다대부분의 매개곤충들은 겨우내 동면을 하거나 방한용 알이나 번데기 상태로 겨울을 난다.

뒝벌은 전 세계적으로 가장 중요한 꽃가루 매개자 중의 하나다. 뒝벌도 다른 종류의 벌과 마찬가지로 새끼를 부양하기 위해 꿀과 꽃가루를 모은다. 겨울 동안에는 더 추운 기후에 적응하기 위해 뒝벌의 서식지에는 성충이 거의 없는 경우도 자주 있고 또한 개별적으로 식량을 구하기도 한다이때는 정보를 알려주기 위한 춤의 언어도 추지 않는다. 뒝벌은 꽃가루를 약탈하기 위해서 자신이 꿀벌인 것처럼 꽃을 속인다. 이것은 '윙윙거리는 수정buzz pollination'이라고 불린다. 만약에 독자 여러분이 토마토나 감자줄기 옆에서 아주 조용히 인내심을 가지고 기다린다면 그것을 들을 수 있다. 뒝벌이 윙윙거리며 꽃으로, 땅으로 날아다닐 것이다. 그리고 일단 안전하게 꽃에 내려앉은 다음에는 윙윙거리는 소리의 피치를 바꾼다. 갑자기 높은 피치의 윙윙거리는 소리를 만들어낸다. 이들 감자와 토마토 꽃들은 뒝벌에게는 꿀을 주지 않는다. 그리고 꽃가루를 떨어뜨리지도 않는다. 그들은 꽃밥 꼭대기에 작은 동그란 구멍을 가지고 있다. 뒝벌은 높은 피치의 '윙윙거리는 소리'를 만들어 자신들이 꿀벌인 것처럼 속여 꽃가루 덩어리가 꽃밥 밖으로 나오게끔 만든다. 블루베리속철쭉과 식물과 멜라스톰멜라스토마과의 많은 종류들이 꽃밥 꼭대기의 작은 구멍과 작은 꿀벌들에 의해 비슷한 방법으로 꽃가루를 퍼뜨리고 있다. 지구상에서 살아가는 화려한 색깔을 가진 꽃을 피우는 식물의 약 8퍼센트 정도가 이와 같은 '윙윙거리는 소리'에 의해 수정된다고 학자들은 주장한다.

뒝벌도 꿀벌처럼 과학적 연구의 대상이 되어왔다. 뒝벌은 새끼를 번식하기 위해 식량을 구하는 것뿐 아니라 벌집도 지어야 하고, 새끼들의 체온도 유지시켜주어야 한다. 때문에 너무 멀리 있는 꽃까지 가기 위해 시간을 허비하지 않고, 너무 적은 꽃가루를 가진 꽃을 찾아가지도 않으며, 스스로 에너지가 고갈되지 않도록 조심해야 한다.

뒝벌은 꿀과 꽃가루에서 모든 활동에 필요한 에너지를 얻는다. 특히 꽃가루는 자라나는 애벌레를 위한 단백질의 원천이 된다. 이것은 베른트 하인리히Bernd Heinrich, 1940~의 고전적인 주장으로, 우리가 자세히 들여다보면 대단히 기술적인 뒝벌의 경제 활동과 놀라운 산업 활동이라는 것을 알 수 있다.[6] 비록 다른 많은 곤충들, 특히 딱정벌레들이 자기들의 새끼에게 꽃가루를 먹임으로써 꽃가루 매개곤충으로서의 역할을 하긴 하지만, 새끼들에게 꽃가루와 꿀 두 가지를 모두 먹이는 매개곤충은 오직 꿀벌과의 곤충뿐이다. 다른 매개곤충들은 달콤한 꿀은 성충들의 주 에너지원이지 새끼들의 먹이는 아니다.

한 번이라도 모기가 아주 작은 꽃에서 꿀을 들이키는 것을 본 적이 있나? 이런 종류의 활동을 관찰하고자 한다면 아주 작은 꽃에 정말 가까이 가서 조용히 지켜보아야 한다. 모기의 활동을 관찰해 보면 꽃이 수행하는 핵심적인 활동의 하나를 우리에게 상기시켜준다. 암컷 모기는 자신의 즐거움을 위해서, 또는 우리를 불편하게 하기 위해서 피를 빨지는 않는다. 그들은 알을 낳기 위해 동물이나 인간의 피 속에 들어 있는 에너지를 필요로 한다. 수컷 모기는 작은 꽃을 찾아다니며 꿀을 모은다. 수컷 모기가 우리를 귀찮게 하지 않는 것은 그들에게 필요한 것이 인간이나 동물의 피가 아니라 꽃의 꿀이기 때문이다.

마찬가지로 우리가 꽃에서 볼 수 있는 많은 말벌들도 꿀을 빨아먹기에 아주 바쁘다. 암컷 말벌들은 일단 에너지를 충전하면 거미나 다른 육식동물들을 사냥하러 나간다. 그들의 새끼에게 먹이기 위해서다. 나비, 나방, 허밍버드hummingbirds, 벌새, 태양새, 그리고 꿀을 먹는 박쥐들도 꽃을 찾아온다. 이들은 특히 열대지방에서 중요한 꽃가루 매개동물이다.

특별한 꽃가루 매개동물을 위한 특별한 꽃들

열대지방에는 우리가 살고 있는 북반구와는 달리 특이한 꽃들이 훨씬 많이 있다. 그 이유는 간단하다. 특별한 매개동물이 찾아오기 때문이다. 몇 가지 예를 들어보기로 하자. 중앙아메리카의 열대우림에서는 때때로 아주 커다란 녹색의 꽃이 실처럼 생긴 긴 덩굴에 매달려 아래로 향해 피어 있는 것을 볼 수가 있다. 이 공중에 매달린 긴 덩굴에는 한 뭉치의 꽃봉오리가 달려 있다. 하지만 꽃은 매일 오직 하나만 피어날 뿐이다. 각각의 꽃의 크기는 약 5~7센티미터 정도의 길이와 2~3센티미터 정도의 넓이로 벌어진다. 이 꽃들은 녹색을 띠고 있어서 쉽게 눈에 띄지 않을 뿐만 아니라 아주 기분 나쁜 악취를 풍긴다. 우리는 호리병박나무 둥치나 다른 몇 가지 나무의 둥치에 이와 비슷한 녹색 꽃이나 갈색 꽃들의 무리를 발견할 수가 있다. 이런 꽃들은 대개 5~7센티미터 정도로 피며 거의 눈에 띄지 않는 색깔을 하고 있다. 비록 하얀색을 띠고 있다 하더라도 확연히 드러나지는 않는다. 또한 이들 식물들은 꽃은 물론 다른 대부분의 기관들이 두껍고 아주 튼튼하게 만들어져 있다. 그러나 열대의 길고 긴 밤을 손전등을 들고 끈기 있게 지켜보기 전까지는 이들 꽃을 찾아오는 동물이 아무도 없을 것이라고 미리 판단하면 안 된다. 크고 거칠게 만들어진 이들 꽃은 바로 박쥐에 의해 꽃가루가 매개되도록 만들어졌기 때문이다.

조그만 박쥐들이 그 꽃에 매달려 꿀을 빨아먹고 꽃가루를 수집한다. 그래서 이들 꽃들은 충분히 크고 꽃의 각각의 기관들이 거친 박쥐의 활동에 찢어지거나 부서지지 않도록 강하게 만들어졌다. 이들에게는 화려한 색깔이 필요하지 않다. 박쥐는 한밤중에 냄새를 따라서 꽃을 찾아온다. 그들은 이들 꽃이 내뿜는 악취를 좋아하는 것 같다. 하지만 왜 이 식물들은 매일 밤 오직 하나씩만 꽃을 피울까? 연구결과 박쥐들은 매일 밤 똑같은 루트를 통해서 날아다닌다. 그러므로 매일 밤 같은 루트에 꿀이 충만한 새 꽃을 피워주어야 한다는 것이다. 이것을 '트랩라이닝traplining, 함정선 만들기'이라고 부른다. 덩치가 큰 벌새와 같은 일부 다른 꽃가루 매개동물들도 똑같이 자기가 좋아하는 경로를 따라 매일 숲 속을 가로질러 날아다니는 활동을 한다.

새들은 또 다른 특별한 열대성 꽃가루 매개 방법을 보여준다. 아메리카 대륙의 열대지방에서는 꽃 밑에 길고 가느다란 관을 가진 밝은 빨간색의 꽃들이 자주 눈에 띈다. 이들 꽃들은 크기가 크고 눈에 잘 띄기는 하지만 비교적 작은 꽃 밑 조각과 뒤쪽으로 구부러진 꽃잎 조각을 가지고 있을 뿐 매개동물의 착륙을 위한 받침을 가지고 있지 않다. 또한 꽃부리관은 수평으로 달려 있거나 밑으로 매달려 있다. 더욱 특이한 것은 아프리카, 유럽, 아시아, 오스트레일리아의 식물 서식지에서는 이러한 꽃들이 발견되지 않는다는 사실이다. 그 이유는 간단하다. 이들 다른 대륙에는 벌새가 없기 때문이다. 가느다란 관을 가진 붉은 꽃들은 아메리카 대륙에 살고 있는 벌새들이 있는 곳에서만 나타난다. 이들 꽃들은 매개동물이 내려앉을 착륙장치가 필요 없다. 왜냐하면 벌새들은 공중에 떠서 꿀을 빨아 먹을 수 있기 때문이다.

아프리카, 아시아, 오스트레일리아에 살고 있는 꽃들 중에도 새에 의해 꽃가루를 수정하는 꽃들이 있지만 이들은 구조적으로 새들이 꿀을 빨아 먹는 동안 내려앉을 장소를 제공할 수 있도록 만들어져 있다. 벌새는 체구가 작고 워낙 빠르게 날갯짓을 할 수 있어서 공중에 멈춘 채로 떠 있을 수 있으므로 이런 앉는 장치화가 필요하지 않다. 아메리카 대륙의 열대지방에 내려진 축복 중의 하나는 많은 종류의 꽃을 피우는 식물들이 벌새의 존재에 반응해왔다는 사실이다. 꽃들이 이들 민첩한 비행동물에게 적합하도록 진화해온 것이다. 이들 중에는 자신을 찾아오는 새들 중에서 부리가 특이한 벌새에게 알맞게 휘어진 꽃부리관을 가지고 있는 꽃도 있을 정도다. 아니 어쩌면 그 반대로 이들 휘어진 꽃부리관을 가진 꽃에 맞추어 새의 부리가 휘어진 것일 수도 있다.

민첩한 야간 비행사, 박각시나방

벌새 종들만이 꽃 앞에서 공중에 멈춰서 꿀을 빨아들이는 것은 아니다. 민첩한 야간 비행동물의 또 다른 무리가 있다. 이들은 날갯짓을 아주 빠르게 할 수 있어서 공중에 정지한 상태로 머무를 수도 있고 심지어는 뒷방향으로 날아갈 수도 있다. 이들은 박각시나방과의 나방들이다. 벌새와 마찬가지로 박각시나방은 날갯짓이 너무나 빨라서 날고 있을 때에는 그들의 날개를 볼 수가 없다. 이들을 맞이하는 꽃들은 대부분 흰색이거나 연한 색깔을 띤다. 이들 나방들이 대부분 어스름한 저녁이나 새벽 미명, 한밤중의 어둠 속에서 날아다니기 때문이다. 나비와 마찬가지로 이들 나방들은 길고 가느다란 혀를 가지고 있으며 식사를 하지 않을 때에는 혀를 나선형으로 촘촘하게 말아 올린다. 꽃도 또한 이 가느다란 관에 대해 반응해 진화해왔다. 몇몇 종들은 이런 꽃의 관이 10센티미터 이상이 되는 것들도 있다. 왜 이 꽃의 관들이 이렇게 길어져야 하는 걸까? 이 의문은 바로 다윈이 마다가스카르 섬에서 20센티미터나 되는 길이의 긴 관이 있는 돌기를 가진 난초를 발견했을 때 가졌던 의문이다. 이 난초는 아래쪽 꽃받침의 바닥부분에 뒤쪽 방향으로 지향하는 관이 있고 이 관 안에서 꿀이 만들어진다. 이 관을 꿀주머니spur라고 한다. 난초에는 없지만 봉선화에는 여러 번 휘어진 꿀주머니도 있음을 양지하기 바란다. 다윈은 이 난꽃이 동일한 길이의 혀를 가진 박각시나방에 의해 꽃가루 수분이 이루어지고 있다고 주장했다. 몇 년이 지난 후에 긴 혀를 가진 나방이 수집되었고 이 주장이 증명되었다. 그러나 왜 이들 곤충의 혀와 꽃의 관이 그렇게 길어졌을까?

다윈은 난초가 항상 나방의 앞에 꽃가루 주머니를 놓아주어야만 하는 스트레스를 받고 있다고 가정했다. 그래야 그들 꽃가루들이 나방에 의해 다른 난초로 옮겨질 수 있는 확률이 높다는 것이다. 이러한 꽃가루 수분이 없다면 종자의 생산도 없을 것이고, 그 난초는 멸종으로 이어질 것이다. 반면에 박각시나방은 그 반대의 스트레스를 받는다. 즉 그 비행에 방해가 되지 않도록 꽃 입술을 머무는 동안 조심해야 한다는 것이다. 꽃의 기관들과 부딪히면서 꽃 안으로 들어가면 나방의 예민한 날개를 다치거나 또는 그들의 비행을 방해할 수도 있기 때문이다. 그러므로 20센티미터 길이의 꿀주머니와 20센티미터 길이의 혀는 최대한 접촉하려고 하는 난초와 최대한 접촉을 회피하려는 나방이 서로 대응하는 힘이 상호작용을 지속한 결과인 것이다. 우리는 수천 세대를 거치는 동안에 난초와 나방의 종이 계속적으로 대응하면서 꿀을 담고 있는 꿀주머니와 혀의 길이가 서서히 늘어난 것을 상상할 수 있다. 논리적으로는 충분하다. 그러나 이러한 다윈의 해석은 최근에 마다가스카르 들판에서의 관찰결과 새로운 문제에 직면하게 되었다. 그곳에서 나방들이 짧은 꿀 관을 가진 꽃에서 꿀을 빨아 먹는 동안 공중에서 정지비행하는 방법을 사용하는 것이 관찰된 것이다. 그들은 꽃의 꿀을 빨아 먹는 동안 꽃 앞에서 오르락내리락하면서 비행한다. 왜 이들은 이런 모양으로 비행하는 것일까? 바로 천적을 피하기 위해서다. 분명한 것은 캄캄한 밤의 어둠 속에서 큰 검은 거미들이 이들 난초 위에 자리 잡고 앉아서 나방들을 기다리고 있다는 사실이다. 이 비행 방법은 이들 거대한 야행성 거미들에게 잡아먹히지 않기 위한 방법인 것처럼 보인다.[7] 그러므로 나방의 혀가 길어지는 것이 꼭 접촉 없이 꿀을 먹기 위한 진화의 결과라고 단정 지을 수만은 없다. 자연은 본래 생각했던 것보다 훨씬 더 복잡한 듯하다. 그럼에도 불구하고 다윈의 기본 개념이 옳다는 것은 확실하다. 나방의 혀와 난초의 꿀주머니는 오랜 시간에 걸쳐 서서히 길어진 것이다.

다윈의 이론을 증명하는 또 다른 것은 25센티미터 길이의 혀를 가진 아메리카 대륙의 열대 박각시나방으로부터 비롯된다. 비록 어느 누구도 이들 나방들이 꿀을 빨아 먹는 광경을 본 사람은 없지만,

우리는 같은 길이의 가느다란 꽃 밑에 관을 가진 몇몇 야간 개화 식물을 잘 알고 있다. 커피나무과의 일종인 포소퀘이라 그랜디플로라 Posoqueria grandiflora와 능소화과의 덩굴식물과 개오동나무과 식물들이다. 이들 종은 난꽃처럼 돌기가 아닌 진짜 꽃부리관을 가지고 있다. 직접 관찰한 연구보고서가 부족하기 때문에 우리는 단지 이 특이한 나방의 긴 혀와 긴 꽃부리관의 길이가 흥미롭게도 일치하는 것으로 보고 서로 연결할 수 있을 뿐이다. 게다가 이들 식물과 나방들은 동일한 서식지를 공유하고 있어서 니카라과에서 남쪽으로 뻗어 나와 아마존 강 유역까지 넓은 지역에 걸쳐서 서식하고 있다.

최근에는 남아프리카에도 이러한 긴 혀를 가진 파리 두 종이 발견

◈ 박각시나방과의 나방들은 빠른 날갯짓으로 공중에 멈춰 설 수 있어 착륙장치가 필요하지 않다.

되었다는 연구보고서가 발표되었다. 길이가 10센티미터나 되는 혀를 가진 파리 종은 지금까지 알려진 바가 없었다. 그러나 최근 들어서는 남아프리카에 서식하는 몇 종의 파리 중에서 이러한 혀를 가진 종들이 발견되고 있다. 그 이유는 아마도 긴 혀를 가진 나방의 경우와 마찬가지로 긴 꽃부리관을 가진 꽃과 관계있는 것으로 보인다.[8] 이것은 아주 밀접하게 서로 연관된 공진화coevolutio 현상이 네 가지 각기 다른 꽃의 종과 그들의 꽃부리관과 같은 길이의 혀를 가진 파리의 종간에 일어난 상호 대응작용의 결과다. 즉 더 긴 꽃부리관을 가지려는 꽃과 더 긴 혀를 가지려는 꽃가루 매개동물 사이에서 벌어지고 있는 '진화의 경쟁'의 결과라는 것을 우리는 명백히 알 수 있게 된 것이다.

한편 긴 꽃부리관 속에 숨어 있는 꿀에 도달할 수 있을 만큼 혀가 길지 못한 곤충들은 이를 해결하기 위해 또 다른 방법을 발전시켰다. 그들은 꽃부리관 바닥에 들어 있는 꿀을 먹기 위해 꽃부리관을 씹어 먹어서 길을 만들어낸다. 이것은 소위 말하는 '꿀 강도질'이라는 것이다. 우리는 때로는 뒝벌도 이 나쁜 짓에 동참하고 있는 것을 볼 수 있다. 당연히 이들 곤충들은 꽃부리관을 씹어 먹을 수 있을 만큼 강한 턱을 가지고 있어야 하며 어쩌면 여기에 소모되는 에너지는 꿀에서 얻어지는 에너지와 차이가 없을 수도 있다. 그러므로 꿀 강도질은 그리 흔한 것은 아니다. 그러나 일부 곤충들이 꽃을 속이는 방법을 배워왔던 것처럼, 몇몇 꽃들도 곤충을 '속이는' 방법을 배워왔다.

속이는 방법에 의한 꽃가루 수정

인간 세상에서나 자연 세계에서나, 변화하는 시기나 그 과정에서 앞서 나가기 위해서는 비합법적인 방법을 사용하는 똑똑한 부류가 있기 마련이다. 꽃들 중에서도 아주 절묘한 속임수를 사용해서 곤충들을 '속이고' 있는 종류가 있다. 거대한 열대우림 시디스타Cydista, 빅노니아 속 나무의 몇몇 종들은 단지 며칠 동안의 개화 기간 동안 아주 찬란한 색깔의 꽃을 피운다. 이들은 통상적으로 숲 속의 나무들 사이에 드문드문 퍼져 있는데 짙은 녹색의 바다 한가운데 아주 찬란한 색깔의 폭발을 일으킴으로써 열대우림에 보기 드문 멋진 광경을 연출한다. 미국에 서식하는 개오동나무와 열대의 자카란다jacaranda, 열대 아메리카 산 능소화과 식물, 타베부이아 나무와 마찬가지로 이들 꽃들은 크기도 무척 클 뿐만 아니라 워낙 많은 수의 꽃이 피기 때문에 나무 전체를 완전히 뒤덮어버린다. 하지만 거기에는 한 가지 함정이 있다. 이들 시디스타 나무의 꽃은 꿀을 만들어내지 않는다. 바쁜 꽃가루 매개동물을 위한 보상이 전혀 없는 것이다.

시디스타 꽃은 그 화려함에 속아서 찾아온 곤충들이 속았다는 것을 깨닫고 꿀을 찾아 다른 꽃으로 가기 전에 재빨리 꽃가루를 묻힌다. 이들 곤충들은 여기저기 다른 꽃을 부지런히 옮겨 다니는 중에 꽃가루를 운반한다. 이것을 가리켜 '속임수에 의한 꽃가루 수정'이라고 부른다. 하지만 이것은 다른 범죄 행위가 그러하듯이 쉽게 볼 수 있는 것이 아니다. 사실은 이들 꿀 없는 식물 자체가 흔하지 않다. 그들은 자신을 위해 봉사하는 이들에게 풍부한 보상을 제공하는 많은 다른 식물들을 흉내 내는 것이다. 난꽃들도 다른 어떤 식물보다 더 많은 기만 방법을 보여준다. 북반구의 숲 속에 피어나는 아주 아름다운 개불알난Lady's slipper, 개불알꽃과은 이러한 방법을 잘 활용한다. 이 난초는 이른 봄에 꽃을 피우지만 꿀을 가지고 있지는 않다. 이들은 밝은 색깔의 꽃잎을 가지고 있어서 곤충을 유혹한다. 일단 이 꽃에 들어가기는 쉽지만 나오기는 아주 어렵다. 곤충은 꽃으로부터 탈출하기 위해 수술대와 꽃밥의 표면을 지나서 기어 나와야만 한다. 하지만 이들은 똑같은 곤충이 최소한 두 번 이상 이 꽃잎 안으로 들어가지 않는 한 꽃가루 수정이 이루어지지 않는다. 때문에 이들 꽃들은 시디스타나무들이 사용하는 방법과 동일한 방법을 사용하는 것으로 보인다. 바로 꿀을 찾아가는 곤충의 탐험 활동을 이용해 자

개불알난은 화려한 꽃으로 곤충을 유혹하지만 꿀을 가지고 있지 않다.

신의 꽃가루를 수정하게 만드는 것이다. 이러한 전략은 때로는 금방 태어난 순진한 곤충을 대상으로 하기도 한다. 피터 베른하르트Peter Bernhardt가 "꽃들은 꿀을 빨아들이는 곤충들이 쉬지 않고 태어나는 바로 그 시기에 꽃을 피워야만 한다"고 지적했듯이 난꽃들은 이러한 세상 물정을 모르는 어린 곤충을 유혹하는 것이다.[9]

그렇다면 왜 난꽃들이 다른 식물 종과는 달리 꿀이 없는 종들을 만들어내는 것일까? 그 대답은 다른 식물이 부드러운 가루 모양의 꽃가루를 만들어내는 반면에 난꽃은 특수한 형태의 꽃가루 덩어리화분괴, 花粉塊를 만들어내기 때문이다. 이 꽃가루 덩어리는 수천 개의 아주 미세한 꽃가루가 뭉쳐져 있어서 이 조그만 덩어리 덕분에 난꽃은 단 한 번의 수정으로 수천 개의 씨앗을 생산해낼 수 있다. 사실 이들은 새로운 새싹을 만들어낼 바로 그 장소에서 발아시킬 수 있는 아주 미세한 씨앗이다. 하지만 이들 씨앗은 다른 식물의 씨앗보다 수백 배 많은 수의 종자를 만들어낸다. 어떤 종은 하나의 열매꼬투리가 무려 3백만 개의 종자를 생산해낼 수 있는 것으로 평가하고 있다.[10] 이것은 난초는 여러 번 수정에 성공할 필요가 없다는 것을 의미하는 것이다. 왜냐하면 한 번만 성공해도꽃가루를 수정하면 수천 개의 종자를 생산할 수 있기 때문이다. 아름다운 봄날에 피어나는 개불알난이 그러하듯이 많은 난초의 종들은 단지 꿀만 만들어내지 않는 것이 아니라 여기에서 훨씬 더 발전하여 정말로 기기묘묘한 속임수를 지니고 있다.

전 세계의 방방곡곡에는 아주 다양한 형태의 수많은 난초의 종류들이 있고 아주 이상하게 보이는 난꽃들이 있다. 그러나 그들이 우리에게는 이상하게 보일지 몰라도 다른 무리의 생명체에게는 아주 매혹적인 암컷의 모습으로 보이도록 피어 있다. 이들 특이한 작은 난꽃들은 특정한 곤충의 모양과 외모적으로 아주 비슷한 모양을 하기 때문에 사랑에 굶주려 있는 작은 수컷 곤충들이 짝짓기를 하려고 꽃으로 달려든다. 이러한 실수를 여러 번 반복하면서 수컷 곤충들은 암컷 곤충 모양의 꽃입술에서 꽃가루를 묻혀 다른 난꽃으로 꽃가루를 옮겨주게 되고 이러한 결과 수천 개의 잠재적 종자를 만들어내게 되는 것이다.

이들 수컷을 자극하는 것은 단지 이러한 꽃의 모양만이 아니다. 최근 연구 자료를 보면 오프리스 난초는 특정 곤충의 모양을 모방할 뿐 아니라 화학 물질 혼합물을 분비해 특정 곤충의 냄새도 모방한다. 이 혼합물은 본질적으로 암컷이 분비하는 페로몬과 유사한 것이다. 이 외모적 모방꽃의 형태과 화학적 모방냄새에 대한 구체적인 예를 살펴보기로 하자.[11]

이러한 형태의 꽃가루 수정은 '의사교접'이라고도 불리는데 지중해 지역에 서식하고 있는 오프리스 난초를 통해서 잘 알 수 있다. 특히 이러한 수정은 이른 봄, 난초가 꽃을 피우고 암컷 꿀벌이 알에서 깨기 전에 수컷 꿀벌이 먼저 알에서 깨어나면서 발생한다. 당연히 이때의 수컷은 세상 물정을 전혀 모르는 순진한 것들이다. 최근까지만 해도 이러한 특이한 형태의 꽃가루 수정은 오직 난꽃에서만 발견되었다. 아마도 이러한 전략은 성공률이 저조하기 때문일 것이다. 다시 한번 말하지만 난초는 한 번의 수정으로 어마어마한 양의 종자

✣ 파리의 모습을 흉내 낸 난꽃이 수컷 곤충을 유혹하고 있다.

를 생산할 수 있기 때문에 이 방법을 쓰는 것이다.

곤충들이 꽃에 접근하는 방법도 여러 가지다. 어떤 것들은 접근하기 쉽고, 바로 꿀로 연결되어 빨아 먹기 쉬운 것도 있다. 이러한 접근하기 쉬운 꽃의 대표적인 것으로는 미나리아재비, 데이지, 그리고 해바라기 등이 있다.

이러한 꽃들은 꽃가루 매개곤충들이 어느 방향에서든 쉽게 날아들 수 있고, 꽃에 앉기 쉽고, 곤충들의 주둥이의 크기가 적당하다면 아무 문제없이 쉽게 꿀을 섭취할 수 있다. 하지만 어떤 꽃들은 곤충을 보다 선별적으로 받아들인다. 특히 앞에서 설명한 바와 같이 긴 꽃부리관을 가진 꽃들은 더욱 그러하다. 이들은 자기들이 원하는 곤충이나 또는 곤충의 주둥이 사이즈가 적절하지 않으면 꿀을 빨아 먹을 수가 없다. 그리고 특별한 취향을 가진 곤충에게는 특별한 꽃이 있게 마련이다.

또 우리가 이미 설명한 바와 같이 밝은 빨간색을 가진 꽃들은 조류에 의해 꽃가루가 매개되기도 한다. 고기 썩는 냄새를 풍기는 어두운 붉은 자주색의 꽃들은 썩어가는 몸뚱이에서 먹이를 구하는 파리 종류에게 뿌리칠 수 없는 유혹을 보낸다. 그러므로 이들 파리 종류야말로 이들 꽃에게는 가장 중요한 꽃가루 매개동물인 것이다. 그러나 이러한 '맞춤형 초대'가 더 많이 발전한 다른 종들도 많이 있다.

꽃가루 수정과 완전한 상호의존적 혁명

앞에서 이미 설명한 난꽃으로 다시 돌아가보자. 1950년대 중앙아메리카 대륙과 남아메리카 대륙의 숲 속에서 특이한 꽃가루 매개방법이 관찰되었다는 보고서가 발표되었다. 이들 난꽃들은 비록 매우 강한 향기를 발산하긴 하지만 꿀을 만들어내지는 않는다. 더더욱 수수께끼 같은 현상은 이들 꽃의 꽃가루를 매개하는 꿀벌들을 조사해보니 모두가 수컷이라는 사실이 판명되었다. 무언가 이상한 일들이 이곳에서 이루어지고 있다는 사실을 알아챈 것이다. 이것은 형태적 속임수에 의해 일어나는 것만은 아닌 듯 보였다. 첫 번째로 생각할 수 있는 것은 이들 수벌들이 다른 꽃에서 꿀을 배부르게 빨아 마신 뒤 무언가 흥분되는 것을 찾아서 이들 꽃으로 찾아오는 것이 아닌가 의심되는 것이다이들 꽃을 찾아온 수벌들은 약간 비틀거리는 것을 알 수 있었다. 하지만 '어머니 자연'은 에너지를 낭비하도록 내버려두지 않는다. 만약 어떤 행동패턴이 쓸모없다고 판단되면 자연은 그것들을 제거해버린다. 그렇다면 무슨 일이 일어나고 있는 것일까? 연구를 계속한 결과 이들 수벌들은 향기를 내는 물질을 모아서 그것을 재처리하고 있었다는 것이 밝혀졌다. 열대우림의 어두운 하층 구조 속에서 암벌을 만나는 것은 쉬운 일이 아니다. 향기를 모으고 재처리한 후에 이들 수벌들은 숲 속의 어떤 특정한 장소에 모여 무리를 형성한다. 그리고 그 조그만 수벌의 무리가 윙윙 소리를 내며 빙글빙글 돌면서 새로운 향기를 발산한다. 그들이 새로 만들어낸 향기 때문에 암벌들이 짝짓기를 할 수벌을 찾아내기가 쉬운 것이다. 그러나 이러한 행동이 더더욱 좋은 것은 암컷들이 수벌들 하나하나를 검사해서 가장 매력이 있는 짝을 결정할 수 있다는 것이다.

강한 향기를 발하지만 꿀이 없는 난꽃의 경우에는 이들 특수화된 벌유글로신벌들이 많이 찾아온다. 이러한 유글로신벌은 여러 난초에서 섭취한 향기를 혼합하고 처리함으로써 각각 특유의 아로마를 만들어낸다. 이것은 자기에게 꼭 맞는 암컷을 유혹하기 위해 각각의 종에 맞게 디자인된 향수를 쓰는 것과 같다. 또 어떤 사막의 서식지에서는 단지 몇 가지의 꽃에만 적응한 특수화된 꿀벌 종만을 가지고 있다. 이러한 스트레스가 많은 환경하에서는 꽃의 개화 기간이 아주 짧기 때문에 꽃과 꿀벌이 활동할 수 있는 기간이 불과 몇 주밖에 되지 않는다. 또한 일찍이 자연은 한 종류의 식물은 하나의 곤충 종류에 의해 꽃가루를 수정하도록 식물과 곤충과의 특수관계를 창조함으로써 이러한 공진화를 훨씬 발전하게 만들었다. 더 나아가 다른 극단적인 공진화의 경우에 있어서는 한쪽의 도움 없이는 어떤 한쪽도 살아남을 수 없다. 한 식물의 무리와 그 꽃가루 매개동물 사이에 완전한 상호의존이 이루어지고 있는 가장 드라마틱한 예는 무화과나무종뽕나무과의 무화과속이다. 그리고 이것은 '무화과나무-무화과말벌 상리공생相利共生관계' 라고 불려진다.

무화과나무의 작은 꽃들은 둥그스름한 무화과 과일 안에 완전하게 덮여 있는 특유의 모양을 하고 있다. 무화과는 보기에는 열매같이 보이지만 사실은 오목한 꽃차례다. 작은 꽃들이 꼭대기의 보일 듯 말 듯한 입구를 가지고 있는 무화과 안에 담겨 있다. 포엽들이 입구 안쪽에 아주 조밀하게 겹쳐 있기 때문에 이 방해물들을 비집고 통과해 무화과의 내부로 들어가기 위해서는 납작한 머리를 가진 말벌이어야 한다. 말벌들은 이 좁은 입구를 통과하는 과정에서 날개를 상하게 된다. 일단 무화과 안으로 들어간 말벌은 암꽃 사이를 이리저리 돌아다닌다. 이때 그 말벌은 자신이 태어났던 무화과에서 묻혀온 꽃가루를 온몸에 묻힌 채로 다니기 때문에 효과적인 수정이 이루어질 수 있다. 수정이 이루어지고 난 뒤 말벌은 꽃 속에 알을 낳고 생을 다한다. 무화과 꽃은 자신의 새끼들이 자라날 보금자리이자 식량이 되는 것이다.

말벌의 알이 애벌레와 번데기를 거쳐 새로운 세대의 성숙한 벌이 되면, 수벌들은 아직 덜 성숙해 비활동적인 암벌들과 짝짓기를 한다. 짝짓기가 끝난 수벌들은 한데 모여서 두꺼운 무화과의 껍질을 씹어서 암컷이 밖으로 나갈 수 있는 길을 만들어준다. 암벌로 하여금 날개를 상하지 않고 밖으로 나갈 수 있도록 해주는 것이다. 암벌이 나갈 수 있는 통로를 만들고 나면 수벌들은 자신의 생명을 다하고 만다. 수벌의 준비가 끝나면 암벌은 활동을 시작하게 되는데 이때는 무화과의 수꽃이 꽃가루를 배출할 준비가 끝난 시점이다. 무화과 안에서 꽃가루를 모은 암벌은 꽃가루를 배 밑에 붙어 있는 특수

주머니에 갈무리한다. 이제 꽃가루를 가득 담은 암벌이 떠날 준비가 되어 있다. 암벌은 수벌이 자신을 위해 준비해둔 통로를 따라서 떠날 것이다. 암벌은 이제 피할 수 없는 임무를 수행해야 한다. 즉, 숲을 가로질러 날아가서 꽃가루를 수정할 준비가 되어 있는 똑같은 종류의 무화과나무를 찾아가야 한다. 제 어미가 그랬듯이.

이 모든 활동을 지원하기 위해 무화과나무는 무화과 안에 세 가지 다른 작은 꽃들을 만들어낸다. 암꽃은 두 종류로 피어난다. 즉, 말벌의 새끼가 자라날 숙주가 되는 꽃과 종자가 될 자양분이 많은 꽃, 두 가지 형태로 피어나는 것이다. 세 번째 종류의 꽃은 수꽃이다. 새 암벌이 자라나는 것에 맞추어 꽃가루를 만들어내고 암벌이 날아가기 전에 꽃가루를 뿌려준다.

그렇다면 어떤 신호가 이들 꽃과 곤충이 완벽하게 조화를 이루어 합주할 수 있도록 도와주는 것일까? 무화과와 꽃가루 매개곤충의 성숙은 아주 간단한 요인에 의해 통제되고 있다. 그 요소는 바로 이산화탄소다. 무화과의 내부는 벽으로 아주 조밀하게 둘러싸여 있고 단 하나밖에 없는 입구마저도 꼼꼼하게 포엽에 의해 막혀 있어서 외부 세계와 거의 가스의 교환을 할 수가 없다. 그리고 말벌의 애벌레가 먹을 것을 섭취하고 번데기가 되는 과정에서 호흡을 계속하기 때문에 무화과의 내부는 이산화탄소가 아주 많이 들어차 있다. 번데기가 암벌로 깨어나는 마지막 단계가 되면 짙을 대로 짙어진 이산화탄소의 농도는 작은 수컷들에게 그들이 할 일을 시작하도록 신호를 발산한다. 이 신호를 감지한 수컷들이 껍데기를 씹어서 탈출 경로를 만들면 외부의 공기가 무화과 안으로 들어오게 되고 그 후에는 무화과 내부의 이산화탄소 농도가 급격히 낮아진다. 이렇게 이산화탄소의 농도가 낮아지면 암벌이 활동을 시작하고, 수꽃은 꽃가루를 배출하게 된다. 이러한 방법으로 꽃가루가 암벌에게 뿌려지고 암벌은 꽃가루를 가득 묻히고 이동할 준비가 끝나는 것이다. 그리고 이보다 더한 것도 있으니 그것은 암벌이 떠나고 얼마 지나지 않아 무화과의 벽은 달콤한 과육으로 무르익게 되는 것이다. 정확한 타이밍에 암벌이 떠나고 종자가 성숙하고 퍼뜨릴 수 있도록 준비가 된다. 그리고 달콤한 과즙이 익어간 무화과는 종자를 퍼뜨리는 매개자의 점심이 될 준비가 된다.

여기서 우리는 공생관계, 즉 쌍방이 서로 이익을 보는 관계의 전형적인 실례를 볼 수가 있다. 무화과 말벌은 무화과 밖에서는 성장할 수도 없고 짝짓기도 할 수 없다. 그리고 무화과나무는 말벌의 꽃가루 수정 서비스가 없이는 종자를 생산해낼 수 없다. 사람들은 이러한 완전하게 의존적인 공생관계를 아주 위험도가 높은 비즈니스가 될 것이라고 생각할 수도 있다. 즉, 만약 무화과 말벌이 멸종된다면 말벌의 친구인 무화과도 그 생명을 다할 것이다. 그리고 만약 무화과나무가 멸종된다면 말벌도 멸종될 것이다. 생존을 위해서 단 하나의 종에 의존하는 것은 위험한 일이다. 실제로 무화과나무와 무화과 말벌의 공생관계는 수만 종의 꽃을 피우는 식물 가운데서도 거의 찾아볼 수 없는 아주 완벽하게 통합된 관계 중의 하나다. 하지만 700종 이상의 종류를 가진 무화과종은 이 지구상에서 가장 성공한 식물 중의 하나인 것만은 확실하다. 대니얼 잰즌Daniel Janzen, 1939~이 지적한 바와 같이 무화과의 이점은 단순하다. 무화과나무는 꽃가루를 수정하기 위해 다른 식물과 경쟁할 필요가 없다는 것이다. 왜냐하면 자기만의 전속 매개자를 가지고 있기 때문이다.[12]

지금까지 꽃에 대해 충분히 알아보았으므로 이제는 열매와 씨를 퍼뜨리는 것에 대한 문제를 알아보기로 하자. 우리가 알아보았듯이 일단 종자가 익어가면 무화과의 껍질은 달콤해지고 과즙이 풍부해지게 된다. 이것은 또 다른 종류의 관계를 발전시키기 위한 기반이 된다.

열매와 종자를 퍼뜨리는 친구들

꽃은 생식과 관련된 것이고, 생식의 결과로 새로운 생명이 잉태된다. 생식이 이루어지면 꽃잎은 떨어져나가고 수술은 쪼그라들며, 수정된 암술은 팽창하고 성장하게 될 것이다. 씨방은 열매 속으로 자라나고 밑씨는 스스로 종자로 바뀐다. 각각의 종자는 새로운 생명, 새로운 식물이 될 가능성을 가지고 있다. 성공적인 성장을 위한 기회를 극대화하기 위해 종자는 스스로 자라날 수 있고 번성할 있는 장소에 퍼져야 한다. 더 넓게 종자가 퍼져나갈수록 생존을 위한 기회와 가능성은 더욱 많아지고 이 예측 불가능한 자연의 세계에서의 성공 가능성은 더욱 커진다. 다시 한번 설명하지만, 꽃가루 수정에서처럼 종자를 퍼뜨리는 일에 있어서도 많은 식물은 동물의 도움을 이끌어냈다. 그리고 꽃이 가지고 있는 것처럼 거기에는 달콤한 유혹이 있다. 종자가 익어감에 따라서 씨방의 벽은 달콤해지고 과즙이 풍성해진다. 예를 들면 사과, 아보카도, 체리, 그리고 블루베리가 그런 과일들이다. 또는 종자를 둘러싸고 있는 세포조직이 변해서 열매가 되는 식물 종도 있다. 우리가 좋아하는 오렌지, 수박, 토마토가 그런 종류다. 그리고 씨앗 스스로 동물을 끌어들일 수 있는 맛을 지닌 식물도 있다. 이들은 대부분 아주 작은 종자들로 개미가 모아서 씨앗을 퍼뜨리는 식물들이다. 꽃이 그 매개자에게 꿀을 보상으로 주는 것처럼 씨앗도 종자를 퍼뜨려주는 동물 배포자에 대한 보상을 제공한다. 그리고 동물은 그 대가로 식물의 종자를 더 잘 퍼뜨려준다.[13]

꽃을 피우는 식물들이 자신의 씨앗들을 퍼뜨리기 위해 사용하는 방법에는 열매를 보상으로 주는 것만 있는 것은 아니다. 또 다른 방법도 있다. 바로 무임승차하는 방법이다. 작고 날카로운 갈고리 모양의 연한 털로 덮여 있거나 끈적끈적한 표면을 가진 열매나 종자를 만들어 포유류나 새들의 몸에 붙어 히치하이킹을 해 씨를 퍼뜨린다. 우리가 숲 속이나 들판을 하이킹하고 났을 때 우리의 바지에 이러한 열매와 씨앗들이 달라붙어 있는 것을 종종 볼 수가 있다. 동물의 털과 새의 깃털은 모두가 이러한 '작은 살포 도구'들을 먼 거리까지 옮겨줄 수 있다. 높은 가지 위에 자라는 작은 기생식물 페페로미아peperomia, 후추과의 관엽식물의 경우에는 씨앗의 표면이 끈적끈적하다. 새들이 이런 종류의 씨앗을 많이 먹기도 하지만 일부는 부리의 옆에 붙어 있다가 새가 다른 나뭇가지나 둥치에 대고 비벼대면 떨어져 나와 번식하기에 좋은 높은 가지에서 새로운 생명을 시작한다.

마지막으로 동물을 전혀 이용하지 않는 식물들도 많다. 그들은 대개 바람을 이용해 씨앗을 퍼뜨린다. 이들은 얇고 넓은 날개나 길고 가는 털을 가지고 있어서 바람을 타고 멀리멀리 퍼져나가는 것이다. 우리에게 가장 중요한 섬유를 제공하는 식물인 면화는 목화씨에 붙어 있는 머리카락 같은 털로 종자를 퍼뜨린다. 이 털은 바람을 타고 들판을 가로질러 가는 데 도움을 준다. 그러나 바람에 의해 종자를 퍼뜨리는 것은 진정한 친구 관계라고 부르기에는 알맞지 않다. 그러므로 씨앗을 퍼뜨려주는 동물 친구들과의 관계로 돌아가도록 하자.

특별한 친구를 위한 특별한 열매

대부분의 열매들이 다양한 종류의 새나 동물들의 먹이로 만들어져 있지만, 몇몇 종류는 아주 특별한 손님에게만 적합하도록 만들어져왔다. 아보카도가 가장 좋은 예다. 아보카도는 음식으로서의 가치를 고려한다면 세상에서 가장 영양분이 풍부한 과일이다. 다른 식물들이 단지 맛있는 설탕물 이상을 제공하지 않는 것에 비해 아보카도는 왜 그렇게 영양분이 풍부할까? 아보카도와 그 친척 종들은 곤충은 거의 잡아먹지 않는 새들의 먹이로 알려졌다. 이러한 새들은 트로곤trogon, 열대·아열대산의 깃털이 화려한 새과 같이 아주 크고 색깔이 화려하다. 중앙아메리카에는 케트살quetzal, 중미산의 꼬리가 긴 고운 새 과테말라의 국조(國鳥)이 대표적이다. 이들은 아름다운 꼬리로 콜럼버스 이전 시대에서 가장 아름다운 새로 칭송을 받았다. 아보카도와 그 친척 종들은 이들 새들에게 그들이 필요로 하는 모든 자양분을 제공하기 때문에 이들 새들은 아보카도와 그 친척 종 이외에는 거의 다른 과일을 먹지 않는다. 때문에 아주 밀접한 공생관계가 만들어질 수밖에 없다. 새들은 그 반대급부로 열매를 삼키고 열매의 과육을 갉아서 먹은 다음 약간 흠집이 생긴 씨를 뱉어낸다. 생물학자들은 이러한 활동을 '고도의 양질의 씨앗 퍼뜨리기'라고 부른다. 물론 아보카도나무는 이러한 새들을 유혹하기 위해 비싼 현상금을 내걸어야 하기 때문에 많은 에너지를 투자하고 있다. 그리고 이렇게 치러야 할 값이 큰 경우에는 근본적으로 그에 해당하는 이익도 커야 한다. 이러한 경우에는 더 잘 퍼뜨려주는 것이 바로 그 이익이 되는 것이다.

우리가 가장 좋아하는 기호식품의 하나인 초콜릿은 아메리카 열대우림의 하층구조에 속하는 작은 나무테오브로마 카카오의 씨앗로부터 만들어진다. 카카오의 열매는 나무줄기에 매달리거나 크고 낮은 나뭇가지에 매달린다. 열매의 껍질은 작은 호박이 가지고 있는 것과 같은 섬유질을 가지고 있으며 열은 녹색으로부터 노란색 또는 자주색까지 다양한 색깔을 띠고 있다. 열매가 익으면 부드러운 껍질은 원숭이나 다람쥐 또는 앵무새에 의해 깨질 수 있다. 그리고 거기에서 그들은 아몬드 크기만 한 쓴 맛의 씨앗'카카오 콩'이라고도 불린다을 둘러싸고 있는 달콤하고 과즙이 풍부한 과육을 발견한다. 맛있는 과육은 깨뜨려서 먹고 싶게 만들고 쓴 씨앗은 깨물기 싫게 만들어져 있기 때문에 씨앗은 큰 상처 없이 널리 퍼지게 된다. 이들 쓴 물질은 카페인과 테오브로마인제를 포함하고 있고 이를 재료로 하여 우리가 먹고 싶도록 자극하는 초콜릿을 만든다.

몸집이 큰 동물이 종자를 퍼뜨려주는 식물들은 적은 비율의 종자들이 살아남아도 동물들이 더 널리 퍼뜨려줄 것이라는 희망을 가지고 보다 큰 열매로 보상을 한다. 사실은 오늘날 개체 수를 보충하는데 문제가 있는 일부 커다란 과일을 가진 나무들은 아마도 과거 수천 년 전에 씨앗을 퍼뜨려주던 대형동물을 잃어버렸는지도 모른다. 마스토돈, 매머드, 자이언트 그라운드슬로스ground-sloths, 선사시대의 나무늘보, 야생의 재래종 말 등은 1만 2,000년 전 인간 사냥꾼들이 나타난 이후로 아메리카 대륙에서 멸종되고 말았다. 이들 대형동물들은 더 이상 아메리카 대륙에서 그러한 커다란 열매를 게걸스럽게 먹고 씨앗을 퍼뜨리는 일을 하지 않는다. 또한 덧붙여 말하자면, 정말로 단단한 껍질을 가진 씨앗이 발아하기 위해서는 '흠집내기'가 필요하다. 땅 위에 떨어져 굴러다니면서 기계적으로 상처를 입거나 깨지는 것을 기다리는 것도 하나의 방편이 될 수도 있겠지만 동물에 의해 씹히고 삼켜지는 것이 가장 믿을 만한 방책이라 할 수 있다.

대형 포유류들이 중앙아메리카의 일부 대형 열매들을 퍼뜨리는데 도움을 주고 있다는 주장을 증명하기 위해 대니얼 잰즌과 그의 조수들이 포유류를 대표하는 동물로 당나귀를 이용해 연구를 실시했다. 이들은 당나귀들이 대형 과일과 종자를 잔뜩 먹게 하고는 궁둥이 쪽에 가서 조심스럽게 보초를 서며 지켜보았다. 한참을 기다려서 종자를 수거한 뒤 이 동물의 위장을 통과한 종자가 발아할 수 있는지 여부를 알아내기 위한 것이다생물학적 이론을 증명하기 위한 연구는 이처럼 고역인 일들도 많다. 중앙아메리카의 부족인 오세이지족osage, 아메리카 원주민의 한 종족이 재배하고 있는 오렌지나무Maclura pomifera는 자몽 크기만 한 초록색의 커다란 열매를 가지고 있다. 이 열매는 틀림없이 매머드나 마스토돈들이 먹고 씨를 퍼뜨렸을 것이다. 중앙아메리카에서의 경우와 마찬가지로 돌로 만든 창끝이 북아메리카의 석기시대에서 사용되고 얼마 안 되어 이들 동물들은 멸종되어 갔다. 이와 유사하게 인도양의 세이셸 섬Seychelles Islands의 대형 종자를 가진 나무 또한 멸종의 위기에 몰려 있다는 것이 밝혀졌다. 여기에서도 멸종된 도도새날지 못하는 대형 조류가 이 나무의 열매를 잔뜩 먹고는 그 씨를 퍼뜨리기 위해 주위를 빙빙 도는 모습을 더 이상 볼 수 없기 때문이다. 이러한 실례들은 우리에게 자연 생태계가 어느 하나의 종을 잃어버리면 그 서식지에 같이 살고 있는 다른 많은 종에게 해로운 영향을 준다는 사실을 상기시켜주는 것이다.

우리가 앞에서 설명한 것과 같이 일부 작은 크기의 종자는 맛있는 작은 과육을 씨앗 그 자체에 붙여 가지고 있다. 이들 중의 많은 종자들을 개미들이 아주 열심히 끌어모아 개미집으로 가지고 가는 것으로 밝혀졌다. 맛있는 과육 부분은 개미들이 먹어치우고 씨앗은 개미집 내부나 주변에 버려진다. 이것은 크고 에너지가 풍부한 열매를 생산할 수 없는 건조한 사막지대나 덤불지대에서 살아가는 작은 식물들에게는 특히 중요한 과정이다. 개미집의 내부나 주변에 작은 씨앗들이 버려지면 이것은 그 씨앗들에게 아주 좋은 기회가 된다. 개미는 비록 작은 생물이긴 하지만 그들이 잘게 부수어낸 파편들은 개미집 근방의 땅을 비옥하게 하고 식물들이 새로운 생명을 싹 틔우기에 아주 좋은 장소를 만들어주기 때문이다. 이러한 특별한 과육을 달고 있는 종자들은 오스트레일리아의 건조한 내륙지방과 아메리카 대륙의 남서부에서 특히 많이 발견된다.

앞에서 설명한 바와 같이 무화과나무는 많은 열대지방의 수림지대에서 특히 중요한 식량자원이다. 이들 식물들은 무화과 말벌과 더불어 사시사철 푸른 열대 수림지대에서 1년 내내 계속되는 열매를 맺는 패턴을 유지하고 있다. 무화과나무는 심지어 건기에도 먹을 수 있기 때문에 매년 찾아오는 이 견디기 어려운 시기에 많은 동물들의 생존에 아주 긴요한 비상식량이 된다. 사시사철 푸른 아마존 수림지대에서는 작은 원숭이와 무화과 사이에도 이와 유사한 사례가 있는 것으로 보고되었다. 이들 일부 무화과나무는 소위 '핵심종keystone species'으로 보고 있다. 즉 이들이 멸종되면 많은 다른 종들의 생존도 위협을 받게 될 수밖에 없다는 것이다.

•

적의 적은 친구다

생태학자들은 왜 지구상의 표면은 대부분 녹색으로 덮여져 있는지 의문을 제기하곤 한다. 왜 초식동물들은 이들 맛있는 초록의 식물들을 다 먹어치우지 않았을까? 식물들은 달아날 수도 없지 않는가! 그러나 식물들은 여러 가지 방법으로 자신을 방어한다. 그리고 식물을 먹이로 하는 생물, 즉 크고 작은 초식동물은 자신을 잡아먹는 포식자와 아울러 자신을 숙주로 하여 살아가고 있는 기생충을 가지고 있다. 아프리카 사바나 초원의 많은 초식동물에 대해 생각해보라. 그들은 하마, 물소, 기린, 코끼리, 남아프리카 영양, 버펄로와 같은 크기가 거대한 동물로부터 크기가 그리 크지 않은 바위타기 영양, 작은 영양과 중간 크기인 얼룩말, 가젤, 멧돼지까지 그 종류가 다양하다. 확실히 이들 많은 초식동물들은 우리가 잔디를 깨끗하게 깎아버리듯이 초원의 풀을 다 뜯어 먹어버릴 수도 있을 것이다. 하지만 아프리카의 사바나 초원에는 사자, 표범, 치타, 하이에나, 자칼, 아프리카 살쾡이와 고양이과科 동물들이 많이 살고 있다. 이들은 식물을 먹는 것이 아니라 다른 동물의 고기를 먹는 동물들이다. 또한 이들 포식자들에 더하여 곤충 기생자들과 미세한 균류까지 살고 있다. 이들을 통해 우리는 초식동물들이 왜 아프리카 사바나 초원과 가시덤불, 또는 아카시아 숲을 황무지로 바꾸어놓지 못해왔는가를 알 수 있다. 게다가 많은 초식동물들은 인간이 볼 수 없는 것들, 즉 우역, 구제역, 콜레라, 기생충, 기타 여러 가지 질병으로 죽어간다. 이와 같이 육식동물과 기생충, 병원균이 많은 초식동물의 생명을 빼앗고 있기 때문에 그들은 그 많은 지구상의 식물을 다 뜯어 먹을 수가 없는 것이다.

포식자들이 제거되면 식물의 생명에 어떠한 영향을 미치는가를 잘 보여주는 드라마틱한 예가 옐로스톤국립공원Yellowstone National Park

에서 보고되었다. 1926년 즈음 공원 내에서 늑대가 사라지기 시작했다. 그러자 초식동물의 개체 수, 특히 엘크사슴의 수가 기하급수적으로 증가되었다. 이에 따라 초식동물의 먹이로 이용되는 연한 잎을 가진 식물, 즉 미루나무, 포플러, 버드나무, 산딸기나무 덤불들의 숫자는 빠르게 줄어들었다. 비록 코요테, 곰, 쿠거아메리칸 라이온들이 공원 내에 서식하고 있었지만 늘어나는 엘크사슴의 숫자를 통제하기에는 충분하지 못한 상태였다. 만약에 1926년부터 1968년 사이에 약 7만 5,000마리 정도의 엘크사슴를 도살하지 않았으면 엘크사슴의 개체 수 증가는 통제 불능의 상태로 들어갈 뻔했다. 그러다가 새로운 뉴스가 전해졌다. 1995년과 1996년 겨울, 공원에 서른한 마리의 늑대를 재투입한 것이었다. 얼마 지나지 않아 종전에는 겨우 1미터 아래로만 자라던 라마르 골짜기의 미루나무와 버드나무가 2~4미터까지 자라게 되었다. 이러한 새로운 성장현상은 특히 개울물 가까운 곳에서 더 많이 나타났다. 이곳에는 물을 먹으러 오는 엘크사슴를 잡아먹기 위해 늑대가 숨어서 기다릴 수 있는 우거진 식물 식생지대가 펴져 있기 때문이다. 이들 방사된 늑대는 중요한 포식자가 다시 엘크사슴의 집단 속으로 들어왔다는 것을 뜻하기만 하는 것이 아니라 공포감이라는 추가적인 효과를 가져온 것이다. 똑똑한 엘크사슴들은 이제는 자신들의 풀을 뜯는 습관을 바꾸어야만 했다. 풀이 우거진 지역을 회피하지 않으면 안 되었던 것이다. 얼마 지나지 않아 공원의 경치는 1900년대 초기에 찍은 사진의 모습대로 복원되었다.[14] 분명히 최상위 포식자는 식물 성장의 수준을 최적의 상태로 유지하는 데 도움을 주는 핵심인자다.

만약 모든 초식동물들을 전부 끌어모아 종별로 무게를 잰다면 단연 가장 무게가 많이 나가는 초식동물은 곤충이 될 것이다. 곤충들은 종류와 개체 수에서 다른 초식동물들에 비해 압도적으로 많기 때문에 자연은 그들의 크기를 작게 만들어주었다. 비록 크기가 작긴 하지만 곤충들도 크기가 큰 초식동물처럼 다양한 질병과 바이러스의 공격을 받는다. 이러한 질병에 감염된 곤충의 숫자가 많을 때는 병원균을 찾아내는 데 시간이 많이 걸리지 않지만 감염된 곤충의 숫자가 적을 때는 병원균을 찾는 데 시간이 많이 걸리고 어렵다. 여기에는 생태 시스템을 균형 있게 유지하는 자동화된 피드백 메커니즘이 있다. 곤충을 잡아먹는 조류들도 이를 위해 중요한 역할을 한다. 열대우림에는 이 나무에서 저 나무로 쉬지 않고 날아다니며 곤충과 애벌레를 찾아다니며 잡아먹는 작은 새들이 많이 살고 있다.

뉴잉글랜드의 숲에서 새들이 접근하지 못하게 한 뒤 곤충을 서식시키는 일종의 격리된 실험을 실시한 적이 있다. 이 실험은 식물에 대한 피해를 줄이기 위해 조류의 역할이 얼마나 중요한가를 알려주는 실험이었다. 이 실험에서 새가 없는 숲의 곤충의 개체 수가 새의 접근이 가능하도록 했을 때에 비해서 70퍼센트가 증가했고, 성장이 끝나는 시기에 잎을 갉아 먹은 면적은 새가 있을 때는 22퍼센트였으나 새가 없을 때는 55퍼센트로 늘어났다. 이처럼 곤충을 잡아먹는 새가 초식곤충의 숫자를 유지시키는 중요한 요소임이 명백하게 밝혀졌다. 그러므로 식물을 먹는 동물을 잡아먹는 포식자, 기생충,

병원균이야말로 꽃을 피우는 식물의 가장 중요한 '친구'임에 의심의 여지가 없다.

또한 자연에서는 식물의 가장 심각한 적은 곤충과 더불어 기생하는 균류다. 놀랍게도 최근의 연구에서 어떤 식물은 균류와 싸우기 위해 또 다른 균류를 사용하는 것을 밝혀냈다. 인류가 가장 좋아하는 초콜릿은 앞에서 설명한 바와 같이 쓰디쓴 카카오 열매를 갈아 만든 것에서부터 나왔다. 불행하게도 카카오나무는 어둡고 축축한 열대우림의 하층부에서 자란다. 카카오나무는 그곳에서 피토호라균에 의해 큰 피해를 입고 있다. 그런데 최근의 연구에서 카카오 잎 내부에 공생관계의 균류를 가지고 있으며 이 균류가 피토호라 기생충의 성장을 억제하고 있다는 것이 밝혀졌다. 이들 공생관계의 다른 균류는 카카오나무를 보호하는 데 도움을 주고 있는 것이다.[15] 물론 이 균류를 식물들이 배양하는 데에는 추가적인 비용이 들어가긴 하지만 그 덕분에 다른 나쁜 균으로부터 보호받을 수 있어 그 비용에 대한 보상은 충분하다. 이것은 인간이 인간을 공격하는 질병에 대항하기 위해 의약품에 들어가는 비용을 감수하는 것과 마찬가지다.

분명한 것은 오늘날의 꽃을 피우는 식물들은 지구상에서 가장 성공한 생명체의 혈통을 이어가고 있는 생물의 하나라는 사실이다. 왜냐하면 그 식물들은 그들의 뿌리 사이에 기생하는 균류는 물론 잎사귀 내부에 살아가고 있는 균류, 화려한 색깔의 꽃을 찾아오는 동물, 다양한 열매와 종자를 퍼뜨려주는 동물, 식물을 갉아 먹는 초식동물의 숫자를 제한시켜주는 동물 등 아주 많은 '친구'를 가지고 있기 때문이다. 이러한 다양하고 많은 친구 관계가 속씨식물을 살아남게 했고 번성하게 했다. 그러나 이러한 친구들이 중요한 만큼 꽃을 피우는 식물들은 살아가는 동안 그들의 적에 대해서도 직접적으로 대응하지 않으면 안 된다.

4

flower

꽃과
그의 적들

1970년대와 1980년대에는 자연의 모든 생명체가 약육강식의 본능을 가지고 있다는 이론을 거부하는 것이 하나의 유행처럼 번져가고 있었다. 당시에 인기가 많았던 자연주의 작가들과 일부 생태학자들은 보다 온건한 관점과 비전을 가지고 자연을 바라보고 연구하고 있었다. 즉 세상의 모든 인간과 생물들이 이상적인 평등 관계 속에서 같이 살아가고 있다고 상상하고 있었던 것이다. 하지만 불행하게도 최근의 연구를 통해서, 그리고 일반적인 상식을 가지고 지켜본 바에 의하면 자연 속의 모든 생명체들은 치열한 생존경쟁의 투쟁 속에서 살아가고 있다는 주장이 옳다는 것이 속속 증명되고 있다. 자연의 세계는 아주 위험하고 경쟁이 치열한 소위 '약육강식'의 세계가 펼쳐지고 있다는 것이다. 에덴동산과 같은 평화로운 초원이나 열대우림은 이 세상 어디에서도 눈을 씻고 보아도 찾을 수가 없다. 최상위의 포식자가 우리를 쫓아오는가 하면 최하급 미생물의 무리들이 우리의 생명을 빼앗아간다. 심지어는 호랑이나 킬러고래 같은 최상위의 포식자들도 자신을 괴롭히는 기생충과 병원체를 늘 몸에 가지고 있어서 이들 때문에 목숨을 잃기도 한다. 더구나 식물은 태양광선을 상위 포식자들이 필요로 하는 영양분으로 변환시키기 때문에 먹이 사슬의 맨 밑바닥에 위치하고 있다.

식물은 다른 모든 살아 있는 생명체와 마찬가지로 아주 다양한 포식자들에 의해 잡아먹힌다. 실제로, 식물은 많은 굶주린 약탈자들의 배를 채워주는 식사 메뉴의 첫 번째 코스가 되어 있으며, 대부분의 초식동물과 균류, 다양한 박테리아들이 가장 중요한 에너지원源으로 식물을 이용하고 있다. 바닷속에 살고 있는 광합성생물대부분 미생물임과 지상에 살고 있는 식물은 자신의 생명을 유지하기 위해 태양광선으로부터 에너지를 섭취한다. 또한 그들은 태양광선으로부터 섭취한 에너지를 가지고 다른 생명체가 풍요롭게 살아가도록 도와준다. 이러한 측면에서 볼 때 특별히 꽃을 피우는 식물들이 이 중요한 역할을 담당할 수밖에 없다. 왜냐하면 지구상에는 아주 많은 꽃을 피우는 식물들이 살아가고 있고, 지구 표면의 대부분이 꽃을 피우는 식물로 덮여 있기 때문이다. 식물들은 자신들이 뿌리를 내린 한 장소에서 평생 이동하지 않고 살아가기 때문에 적으로부터 숨거나 도망갈 수가 없다. 이러한 아주 단순한 사실이 의미하는 것은 식물들이 특별히 자신의 적으로부터 자신을 보호하는 수단을 발전시키지 않으면 안 된다는 문제를 안고 있다는 것이다.[1]

초식동물들

식물에게 가장 큰 적은 바로 자신들을 먹고 사는 생명체들이다. 이를 초식동물이라 부른다. 초식동물에는 풀을 먹는 것, 잎을 먹는 것, 줄기나 뿌리를 갉아 먹는 것, 잎사귀 속에서 살아가는 것, 줄기나 뿌리에 기생하는 미생물과 기생균류의 숙주가 되는 것 등이 있다. 이들 중에는 풀을 뜯어 먹는 들소나 잎을 뜯어 먹는 사슴처럼 잘생긴 녀석들도 있지만 대다수의 초식동물은 식물을 갉아 먹고 살아가는 못생긴 곤충들이다. 그 대표적인 곤충으로는 진딧물을 들 수가 있다.

진딧물은 식물의 줄기로부터 수액을 빨아 먹고 산다. 그들은 보통 작은 무리를 지어서 서로서로 먹여주며 살아가고 있는 것으로 알려져 있다. 진딧물은 농사를 짓는 데 많은 피해를 주는 해충이기 때문에 이에 대해 학계는 많은 연구를 해왔다.

진딧물에게 있어서 가장 큰 문제는 그들이 빨아 먹는 수액이 당분은 풍부하지만 자신들이 살아가는 데 결정적인 아미노산이 부족하다는 것이다. 이 문제를 해결하기 위해 진딧물들은 두 가지 방법을 사용한다. 그 첫 번째 방법은 아주 간단하다. 나무의 수액을 충분히 빨아 먹고 그중에 당분이 많이 담긴 물을 배설한다. 그러면 설탕물을 아주 좋아하는 개미들이 설탕 덩어리를 많이 얻기 위해 진딧물을 보살펴주는 것이다. 하지만 이 방법으로 모든 문제가 완전히 해결되는 것은 아니다. 아무리 많은 양의 수액을 빨아 먹어도 기본적으로 수액에 있는 아미노산의 양이 적기 때문에 충분하지 못하다. 진딧물은 이 문제를 해결하기 위해 또 다른 방법을 발전시켰다. 자신의 꽁무니 부분에 박테리오사이트라는 균세포세균을 공생시키는 기주세포를 가지고 있어서 그곳에 수백만 마리의 박테리아를 키우는 것이다. 이 사실은 최근에서야 발견되었다. 이들 특수 박테리아들은 다른 곳에서는 살지 않는다. 그리고 이 박테리아를 진딧물의 꽁무니가 아닌 다른 곳에서 배양하려고 노력해보았지만 성공하지 못했다. 더욱이 놀랍게도 이들 박테리아의 DNA는 진딧물이 식물의 수액으로부터 충분히 공급받지 못하고 있는 필수 아미노산을 만들어내는 데 필요한 유전자를 포함하고 있다는 것이 발견되었다. 진딧물은 자신들의 영양분을 보충해주는 데 있어서 생화학적으로 도움을 주는 작은 친구를 가지고 있는 것이다. 진딧물의 DNA와 그들의 공생박테리아의 DNA에 대한 비교연구를 통해서 우리는 이들의 공생관계가 1억 5천만 년 전부터 2억 5천만 년 전 사이에 처음으로 이루어졌을 것이라는 것을 알 수 있었다. 그리고 이들 진딧물과 박테리아 사이의 끈끈한 유대관계는 그들이 최초로 상호협력 관계를 맺은 이래 일관되게 이어졌다.

초식동물의 공생관계에 대한 아주 좋은 예가 하나 더 있다. 바로 기니피그guinea pig와 인간들이다. 페루를 여행하는 동안 나는 안데스 산맥의 고원지대의 시장에 덜 익은 녹색 보리가 쌓여 있는 것을 보고 그 이유가 자못 궁금했다. 보리는 이삭은 나와 있었지만 충분히 익지는 않았다. 내가 궁금해하자 가이드가 사람들이 집에 기르고 있는 기니피그에게 줄 먹이로 사용하기 위해 이 보리를 사가는 것이라고 알려줬다. 여행이 끝날 무렵 우리는 자그마한 돌로 만든 현지인의 집을 방문했다. 그리고 더러운 마룻바닥에 기니피그와 덜 익은 푸른 보리들이 널려 있는 것을 보고 그것을 확인할 수 있었다. 그 다음에 내가 목격한 사실은 정말로 놀라운 것이었다. 내 발에 가까이 있던 기니피그 한 마리가 보리 줄기를 잡아들더니 그 한쪽 끝을 입에 넣고 씹어 먹기 시작하는 것이었다. 천천히 그 보리 줄기 전체가 기니피그 입속으로 사라져버리는 것이었다. 나는 이렇게 말하고 싶었다. '이 어리석은 설치류야. 네가 무슨 소라도 되는 줄 아니?' 기니피그는 보리의 줄기, 잎, 이삭까지 하나도 빼놓지 않고 전체를 다 먹었다. 녀석이 암소가 하는 일을 그대로 할 수 있다는 것을 확인하는 순간이었다. 암소나 다른 반추동물과 마찬가지로, 이들 설치류들도 그들의 창자 속에 식물의 셀룰로오스 섬유질을 소화시키는 데 도움을 줄 수 있는 특별한 박테리아를 가지고 있다는 사실을 의심할 필요가 없었다. 기니피그는 우리 인간이 소화시킬 수 없는 식물의 부위들을 소화시킬 수 있기 때문에 인간이 먹을 수 없는 곡식의 줄기와 이파리를 사람들이 먹을 수 있는 영양이 풍부한 식용 단백질로 변화시킴으로써 안데스 산맥의 산골 마을에서 살아가는 사람들에게 풍부한 단백질을 제공해주는 중요한 역할을 담당하고 있다. 실제로 이들 기니피그는 현지 음식에 가장 많이 쓰이는 재료다.

다른 초식동물의 생존 전략

초식동물들이 직면하고 있는 문제 중 하나는 건강을 유지하고 살아남기 위해 어떻게 하면 식물세포로부터 충분한 영양을 얻을 것인가 하는 것이다. 이 문제를 해결하는 방법에는 여러 가지가 있다. 첫 번째는 식물조직 중에서 영양분이 가장 많이 들어 있는 부분을 먹는 것이다. 씨앗이나 꿀이 들어 있는 꽃, 달콤한 과즙을 가진 과일, 영양분이 저장되어 있는 덩이줄기 같은 부분을 골라 먹는 것이다. 이것은 특히 우리 인간이 오랫동안 해온 일이다. 하지만 이들 식물의 영양이 풍부한 부분은 그 계절이 되어야만 얻을 수 있고 충분하지도 않기 때문에 구하기도 쉽지 않다.

보다 일반적이고 쉬운 방법은 계절에 관계없이 항상 구할 수 있는 부위를 먹는 것이다. 줄기나 이파리가 바로 그런 부분이다. 하지만 불행하게도 식물의 이러한 부분은 씨앗이나 과일, 덩이줄기만큼 영양분이 많지 않다. 그러므로 이를 해결하기 위해서는 진딧물의 경우처럼 두 가지 방법이 있다. 한 가지는 많이 먹는 것이다. 많이 먹고 빨리 소화시켜 빨리 몸 밖으로 내보내고 또 먹는 것이다. 코끼리, 얼룩말, 말 들이 이런 종류에 속한다. 그리고 또 다른 방법은 음식물을 더 천천히 먹는 것이다. 그렇게 하면 소화과정에서 보다 많은 박테리아의 도움을 받을 수 있다. 여러 개의 복잡한 위를 가진 포유류 반추동물소, 양, 염소, 사슴 등이 여기에 속한다. 이들 반추동물의 창자 속에 살고 있는 박테리아는 동물들이 할 수 없는 일 즉, 셀룰로오스를 소화시키는 일을 할 수 있다. 녹말과 셀룰로오스는 긴 실 모양의 포도당으로 이루어져 있다. 그러나 셀룰로오스 안에 있는 포도당은 녹말 속에 있는 포도당과는 다른 모양으로 배열되어 있다. 동물에게는 이러한 에너지가 풍부한 포도당을 각각 분리시켜서 분해할 수 있는 효소가 부족하다. 소, 양, 염소, 기니피그 같은 동물들이 우리 인간에게 꼭 필요한 가장 큰 이유는 바로 이들이 우리 인간은 소화시킬 수 없는 식물을 소화시켜서 맛있는 고기와 우유로 변환시키기 때문이다.

열대 아프리카지방의 광활한 사바나에 서식하는 동물들은 우리와 동일한 서식지를 공유하고 있으면서 전형적인 두 가지 소화 방식을 가지고 있는 덩치 큰 초식동물이다. 얼룩말과 코뿔소는 가능하면 많이 먹고 또 끊임없이 먹는다. 최대한 영양분이 많은 식물의 연한 부분을 뜯어 먹고 그 음식을 아주 빠르게 소화시켜 위장을 비우고는 또 먹는다. 이와는 반대로 아프리카 들소와 사슴은 아주 맛도 형편없고 영양분도 적은 풀을 뜯어 먹는다. 하지만 뜯어 먹은 그것을 그들의 복잡한 소화기관에 아주 오랫동안 저장한다. 자신들의 위장 속에 살고 있는 공생 박테리아들이 이들을 소화시킬 수 있는 시간을 최대한 많이 부여하기 위해서다. 그러므로 소들이 그들의 되새김할 음식물을 꺼내어 다시 씹는 것은 그들이 일찍이 먹은 음식물의 일부를 보다 장기간이 걸리는 소화과정의 한 부분으로써 재처리하는 것이다. 이들 되새김 동물의 매우 복잡한 소화기관과 그들의 공생 박테리아야말로 환경에 성공적으로 적응한 좋은 예라고 할 수 있다. 그들은 이렇게 적응함으로써 오늘날 아주 훌륭하게 진화한 뛰어난 초식동물이 되었다. 이들이야말로 우리 인간이 스테이크와 갈비와 우유 제품을 얻기 위해 이용하는 유용한 동물들이다. 한편, 이러한 복잡한 소화기 시스템을 가지고 있지 못하고 그에 따라서 보다 고품질의 목초를 필요로 하는 말은 전쟁과 경마장에서 우선적으로 사용되어왔으며 그 소화기관도 원래의 모양 그대로 남아 있다.

원숭이와 원숭이의 삶의 방식 또한 그들의 식사 습관과 아주 밀접하게 연관되어 형성된다. 아메리카 대륙의 열대지방에서는 다람쥐원숭이가 항상 나무 꼭대기에서 폴짝폴짝 날아다닌다. 다람쥐원숭이는 이러한 행동으로 많은 에너지를 소비하기 때문에 고품질의 먹이를 필요로 한다. 그래서 그들은 벌레와 과일을 동시에 먹는다. 반면에 하울러원숭이Howler monkey, 중남미에 서식하는 원숭이로 '울부짖는 원숭이' 라고도 불림는 천천히 그리고 게으르게 움직인다. 그들은 가끔씩 둥그렇게 모여 앉아 있기도 한다. 그들은 나뭇잎을 뜯어 먹는 저에너지 식사를 하기 때문에 낭비할 에너지가 없다. 그들은 느리고 휴식을 즐기듯 게으르기 짝이 없는 생활을 한다. 칼로리가 많지 않은 그들의 식습관을 반영한 것이다. 생태계 분류의 상위계급에 속하는 원숭이 즉, 침팬지와 고릴라는 '올챙이배beer bellies' 처럼 보이는 불룩 나온 배를 가지고 있다. 우리 인간의 건강한 성인과체중이나 비만이 아닌 사람은 '올챙이배' 를 가지고 있지 않다. 침팬지와 고릴라의 '올챙이배' 는 그들이 우리가 먹는 양보다 더 많은 나뭇잎을 뜯어 먹고 살기 때문에 이 질이 낮은 먹이를 소화하기 위해 더 긴 창자를 필요로 하기 때문에 생기는 것이다. 거꾸로 우리 인간은 이들보다 훨씬 길이가 짧은 창자를 가지고 있으므로 보다 질이 좋은 음식을 먹어야 한다. 이와 같이 생명을 유지하기 위한 여러 가지 다양한 방법들이 존재한다.

세상이 이처럼 아주 풍부한 동물의 종으로 가득 차 있다는 것은 확실한 사실이다. 그리고 자신의 생존을 위해 식물로 자신의 식탁을 채우는 동물들이 많기 때문에 식물들도 또한 자기 자신을 방어하기 위해 많은 노력을 기울이지 않을 수 없다.

식물의 방어수단 1-물리적 방어기제

모든 식물들, 특히 꽃을 피우는 식물들은 아주 다양한 종류의 방어무기체계를 발전시켜왔다. 이들이 우선적으로 발전시켜온 방어무기체계 중 가장 확실하게 눈에 띄는 것은 방어기제다. 식물들은 굶주린 동물의 입과 날카로운 이빨로부터 자신을 지키기 위해 가시나 혹은 단단한 세포조직을 발전시켰다. 활엽수의 셀룰로오스들은 리그닌lignin이라는 접착제로 단단하게 붙어 있으며 대부분의 동물들은 이것을 소화시킬 수 없다. 초본식물의 세포조직은 아주 미세한 식물석식물의 조직 특히 풀의 조직에 들어 있는 규소의 광물질 입자으로 자신을 보호한다. 이 작은 크리스털 같은 결정체들은 보통 모래나 화강암을 구성하는 실리카라는 물질과 동일한 것으로 만들어졌다. 이에 따라 풀을 뜯어 먹는 많은 동물들은 이를 극복하기 위해, 훨씬 더 긴 이빨을 발달시킴으로써 이러한 불편함에 적응해왔다. 이러한 긴 뿌리를 가진 이빨들은 실리카 식물석 덕분에 빨리 닳아 없어지긴 하지만 그 자체가 워낙 길기 때문에 오랜 기간 동안 이빨이 남아 있다.

실제로 고생물학자들은 화석의 기록을 분석하면서 이들 뿌리가 긴 이빨힙소돈트이 널리 퍼진 것을 초원지대가 널리 확산된 것에 대한 증거로 해석하고 있다.

또 다른 방어기제는 털을 많이 나게 하는 것 같은 아주 간단한 것도 있다. 소화시킬 수 없는 모직물 같은 빽빽한 털로 잎사귀나 줄기를 덮어버림으로써 조그만 곤충들이 갉아먹지 못하도록 하는 것이다. 이들 털들은 아주 강하고 단단해서 작은 초식동물에게는 아주 효과적인 방어막이 될 수 있다. 여기에 더하여 털의 일부는 바늘 끝처럼 뾰족하거나 날카롭게 휘어진 갈고리 모양을 하고 있는 식물도 있다. 이것들은 자그마한 애벌레를 찔러서 죽게 만들거나 옭아매서 움직이지 못하도록 만들기도 한다. 3밀리미터 이하의 짧은 길이의 이들 털들은 우리 인간에게는 거의 보이지 않는다.

그러나 이러한 날카롭고 작은 갈고리 터럭은 다른 목적의 올가미로 활용되기도 한다. 야생 침팬지는 이러한 털들을 가진 잎들을 조심스럽게 접어서 최소한으로 씹은 다음 삼켜버린다. 배를 채우기 위해서라기보다 일종의 의료 목적으로 먹는 것이다. 이들 잎사귀들이 창자 속을 지나면서 나뭇잎에 달려 있는 작은 갈고리 모양의 터럭들은 침팬지 내장 속의 기생충들을 잡아채 제거해버리는 데 도움을 준다. 야생 침팬지들은 이러한 특별한 잎들을 많이 먹지는 않고 보통 서너 장 정도 먹을 뿐이다. 그렇다고 자주 먹지도 않는다. 하지만 이 잎들을 먹어서 얻는 이익은 아주 효과만점이다. 중앙아프리카에 살고 있는 많은 인간 부족들도 동일한 이유와 방법으로 이러한 잎사귀

✥ 가시배선인장에는 큰 가시 사이에 작은 가시들이 숨어 있어 동물들에게 매우 위협적이다.

를 이용한다.

잎사귀나 줄기의 끝에 작은 갈고리가 있는 방어용 터럭은 다양한 종류의 식물에서 발견할 수 있다. 남서부의 가시배선인장들은 이중으로 방어막을 펼치고 있다. 이들은 두 가지의 서로 다른 가시를 가지고 있다. 겉으로 드러나 있는 크고 똑바른 모양의 가시는 눈에 잘 띄고 쉽게 피할 수 있다. 하지만 더 위험한 것은 그 사이사이에 들어 있는 훨씬 작은 터럭 모양의 가시뭉텅이다. 이 가시뭉텅이들은 겉으로 보기에는 공격적이지 않아 보이지만 한번 걸리면 정말 골치 아픈 것이다. 이들 선인장 가시는 어느 하나에라도 스치기만 하면 가늘고 작은 이 가시 모양의 방어무기들이 덩어리 채로 우리의 피부 속에 단단하게 박혀버린다. 더구나 터럭 끝에 붙어 있는 아주 미세한 갈고리 덕분에 이들 터럭글로키드 또는 선인장 돌기라고도 한다은 한번 붙으면 잘 떨어지지 않는다. 이것들을 떼어내려면 아주 조심조심 많은 노력을 들여야 하고 시간도 꽤 많이 걸린다. 이러한 경험은 한 번 당하면 쉽게 잊혀지지 않는다.[2]

가시와 터럭들은 아주 많이 쓰이는 대형의 방어무기이고 그 크기와 모양도 아주 다양하다. 초식동물들이 별로 없는 아주 건조한 초원지대와 사막 지역은 이러한 가시와 터럭을 가진 식물의 고향이다. 우리가 그림이나 사진에서 많이 볼 수 있는 아프리카에서 서식하는 윗부분이 평평한 아카시아나무들 중에는 7~8센티미터나 되는 흰 가시를 가지고 있는 종류들도 있다. 이들 긴 가시를 가진 나무둥치의 늠름한 모습은 아주 인상적이었다. 그러나 뜻밖에도 나의 관심을 사로잡은 것은 작은 아카시아나무였다. 이들 다양한 종류의 관목 모양 아카시아나무는 약 4미터 이상 자라지 못한다. 그리고 이들의 진갈색 가시는 전혀 멋있어 보이지도 않았다. 약 5밀리미터 길이에 뒤로 구부러진 가시들이 나무줄기의 밑동 부분을 향해 나 있거나 나무 안쪽을 향해 나 있다.

당시에 식물을 채집하고 있던 나는 맨 처음 이들 가시들을 나무 가득히 피어 있는 꽃 속에서 만났다. 이들 구부러진 가시들은 처음 보았을 때 특별히 위협적으로 보이지 않았다. 내가 꽃의 줄기를 잘라내려고 잎이 붙어 있는 가지에 손을 뻗었을 때에도 아무런 저항을 보이지 않았다. 그러나 곧 진실의 순간이 다가왔다. 정말 순식간에 많은 것을 알게 되었다. 내가 잎이 붙어 있는 줄기 안에서 손을 거두어들이기 시작했을 때 이들 가시가 내 손을 찌르기 시작한 것이다. 순식간에 내 팔과 셔츠는 이 작은 떨기나무의 한 부분이라도 되는 것처럼 붙어버리고 말았다. 이들 뒤로 구부러진 가시의 끄트머리는 자연 속에서 가장 날카로운 물건인 양 보였다. 내가 얼마나 조심스럽게 팔을 내뻗고 팔을 거두어들이는지는 전혀 관계없이 조금이라도 스치기만 하면 뒤로 구부러진 이 가시들이 사정없이 나를 걸어버렸다. 동부 아프리카를 여행하던 어떤 여행자가 이 진저리 치도록 지독한 떨기나무를 '순식간에 살아나는 가시abide-a-while'라고 이름 지었다. 일단 이 녀석들에게 걸리기만 하면 최소한의 피해만 보고 팔을 거둬들이려고 해도 많은 시간을 소비해야 한다.

이와 같은 귀찮은 작은 가시를 가진 또 다른 식물이 있다. 이들 중 한 무리는 아주 미세한 털 모양의 가시를 가지고 있으며 이 가시의 끝이 잘 부러진다. 이들 가시들도 아카시아나 선인장에서 보는 가시와 마찬가지로 겉으로 보기에는 전혀 위험스러워 보이지 않는다. 적어도 누군가가 건드리기 전까지는……. 나는 이런 종류의 터럭가시를 중앙아메리카의 야자열매의 표면에서도 발견했다. 한번은 내가 야자열매를 손으로 집으려 하자 가느다란 가시가 내 살갗을 뚫고 들어와 박혔다. 그러고는 끄트머리가 살갗에 박힌 채로 부러져버렸다. 그리고 내가 그 녀석들을 다 파낼 때까지 시도 때도 없이 아프게 쿡쿡 찔러대는 것이었다. 이들 가시는 피부 속으로 파고들면서 아주 오랫동안 잊지 못할 고통을 만들어낸다.

또 다른 종류는 날카롭고 가느다란 끄트머리를 가진 가시를 가지고 있는데, 이 녀석들 또한 앞에서 말한 가시만큼 고통의 기억을 간직하게 만든다. 이 가시들은 그 끄트머리가 피부 속으로 부러져 파고들기만 하는 것이 아니라 그 잘라진 가느다란 가시 끝에서 화학물질을 분비해내기 때문에 적어도 한 시간 이상은 따끔거리게 만든다. 쐐기풀과Urticaceae, 풀 또는 나무이며 가시털이 나는 것과 없는 것이 있고 줄기에 섬유질이 발달한다에 속하는 식물들이 바로 이러한 가시털을 잔뜩 가지고 있다. 나는 멕시코에서 이들 가시털 때문에 무척 고생했던 경험을 가지고 있다. 어느 날 그곳에서 나는 아주 유독성의 작은 덩굴을 만났다. 처음에는 역시 아무런 해를 끼치지 않을 것처럼 보였다. 하지만 그때 주의해서 살펴보았다면 이 식물이 아주 가늘고 작은 직선 모양의 가시털을 가지고 있다는 것을 알 수 있었을 것이다. 이들 가시털들은 흔히 볼 수 있는 보통의 가시처럼 보이지 않았다. 그런데 나의 맨 다리가 이 가시털을 건드리는 순간 이 녀석들이 다리에 달라붙어 찔러대는 것이었다. 처음에는 많이 아픈 것 같지 않았다. 단지 약간 따끔한 정도였다. 하지만 조금 지나자 녀석들이 서서히 정체를 드러내기 시

쐐기풀과의 식물들은 겉으로 보기에는 위험하지 않아 보이지만 매우 따가운 가시를 가지고 있다.

작했다. 금세 못 견딜 정도로 엄청나게 따갑기 시작했다. 얼마나 따갑던지 도저히 진정시킬 수가 없어서 나는 가까운 시냇물로 뛰어 들어가 다리를 텀벙 물에 담그고야 말았다. 이 징그러운 덩굴식물은 바로 무쿠아Mucuna, 계혈등이라고도 하며 장미목 콩과 식물이다였다. 이들은 협과莢果, 콩과의 열매로서 심피에서 발달하고 성숙한 후 건조하면 두 줄로 갈라지는데 이때 씨가 방출하게 된다 식물로서 열대지방에는 그 이름이 널리 알려져 있다. 에티오피아에서 한 선교사 가족을 만났는데 그 선교사의 아이들이 길가에서 아주 예쁜 장미 모양의 자그마한 야생 무쿠아 꽃을 한줌 꺾었는데 아이들이 얼마나 고통스러워하는지 미칠 듯이 따갑다고 소리를 질러대는 통에 아무 정신이 없었다고 말했다. 이들 따끔거리는 가시털이야말로 식물의 왕국에서 가장 중요한 방어기제 방법인 화학 물질 분비 방법의 대표적인 예다.

식물의 방어수단 2-화학적 방어기제

꽃을 피우는 식물은 초식동물들로부터 자신을 보호하기 위해 다양한 방어조직과 독소를 가지고 있다. 이들 중 많은 식물들이 타닌tannin을 사용한다. 대표적인 예가 도토리다. 도토리에는 타닌이 가득 들어 있다. 타닌은 단지 지독한 맛을 낼 뿐만 아니라 에너지 생산을 위한 신진대사를 위한 효소 작용을 한다. 이것은 대부분의 동물들을 순간적으로 죽음으로 몰아넣는다. 만약에 우리가 타닌이 많이 들어 있는 식물의 조직을 먹고자 한다면 타닌을 분해할 수 있는 소화기 시스템을 가지고 있어야 한다. 꽃을 피우는 식물들이 가지고 있는 또 다른 방어수단 중에는 테르펜terpene이라는 것이 있다. 앞에서 설명했듯이 대부분의 동물들은 아주 단단한 조직들은 소화시키기가 어렵다. 이러한 것들을 소화시키려면 반드시 사람들이 사용하는 양념이나 첨가물과 같은 소화용 화학제품이 필요하다. 하지만 우리는 그것을 단지 부가적인 재료로만 사용한다. 가장 흥미로운 예외적인 조미료는 매운 고추다. 매운 고추는 고통스럽고 먹기에도 편하지 않지만 열대지방에 살고 있는 많은 사람들은 고추를 즐겨 먹는다. 왜 그럴까?

보통 붉은색을 띠는 매운 고추를 자세히 들여다보자. 붉은색은 새들이 좋아하는 색깔이다. 그리고 최근의 연구결과에 의하면 새들은 아주 효율적으로 씨앗을 퍼뜨려주는 동물이라는 것이 밝혀졌다. 매운맛이 덜한 고추를 가지고 실험을 해보니 덜 매운 고추는 생쥐들도 좋아했다. 그러나 생쥐는 고추를 소화시키면서 고추 씨의 대부분을 파괴하는 것으로 드러났다. 하지만 새들은 덜 매운 고추와 매운 고추 모두를 먹지만 고추 씨는 그 소화과정에서 안전하게 남아 있는 것을 알 수 있었다. 열대 및 아열대지방의 서식지에서 자라는 매운 고추는 야생 생쥐는 먹으려 들지 않지만 새들은 무척 좋아했다. 그리고 씨앗 살포자의 역할을 훌륭하게 수행했다. 야생 고추는 대부분 블루베리 정도의 크기를 가지고 있다. 즉, 조그만 새들에게 딱 맞는 크기인 것이다. 오늘날 우리가 먹는 아주 크고 다양한 모양과 톡 쏘는 매운맛을 가진 고추는 수천 년 동안 농부들이 좋은 종을 선택하고 개발한 결과다.

고추의 원산지인 아메리카 대륙과 전 세계의 열대지방 주민들은 대부분 눈물을 줄줄 흘리면서도 매운 고추를 좋아한다. 그렇다면 왜 많은 열대지방의 문명인들까지도 이들 매운 열매 먹는 것을 좋아하는 것일까? 문명화된 인간들이 이처럼 매운 고추를 즐겨 먹는 데는 충분한 이유가 있다. 첫째로 신선한 고추든 말린 고추든 고추에는 비타민 C가 풍부하게 들어 있다. 열대지방의 주민들은 대부분 끓이거나 볶은 음식을 먹는다. 그리고 신선한 야채를 구하기가 어렵기 때문에 충분한 비타민 C를 섭취하기가 쉽지 않다. 하지만 비타민 C는 우리 인간들의 식생활에 없어서는 안 될 요소다. 두 번째, '매운 맛' 은 그 자체적으로도 내장기관 속의 기생충의 숫자를 줄여줄 수 있는 것으로 추측된다. 그러므로 고추는 비타민 C의 공급과 내장기관 청소라는 일석이조의 효과를 가져오는 열매인 것이다.

물론 식물들의 방어수단에는 매운 고추보다 훨씬 더 강력한 것들이 많다. 즉, 치명적인 독을 가지고 있는 식물들이 아주 많다는 뜻이다. 정원용 화훼식물인 디기탈리스Digitalis, 긴 종 모양의 꽃이 핌는 보기에는 아름답지만 아주 위험한 독을 품고 있다. 이 독은 동물의 심장을 눈 깜짝할 사이에 멎게 할 수 있을 정도로 강하다. 반면에 이러한 디기탈리스와 같은 종류의 독을 조심스럽게 정제해서 아주 약한 독성을 가진 물질로 만들어내면 신부전증과 같은 심장질환에 좋은 효과를 가진 약품을 생산해낼 수도 있다. 사실, 인간은 꽃을 피우는 식물의 화학적 방어무기 체계로부터 많은 약품을 개발해냈다. 비록 이들이

고단위 농축상태로 있을 때에는 아주 위험한 물질이긴 하지만 인간은 이를 안전하게 다루는 방법을 알아냈던 것이다. 이것이야말로 우리가 깊이 관심을 가져야 할 부분이다. 주지하는 바와 같이 아스피린, 허브 식물, 한방 약초, 그리고 모든 다른 약품에 적용되는 하나의 공식과 같은 것이 있다. 이것은 '많을수록 더 좋다'는 우리가 가지고 있는 일반적인 상식이 실제로는 인간을 죽게 할 수도 있다는 것을 보여주는 하나의 좋은 예다. 거의 모든 약품은 과용할 경우 치명적일 수 있다. 또한 식물도 독은 자신의 방어 목적으로만 사용할 수 있도록 본질적인 방어수단으로만 발전시켜왔다.[3]

디기탈리스는 보기에는 아름답지만 아주 위험한 독을 품고 있다.

어떤 꽃을 피우는 식물은 우리의 뇌 속에 있는 주요 성분을 모방한 화합물을 생산하기도 한다. 이것들은 우리 인간에게 아주 중독성이 강한 물질들이다. 그렇다면 왜 이들 식물들이 이러한 화학 물질을 생산해내는 것일까? 왜 작은 코카나무가 코카인을 만들고 왜 다 자란 양귀비 열매의 껍질에서 나오는 유액은 모르핀을 비롯한 스무 가지나 되는 성분을 가지고 있는 것일까? 약 반세기 전까지만 해도 사람들은 이러한 복잡한 성분을 가진 화합물은 다른 중요한 물질을 만들어내고 남은 일종의 화학적 쓰레기나 식물의 물질대사의 잉여물질이라고 믿었다. 그러나 이들 신경체계에 작용하는 물질들은 화학적으로 아주 복잡한 분자들일 뿐만 아니라 다섯 개 또는 여섯 개의 탄소 고리 구조를 형성하고 있으며 다양한 방법으로 질소 원자와 결합되어 있다. 특히 코카인이나 모르핀같이 복잡한 것들을 합성하기 위해서는 특별한 생화학적 경로를 필요로 한다. 그리고 이를 만들어내는 공정은 많은 에너지를 필요로 한다. 식물이나 동물이나 모두 쓸데없는 일에는 절대로 에너지를 낭비하지 않는다는 것을 상기할 때 이것이 화학적 쓰레기나 물질대사의 잉여물질이라는 것은 말도 되지 않는 소리다.

그렇다면 왜 이들 식물들은 그 많은 에너지를 사용하면서까지 구태여 이러한 물질을 생산해내는 것일까? 가장 그럴듯한 가정은 이러한 화학 물질이 자신을 방어하기 위한 하나의 무기일 수 있다는 것이다. 실제로 이러한 물질의 분자들은 우리 인간과 같은 포유류에게는 치명적인 피해를 입힐 수가 있다.

인간의 뇌의 구조와 유사한 뇌를 가지고 있는 동물들에게 작용하는 이러한 화학 물질은 초식동물에게는 독이 되지 않는다. 이런 방어물질은 소량으로 조금씩 갉아 먹는 것보다 게걸스럽게 많이 먹었을 경우 위험하다. 뇌 호르몬을 모방한 식물의 분자는 확실히 포식자를 약하게 만드는 효과가 있다. 이러한 분자가 들어 있는 잎사귀를 먹게 되면 이 물질은 동물의 뇌에 작용하여 동물의 반사행동을 늦추게 하거나 인지능력을 둔화시키게 할 수도 있다. 스스로의 균형을 잃거나 반응시간을 늦추게 하는 것은 위험이 곳곳에 도사린 이 세상에서 그 동물을 대단히 위험하게 만드는 것이다. 그러므로 이러한 것들을 동물들은 식사 메뉴에서 제외시킬 수밖에 없다. 아주 흥미로운 사실 가운데 하나는 뉴질랜드가 원산지인 딸기나 다른 식물들 중에는 이러한 독성을 가지고 있는 식물이 없다는 것이다. 왜냐하면 인간이 데리고 들어오기 전에는 뉴질랜드에는 포유류가 서식하고 있지 않았기 때문이다. 그러므로 이곳의 식물들은 포유류 초식동물을 방어하기 위해 독이 있는 화학 물질을 발전시켜야 한다는 압력을 받지 않았다는 것이다. 이것도 이러한 식물의 화학 물질이 방어적인 목적으로 발전시킨 방어기제 중의 하나라는 것을 설명할 수 있는 또 하나의 증거다.

화학제에 의한 방어수단 중에는 다른 생물체가 만들어내는 화학 물질을 모방하거나 이와 유사한 물질을 만들어내는 것도 있다. 이러한 방어수단을 발달시킨 식물 중에는 곤충의 성장호르몬을 모방한 물질을 만들어내는 현명한 식물도 있다. 이러한 물질을 먹은 애벌레는 원래의 성장궤도에서 이탈하고 결국에는 생식을 할 수 있는 위치까지 성숙하지 못하게 된다. 그러므로 다음 세대를 번식시키는 데 장애가 발생하는 것이다. 이러한 방어물질은 곤충의 종류가 너무 다양해지고 많아지는 것을 억제하는 효과가 있다. 이러한 방어수단은 고사리나 침엽수에서도 발견된다. 이러한 물질 중에서 니코틴이나 카페인 같은 물질들은 곤충이나 작은 크기의 포유류에게도 효과가 있다. 그들에 미치는 효과는 인간에게 미치는 효과와는 다르다. 흥미롭게도 카페인은 전 세계 각지의 원주민들에 의해 그것이 가지고 있는 부수적인 활력갱생 효과가 발견되어 식물의 방어수단이라는 본래의 목적과는 전혀 다른 목적으로 활용되고 있다. 이러한 사례 중에서 더 유명한 예를 든다면 에티오피아산 커피, 남부아시아의 홍차, 중앙아메리카의 카카오 등이 있다.

식물의 독성물질에 대해 동물들은 어떻게 대응할까?

그러나 방어를 위한 화학 물질이 있으면 이에 대응하는 방법 또한 만들어질 수밖에 없다. 어떤 종류의 곤충들은 이러한 식물의 독성물질에 대해 자기들 스스로 특별한 대응수단을 발전시켜왔다. 예를 들면 우리가 흔히 볼 수 있는 밀키위드흰 유액을 분비하는 식물, 대극과 대극속는 아주 독한 독이 들어 있는 수액을 가지고 있다. 그러나 모나크 나비monarch butterfly, 왕나비의 애벌레는 이러한 독성 물질을 중화시킬 수 있는 소화기관을 가지고 있는 덕분에 마음 놓고 이들 식물을 뜯어 먹을 수 있다. 그리고 그러한 독성물질을 섭취함으로써 이러한 곤충들은 스스로 독성을 갖게 된다.[4]

검은색, 흰색, 노란색 띠 모양을 가지고 있는 애벌레와 밝은 오렌지색의 나비는 눈에 잘 띄기 때문에 포식자에게 확실한 경고를 준다. 우리가 독성을 지닌 밀키위드를 먹는 곤충을 조사하고자 한다면 두 가지 사항을 염두에 두고 찾으면 된다. 첫째는 그것들이 화려한 색깔을 가지고 있다는 것이다. 이것이 가장 확실한 구별법이다. 여기에는 흑적색 벌레의 종과 붉은딱정벌레도 포함되어 있다. 두 번째로 이들 곤충들은 밀키위드 이외의 다른 식물은 먹지 않는다는 것이다. 이들은 독이 있는 식물을 먹을 수 있도록 특별히 적응해왔기 때문에 지금은 이러한 식물만 먹을 뿐 다른 식물은 먹지 않게 된 것이다. 스스로 독성 곤충이 되려면 그러한 독성 식물을 섭취해야 하는 것은 당연한 귀결일지도 모를 일이다. 밀키위드가 독을 만들어냄으로써 다른 곤충과 동물이 자신을 뜯어 먹는 것을 방어하고는 있지만 몇몇 곤충들은 이러한 특별한 방어수단을 극복하는 데 성공해왔다.

아메리카 대륙의 열대지방에 사는 헬리코니우스 나비heliconius butterfly도 모나크 나비와 마찬가지로 독성이 있는 식물인 시계꽃을 먹음으로써 스스로 독성을 지닌다. 이들 또한 밝은 오렌지, 검정, 흰색 점이 찍혀 있다. 헬리코니우스 나비가 독성을 가지고 있다는 것을 다른 포식자들이 알고 있기 때문에, 일부 독이 없는 나비들은 자신을 독성이 있는 나비처럼 보이게 함으로써 새들이 독이 있는 나비인 줄 알고 잡아먹지 않게 위장하기도 한다. 이러한 모방성에 대한 연구는 자연선택의 효과를 연구하는 데 중요한 의미를 가지고 있다.

식물의 독과 이들 독을 견뎌내는 곤충은 또한 간접적인 방어의 효과도 가지고 있다. 야생 벚나무는 줄기와 잎에 있는 아미그달린amygdalin, 편도류에서 채취하며 거담제로 사용됨에 의해 방어를 받는다. 아미그달린은 톡 쏘는 듯한 냄새를 발산하고 그 맛도 대단히 쓰다. 아미그달린은 소화되면 시안화수소산을 발생시키며 지독한 냄새를 풍기게 된다.

그러나 몇몇 곤충들은 어떻게 하면 이러한 독을 섭취할 수 있는가를 깨우치게 되었고 이를 섭취함으로써 자신도 독성을 지니게 되었다. 미국 대륙의 동부 지역에 사는 텐트나방가지와 가지 사이에 천막을 치고 떼를 지어 살면서 각종 과수 뽕나무, 참나무, 장미, 버드나무, 미루나무의 잎을 먹고 산다도 독성을 지닌 곤충 중 하나다. 이들은 이른 봄에 벚나무 가지 사이에 텐트를 치고 많은 무리들이 떼를 지어 서식한다. 어떤 해에는 이들 나방들이 너무 많아져서 벚나무들이 대량으로 말라 죽는 등 피해를 입기도 했다. 다행히도 텐트나방은 자체적으로 몸에 기생하는 기생충에 의해 그 개체 수가 일정한 수준으로 유지가 된다. 그래서 개체 수가 너무 많아져 전체적인 주변 환경에 심각한 피해가 발생하는 경우는 자주 일어나지 않는다. 그러나 2001년 초봄에 이 지역에 이례적으로 텐트나방이 만연하는 사태가 발생했고 이로 인해 사람들이 기르던 말에 심각한 피해를 가져오기도 했다.

2001년 봄 켄터키 주의 경주마 종마장에서는 갑자기 전에 없던 일들이 발생하기 시작했다. 암말들의 유산율이 정상적인 경우보다 갑자기 높아진 것이다. 그리고 많은 망아지들이 죽어서 출산되거나 출산 직후 바로 죽어갔다. 처음에는 무엇이 이들 경주마의 새끼들을 죽게 만드는지 그 원인을 알 수가 없었다. 암말들은 아주 정상적으로 보였고 건강은 완벽한 상태였다. 엄청난 노력을 기울여 조사한 결과 그 원인이 밝혀졌다. 바로 텐트나방이었다. 그해 겨울은 유난히 극심한 혹한과 가뭄이 계속되었고, 이에 따라 겨울이 끝나고 따뜻한 봄이 오자 벚나무들이 특별히 강력한 사이나이드가 함유된 독을 생산해냈다. 많은 나방들의 애벌레는 애벌레로서 적당하게 성숙하면 식욕이 왕성해져서 나무로부터 떨어져서 여기저기를 돌아다닌다. 이들은 통상적으로 땅속으로 들어가 번데기가 되기 전에 이러한 행동을 하게 되는데, 번데기가 되는 것은 나방으로서의 성충이 되는 전주곡이다. 이들이 돌아다니는 시기에 암말들이 풀을 뜯어 먹다가 이들 애벌레를 같이 먹어버린 것이다. 애벌레가 함유하고 있는 사이나이드의 양은 말과 같은 큰 동물을 쓰러뜨리기에는 적은 양이었지만 아직까지 태어나지 않은 새끼와 막 태어난 망아지에게 치명적인 독이 된 것이다. 아주 조심스럽게 번식시켜야 하는 우수한 혈통의 망아지들을 대량으로 잃은 것은 순혈종 번식 산업에 엄청난 손해를 끼쳤다. 그 대가는 엄청난 비용을 요구했다. 종마장에서 말을 번식시키는 농부들은 그제서야 그들 목장 주변의 텐트나방의 숫자에 대해 주의 깊게 관찰해야 한다는 것을 알게 되었다.

눈에 잘 띄지 않는 적, 기생생물

식물이 방어하고자 하는 것은 단지 곤충이나 초식동물만이 아니다. 이들은 아주 작은 또 다른 적을 가지고 있다. 바로 선충과 같은 작은 벌레들이다. 이 선충은 우리가 주목해야 할 또 다른 식물의 해충들이다. 이들은 식물의 뿌리를 공격하기 때문에 전 세계적으로 농업에 아주 심각한 문제를 일으키고 있다. 따라서 당연히 농업과학의 주요 연구 대상이 되고 있다. 또한 식물을 죽음에 이르게 하는 침략군대 가운데는 잘 보이지 않는 아주 미세한 또 다른 수천 종의 적들이 있다. 이들은 박테리아, 식물 바이러스, 균류들로서 전부 합쳐서 기생생물이라 부른다. 이 기생생물들은 나아가 우리 인간의 경제까지도 위협하기 때문에 농업과학에서는 이들을 대처하기 위한 전공분야를 하나 만들어냈다. 바로 식물병리학이다. 미국에서 농학을 전공하는 학생들 사이에 회자되는 오래된 격언 중에는 "당신이 정말 확실하게 보장되는 직업을 택하기를 원한다면 밀 종자를 생산하는 사업을 하라"는 말이 있다. 이 격언은 밀을 썩게 하는 병원균이 끊임없이 변화한다는 데 근거를 두고 하는 말이다. 그리고 이들 질병이 계속적으로 변화하고 있기 때문에 우리는 저항력이 강한 밀의 종자를 개발하는 직업을 계속 이어나갈 수 있다는 것이다.

밀을 썩게 하는 질병의 주요 원인은 광범위한 종류의 병원균이다. 뿐만 아니라 다른 질병의 원인도 마찬가지다. 그러므로 식물이 죽어가는 가장 큰 원인은 병원균에 의한 것이다. 식물과 식물에 기생하는 병원균 사이의 전투는 아메리카 대륙의 열대우림에 살고 있는 어떤 특이한 나무의 경우에는 더욱 치열한 모습을 보이고 있다.

수림 생태학자인 로빈 포스터Robin Foster는 중부 파나마의 바로콜로라도 섬Barro Colorado Island에 있는 한 특별한 종류의 나무Tachigali vercicolor에 대해 연구하던 중 특이한 점을 발견했다. 키가 30미터 정도 되는 이들 나무들은 어떤 개체도 꽃을 피우지 않고 수년을 지낸다. 모든 나무들이 완전히 성숙해 보이고 아주 건장한데도 말이다. 그리고 아주 갑자기 몇몇 소수의 나무들이 정확히 같은 해에 그것도 동시에 꽃을 터뜨려서 나무 전체를 꽃으로 덮어버린다. 분홍과 노란색의 꽃들은 휘황찬란한 빛을 발하고 열매는 거대한 크기로 주렁주렁 매달린다. 그러고는 거의 동시에 이들 나무들은 병에 걸려 죽어버린다. 몇 달이 지나자 그들의 둥치는 썩어버리고 죽은 나무는 땅으로 무너져 내린다. 이러한 종들을 '자살나무'라고 부른다. 포스터는 주장하기를 어미나무가 죽어서 땅에 쓰러짐으로써 자손 나무들이 자라날 수 있도록 햇볕이 들어오는 공간을 만들어준다고 했다. 많은 작은 식물들과 일부 대나무들은 이러한 '개화-열매-죽음'이라는 삶의 방식을 가지고 있다. 그러나 이러한 현상은 보통의 나무들에게는 거의 일어나지 않는다. 이와 같은 현상을 통해서 한 가지 주의해야 할 것은 꽃이 피어나고 있는데 어떻게 한쪽에서는 어미나무의 껍질이 썩어가기 시작하느냐 하는 것이다.

여기에 매끄러운 갈색의 나무둥치가 있다. 수십 년 동안 숲 속에서 큰 키로 자라서 서 있던 이 나무가 갑자기 병균의 공격을 받아 쓰러진다. 이런 와중에도 이 나무는 화려한 꽃과 거대한 열매를 맺는다. 나무는 이 마지막 화려한 피날레를 장식하기 위해 모든 에너지를 축적해왔다는 것을 알 수 있다. 이 번식을 위한 광상곡을 지원하기 위해 모든 방어수단을 철수함으로써 보다 더 많은 에너지를 번식하는 데 몰아주기 때문에 무방비 상태의 나무둥치는 순식간에 병원균의 공격을 받게 되는 것이다. 이들은 수년 동안 나무껍질 속에 자체 방어기제를 위한 강력한 항생 물질을 유지하고 있었으므로 그동안은 외부의 공격으로부터 안전했으나 일단 이들 방어수단이 철수하는 순간 점령군들이 순식간에 침투해 들어오는 것이다.

이러한 분석을 증명하는 하나의 예를 든다면 미국의 인디언들이 사용하는 자연 치료제를 들 수 있다. 깊은 숲 속에 사는 아메리칸인디언의 부족들은 이 나무의 껍질을 채취해서 병균에 감염된 피부를 치료하는 치료제로 이용하고 있다. 또한 더 흥미로운 사실은 나뭇잎을 잘라 먹는 개미는 이들 나뭇잎들을 절대로 채집하지 않는다. 이들 개미들은 자신들의 땅속 둥지에 균류를 기르고 있는데 이 나무 잎사귀를 둥지에 가져가면 그 균류들이 죽어버리기 때문이다. 분명히 축축한 열대우림은 게으른 생물들을 위한 파라다이스가 아니다. 이곳은 아주 많은 위험하고 지저분한 기생생물로 가득 차 있다. 균류는 열대우림의 모든 다른 나무에 대해 위협이 되고 있음에 틀림없다. 그리고 그들 식물들은 또한 생명활동을 계속 수행하기 위해 강력한 방어 시스템을 운영·유지하고 있어야만 한다.

식물은 자기 방어를 위해 어떤 속임수를 사용할까?

식물이 자신을 보호하기 위해 사용하고 있는 간단한 대책으로는 스스로 다양한 독성을 가지고 있는 잎을 갖는 것 외에도 자신의 잎을 독이 있는 잎처럼 보이게 만드는 방법이 있다. 똑같은 식물의 잎이라도 맛있는 정도가 다르지만 겉으로 보기에는 똑같아 보인다. 이와 마찬가지로 그들의 화학적 방어수단의 수준에 따라 개별적 식물들은 같은 종일지라도 다르게 보일 수도 있다. 그렇기 때문에 식물의 잎을 갉아 먹는 곤충들은 어떻게 하면 가장 맛있는 잎이나 식물 개체를 찾아낼 수 있을 것인가 하는 문제에 직면하게 된다. 이러한 문제에 대한 단 하나의 해결책은 바로 이것저것 직접 맛을 보는 것이다. 문제는 이렇게 탐색하는 것이 단지 귀중한 시간과 에너지를 낭비하는 데 그치지 않고 먹이를 찾는 새들에게 노출되는 위험을 감수해야 한다는 사실이다. 그러므로 곤충들에게 새로운 먹을거리를 탐색하는 것은 대단히 조심스럽지 않을 수 없다. 따라서 곤충들이 모든 나뭇잎을 먹어볼 수 없기 때문에 식물들은 독이 있는 나무와 유사하게 보임으로써 곤충들로부터 피할 수도 있다. 이것은 일종의 모방이기도 하다. 그리고 비록 확률적 도박이긴 하지만 방어 물질을 적게 만들어 에너지를 절약할 수 있다는 장점이 있다.

앞에서 우리는 몇몇 식물들은 다른 동물들이 번식을 해놓은 것처럼 스스로 속임수를 사용한다는 것을 알았다. 이런 경우에서 보면 돌연변이를 만들어내는 것이나 자연선택이나 모두 자신을 방어한다는 차원에서 같은 목표를 달성하는 활동이라 할 수 있다. 이때는 기만 수단도 모방의 형태를 취한다. 몇몇 초본식물과 덩굴식물 종류들은 잎 위에 마치 곤충의 알처럼 보이는 작고 동그란 하얀 돌기를 가지고 있다. 이것은 곤충들이 자기 잎에 알을 까놓은 것처럼 보이도록 하는 것이다. 이러한 식물이 가짜 알을 가지고 있는 이유는 나비의 행동습관과 관련이 있다물론 식물 자신은 이것을 알지는 못하고 아마도 우연히 나타났겠지만 이제는 자연선택에 의해 계속되고 있는 작은 행태학적 현상일 수도 있다. 이들 나비의 애벌레는 식물의 잎을 게걸스럽게 먹어치울 뿐 아니라 자기와 같은 종들의 작은 애벌레도 먹어치운다. 이렇게 동족끼리 잡아먹는 특성 때문에 나비 성충은 알을 낳을 때 특별히 조심하지 않으면 안 된다. 따라서 나비는 알을 낳기 전에 그 잎에 다른 나비가 먼저 와서 알을 낳지 않았는지 먼저 검사할 것이다. 누가 이들 나비들이 이 정도로 똑똑할 것이라고 상상이나 할 수 있었겠는가? 다시 한번 강조하지만 그들은 이것을 자신들이 생각하고 판단하는 것이 아니다. 이것은 유전적으로 물려받은 선천적인 행동 패턴인 것이다. 어떤 생태학 연구자가 미리 이들 식물에 붙어 있는 가짜 알을 없애버리고 그 식물에 표시를 해보았다. 당연히 이들 가짜 알을 제거한 식물에 나비의 진짜 알들의 숫자가 통계적으로 상당히 증가했다. 이와 반대로 가짜 알을 제거하지 않은 식물의 잎사귀에는 훨씬 적은 알들이 붙어 있었다. 이렇게 시험한 결과 이러한 '가짜 알'의 가설이 실제적으로 존재하고 있음을 입증했다.[5] 그러나 아무리 특이한 방어 전략을 쓰더라도 적들은 언제나 이에 대응하는 특별한 변수를 만들어낸다.

다른 곤충을 이용해 방어하기

이 작고 하얀 '가짜 알'들을 생각하면 다양한 식물들에게 퍼져 있는 또 다른 모양의 돌기가 떠오른다. 이들 돌기들은 작은 손잡이나 컵 모양으로 불과 2~3밀리미터 정도의 넓이를 가지고 있고 대부분 마치 액체가 흘러나와 있는 것처럼 반짝거리며 빛이 난다. 실제로 액체가 흘러나와 있는 식물들도 있다. 이렇게 꽃이 아닌 곳에서 달콤한 액체를 분비하는 방법을 '화외밀선꽃 밖의 꿀 분비선'이라고 한다. 이들 식물들은 달콤한 액체를 꽃이 아니라 줄기 끄트머리나 잎에 분비한다. 이러한 꿀들은 보통 개미 종류를 위한 것이다. 개미들은 이러한 꿀을 빨아 먹으려고 부지런히 줄기를 아래위로 오르락내리락하고 잎 위를 돌아다닌다. 이때 개미는 바로 '경찰부대'로서 해충으로부터 식물을 보호해주는 역할을 하는 것이고 이 꿀은 그에 대한 보상이다. 다시 한번 우리는 식물이 주로 에너지를 소모하는 부분을 알게 된다. 이러한 경찰부대에 의한 방어형태의 대표적인 것으로서 가장 고도로 진화한 사례로는 멕시코와 중앙아메리카의 개미아카시아나무를 들 수 있다.

중앙아메리카에서는 숲 속에 있는 이들 작은 개미아카시아나무코니제라 아카시아나무 및 유사 식물를 멀리서도 쉽게 알아볼 수 있다. 이들 나무 아래에는 풀이나 나무들이 거의 자라지 않기 때문이다. 그리고 어떤 덩굴도 이들 나무 위로 기어올라가지 않는다. 이들의 나뭇가지를 잡아보면 왜 그런지 그 이유를 금세 알 수 있다. 나무에 손이 닿는 순간 아주 사납고 조그마한 개미들이 기어 나와서 손을 무는 것이다. 이들 개미들은 나무에 기어오르려고 하는 덩굴과 인접해 있는 이웃들에게도 마찬가지 공격을 한다. 그렇게 함으로써 아카시아나무가 보다 더 많은 햇빛을 받을 수 있도록 해주는 것이다. 이들 개미들이 이러한 행동을 하는 이유는 실제로는 개미 자신의 이익을 위해서다. 즉, 포식자들이 덩굴을 타고 자신들에게 다가오는 것을 막는 것이다. 이 또한 이들 개미들은 스스로 그 이유를 알고 하는 행동은 아

니다. 이러한 행동은 아마도 우연히 발생했는데 그것을 자연적으로 계속해서 선택한 것인지도 모른다.[6]

그렇다면 그렇게 무서운 개미들이 지키고 있는데 어떻게 꽃가루 매개동물들이 꽃이 피어 있는 줄기에 접근할 수 있을까? 자연은 이를 잘 해결해오고 있다. 막 피어난 아카시아 꽃은 꽃가루 매개동물을 기다리고 있는 시간에는 휘발성이 강한 화학 물질을 발산하여 개미들에게 멀리 떨어지도록 신호를 보내기 때문이다. 대신 아카시아나무는 두 가지로 보상을 한다. 하나는 잎에 있는 단백질 덩어리벨티안 바디고 다른 하나는 줄기를 따라 분비하는 특별한 꿀이다. 이것은 개미들에게 에너지가 풍부한 설탕물을 제공한다. 그리고 이것이 전부가 아니다. 이들 아카시아나무의 나무둥치 아랫부분과 움푹 들어간 곳에 개미들의 집을 만들어준다. 이러한 활동은 상호 간에 이익을 얻는 것이다. 개미는 먹을거리와 보금자리를 얻고 나무는 항상 경계태세를 유지하고 있는 방어부대를 얻게 되는 것이다. 하지만 이들 작은 개미 부대를 유지하는 것은 엄청난 양의 에너지를 필요로 한다는 것이 단점이다. 아마도 이것이 수천 종의 아카시아나무 중에서 오직 몇몇 종들만 이러한 비싼 비용을 지불하는 방어수단을 사용하고 있는 이유인지도 모른다. 그러나 거기에도 에너지 절약 방법이 있다. 멕시코에 서식하고 있는 개미아카시아와 개미가 없는 아카시아의 잎의 화학 성분을 면밀히 조사 비교한 결과에 따르면, 이들 개미의 지원을 받는 아카시아나무는 에너지 소모가 많은 시안화물질을 분비하지 않는다는 것이 밝혀졌다. 동종의 아카시아나무들은 초식동물들이 맛이 없다고 생각하도록 특별한 화학 물질을 분비한다. 하지만 개미아카시아나무는 많은 방어용 화학 물질을 생산할 필요가 없다. 분명한 것은 비용이 많이 들고 에너지 소모가 많은 개미를 지원하는 방법이나 방어를 위한 화학작용제를 생산하는 것이나 모두가 식물과 초식동물 간에 치열한 '전쟁'이 벌어지고 있음을 증명하는 것이다.

내가 코스타리카에서 현장실습을 하는 동안에 겪었던 아주 불쾌한 경험을 하나 소개하고자 한다. 세크로피아나무는 아메리카 대륙의 열대지방에 서식하는 눈에 잘 띄는 나무의 종류다. 이들 종류들은 중앙에서 사방으로 퍼져나가는 깊은 잎맥을 가진 아주 큰 우산형의 잎을 가지고 있다. 보통 큰 것은 거의 1미터 가까이 되기도 한다. 이들의 잎이 너무 크기 때문에 보통 한 나무에 몇 개 정도의 잎만 가지고 있다. 이들은 보통 넓게 트여 있어서 해가 잘 비치는 지역에서 빨리 자라는 하얀 몸통 줄기를 가진 나무이기 때문에 눈에 잘 띄는 것이다.

그러나 이것 말고도 그들을 특별하게 만드는 것은 그들에게 부여된 특별한 악명이다. 대부분의 세크로피아나무는 앞에서 언급했던 아카시아와 같이 나무를 건드리기만 하면 기어 나와 깨물어대는 무서운 개미들에게 보금자리가 되어주고 있다. 그리고 여기서 다시 한 번 언급하지만 대부분의 나무들은 움푹 파인 곳이 있는 줄기를 가지고 있어서 개미들이 그 안에 들어가 살 수 있도록 해주고 잎의 자루 부분에 음식물 덩어리를 가지고 있어서 개미들에게 먹을거리를 제공해주고 있다. 난 세크로피아나무에 개미들이 살고 있다는 것을 알면서도 표본을 만들기 위해 벌채용 칼을 가지고 작은 세크로피아나무를 쓰러뜨리기 시작했다. 나무줄기 주변을 돌아다니는 개미들은 아주 작아서 물려도 그다지 아플 것 같지는 않아 보였다.

벌채를 하는 동안 개미들은 나무에서 땅으로 내려오더니 내 장화를 타고 다리 위로 올라오기 시작했다. 개미들이 나의 다리를 물기 시작하기 전까지 내가 할 수 있는 한 최대한 많이 표본을 만드는 것이 계획이었다. 그러나 곧 계획이 바뀌었다. 최대한 빨리 먼 곳으로 피했다가 개미들이 좀 진정이 되면 다시 표본을 채집하기로 한 것이다. 나는 이들 작은 야수들이 얼마나 공격적인가를 전혀 알지 못했다. 이들 작은 악마들은 벌채를 시작하자마자 아주 빠르고 정열적으로 나의 장화를 가로질러 매달려서는 나의 다리까지 올라왔던 것이다. 그리고 사타구니까지 올라온 뒤에는 깨물 곳을 찾기 위해 속도를 늦추기 시작했다. 나는 다시는 그런 실수를 되풀이하지 않을 것이다.

많은 다른 동물들은 직접적으로든 또는 간접적으로든, 의식적으로든 무의식적으로든 식물들을 적으로부터 보호해준다. 우리가 앞에서 언급한 바와 같이 곤충을 먹는 새들은 식물의 가장 중요한 보호자 중의 하나다. 이들은 쉬지 않고 곤충을 잡아먹기 위해 식물의 잎사귀 주변을 서성거린다. 그리고 곤충들은 여기에서도 '흉내 내기'를 활용한다. 많은 식물을 갉아 먹는 곤충들은 잎, 줄기, 껍질, 이끼, 심지어는 새들의 배설물까지도 모방해 날카로운 새들의 눈으로부터 피하려고 한다.

아메리카의 남서부 사막지대에는 여기에 대한 특이한 예를 제공할 생물이 있다. 네오마리아애리조나리아Neomaria arizonaria는 자벌레과의 나방이다. 이 나방의 애벌레는 떡갈나무 잎사귀를 먹고 자란다. 그 해의 첫배로 태어나는 애벌레는 노란 갈색의 거친 피부를 가지고 있고 봄철의 떡갈나무꽃의 미상꽃차례 모양을 닮았다. 미상꽃차례가 지고 잎이 무성해지면 두 번째 애벌레들이 깨어난다. 이들은 보다 더 부드럽고 회색을 띠며 짧은 나무줄기를 닮는다. 세밀한 실험결과 애벌레들이 두 개의 서로 다른 모양으로 태어나는 것은 온도나 낮의 길이에 따라서가 아니라 초봄에 나는 연한 잎을 먹고 자라느냐 아니면 여름의 무성한 잎을 먹고 자라느냐에 달려 있다고 한다. 분명히 그들의 모방성을 활용하여 애벌레들은 주변 환경과 조화를 이루고 굶주린 새들로부터 도망가기 위해 잎사귀 내부의 본질적인 화학적 변화에 반응하고 있는 것이다.

곤충을 잡아먹는 곤충과 기생곤충, 새와 거미들은 식물을 갉아먹는 곤충의 무리로부터 식물을 지키는 가장 핵심적인 요소들이다. 그러나 너무나 작아서 우리가 거의 볼 수 없는 또 다른 식물 보호자가 있다.

열대수림의 상록수 사이에서 잎의 뒷면에 작은 '돌기'를 가지고 있는 아주 특이한 잎들을 발견할 수 있다. 그들은 언제나 잎의 뒷면에 있다. 이들의 대부분은 작은 머리카락들이 모여 있는 것처럼 생겼으나 몇몇은 그 주변에 작은 울타리같이 보이는 것을 두르고 있다. 이것은 라틴어로 '집'을 뜻하는 '도마티아domatia'라고 불린다.

통상적으로 2밀리미터 정도의 크기인데 개미집으로 보기에는 너무 작다. 이런 구조물이 도대체 어디에 쓰일 데가 있을까 하고 의심하는 사람들도 많다. 하지만 쓰일 데가 없다면 거기에 왜 있겠는가? 자연은 여러 개의 규칙을 가지고 있다. 그중의 하나는 "사용하라. 그렇지 않으면 없어질 것이다!"이다. 만약에 이들 돌기가 쓰일 데가 없다면 여러 세대 전에 이미 자연히 도태되었을 것이다. 그렇다면 이들 구조물의 목적은 무엇일까? 최근 연구에 의하면 이 작은 돌기들은 진드기를 위한 둥지라는 것이 밝혀졌다. 습기가 많은 숲 속 환경에서는 이들 조그마한 진드기들을 잎 위에 가지고 있음으로써 식물들은 엄청난 이익을 거둘 수 있다. 이들 진드기들은 균류의 포자를 먹고, 곤충의 알을 먹고 그리고 다른 초식성 진드기를 잡아먹는다. 이러한 작은 진드기에 의한 정기적인 청소는 습기가 많은 열대 지역의 환경 아래서 잎의 건강을 유지하는 데 대단히 유용하다. 그렇게 함으로써 잎들은 여러 해 동안 그 기능을 충분히 발휘할 수 있는 것이다.

도움을 위한 신호 보내기

도마티아가 오래전부터 알려져왔음에도 불구하고 최근에서야 식물의 방어수단으로서의 역할을 발견한 것처럼 옥수수 역시 상업적으로 중요한 작물이기에 깊은 연구가 있었으나 최근에서야 놀랄 만한 것을 발견했다. 먹성이 좋은 옥수수 천공충이 자신이 제일 좋아하는 먹을거리인 옥수수 줄기를 갉아 먹기 시작하면 옥수수는 냄새나는 화학 물질을 만들어내 이에 대응한다. 이 화학 물질은 휘발성이 강하고 바람에 의해 멀리까지 전달된다. 이 냄새는 바로 조그만 나나니벌들을 자극해 모여들도록 하는데 나나니벌 중에서도 옥수수 천공충의 애벌레에 기생하는 종이 모여든다. 암컷 나나니벌은 이들 애벌레의 몸뚱이 속에 알을 낳는다. 그리고 그 안에서 새로운 나나니벌 애벌레가 깨어나 자라나면서 옥수수 천공충의 애벌레를 서서히 안으로부터 갉아 먹는다. 이들 나나니벌 애벌레는 아주 똑똑하다. 이들은 가장 덜 치명적인 부분부터 갉아 먹기 시작해 점차 중요한 기관으로 옮겨온다. 참으로 끔찍하지만 이것이 바로 진짜 현실의 세상인 것이다.

나나니벌의 애벌레가 당장은 옥수수를 보호해주지는 못한다. 왜냐하면 천공충의 애벌레는 금세 죽지 않고 계속해서 옥수수 줄기를 갉아 먹기 때문이다. 그러나 천공충 애벌레가 성충이 되는 것을 막음으로써 천공충의 번식을 제어할 수 있기 때문에 장기적인 안목에서 보면 대단히 중요한 방어 전략이 된다. 이러한 시스템이 얼마나 훌륭한지, 인위적으로 옥수수의 잎을 자르거나 폭풍에 의해 물리적인 피해를 입을 경우에는 이 화학신호, 즉 냄새를 발산하지 않는다. 이러한 방어 시스템을 가동하려면 애벌레에 의해서 얼마 동안은 작은 피해를 입어야만 한다. 아로마 향기와 꽃의 색깔처럼 이러한 식물의 냄새는 나나니벌에게 그 숙주가 될 애벌레가 어디 있는지를 알려주는 신호다. 사실 울창한 녹색의 세계에서 이러한 애벌레들은 찾아내기는 쉽지 않다.

잎이 상하는 중에도 꽃을 피우는 식물들이 신호를 발산한다는 이야기는 조금 혼란스럽게 들린다. 때문에 한 가지 예를 더 들어보도록 하자. 한 실험을 통해서 리마콩 또한 초식성 진드기가 자신의 잎을 갉아 먹으면 휘발성 물질을 발산한다는 것이 밝혀졌다. 이 실험에서는 공격을 받은 리마콩뿐만 아니라 멀리 떨어져 있고 진드기가 달라붙지 않은 리마콩들도 덩달아 휘발성 물질을 방사한다는 것을 알아냈다. 이들 휘발성 물질은 육식 진드기를 유혹한다. 앞에서 언급한 바와 같이 이들 육식 진드기는 초식 진드기를 잡아먹기 때문에 초식 진드기가 침범했을 때 이들 육식 진드기들이 근처에 있으면 피해를 줄일 수 있다. 그런데 이때 진드기에게 해를 입은 리마콩나무로부터 신호를 받으면 진드기의 침입을 받지 않은 리마콩나무에 달린 잎사귀들도 다섯 가지의 각기 다른 유전자들이 활동을 개시하고 이들 염색체들은 육식 진드기를 유혹하는 화학 물질의 생산을 개시하는 것으로 추정된다. 그러나 옥수수나무에서와 같이 나무에 대한 물리적인 피해일 경우에는 냄새를 만들지 않는다. 우리가 알아낸 이들 신호는 나무와 나무 사이의 의사소통 수단인 것으로 추정된다. 비록 아직까지는 논쟁의 여지가 있긴 하지만, 과연 이 실험에서 발견한 추론이 정말로 자연에서 일어나고 있는 현상과 비슷하게 닮았을까?

남부아프리카에 사는 쿠두영양kudu antelopes은 아카시아카프라Acacia caffra나무의 잎을 주로 먹는데 한 나무에서 오랫동안 먹는 것이 아니라 몇 분 간격으로 나무에서 나무로 이동하며 잎을 뜯어 먹는다. 그것도 바람이 부는 방향의 반대 방향으로 이동하면서 먹는다. 그 이유는 쿠두영양이 아카시아 잎을 뜯어 먹기 시작하면 이 나무가 방어용 화학 물질을 가동하기 시작하기 때문이다. 그러나 여기에는 이러한 현상 말고도 숨어 있는 비밀이 더 있다. 영양이 바람의 반대 방향으로 거슬러 가면서 뜯어 먹는 이유는 이러한 화학 물질에 의한 방어활동은 휘발성 물질을 방사하여 다른 아카시아카프라로 하여금 자신들의 화학적 방어체계를 가동하도록 신호를 보내기 때문이라고 추정하고 있다. 이러한 신호용 휘발성 증기는 바람의 방향을 따라 흘러가기 때문에 쿠두영양은 '경고'를 받고 방어체계를 가동했을 것으로 생각되는 나무를 회피하기 위해 바람의 반대 방향으로 움직이는 것이다. 불행하게도 이러한 가설은 증명하기는 대단히 어렵다. 정말로 이들 아카시아카프라가 그렇게 빨리 방어 시스템을 가동할 수 있을까? 그리고 쿠두영양은 바람의 반대 방향으로 움직임으로써 냄새에 민감한 포식자를 피할 수 있을까? 우리는 어쩌면 '하나의 가십거리'에 불과한 것들을 다루고 있는지도 모른다. 듣기에는 그럴듯한 시나리오지만 아마도 실제로는 자연에서 일어나지 않는 것들 말이다.[7]

미국 대륙의 북부 지역에 살고 있는 일부 나무들도 비슷한 방법으로 서로 의사소통을 하고 있다는 주장이 제기되었다. 이들도 옥수수와 마찬가지로 애벌레의 침입으로부터 일이 시작된다. 이들 나무들 중에서 어떤 나무 하나가 애벌레로부터 피해를 받기 시작하면 나무들은 자기를 방어하기 위해 농축된 화학적 거부 물질을 생산한다.

이러한 화학 물질은 공격당하고 있는 잎의 표면으로부터 발산하게 되고 바람이 이들 화학 물질을 주변에 뿌려준다. 그러면 같은 지역에 살고 있는 또 다른 나무가 이를 감지할 수 있다는 주장이다. 쿠두 영양의 이야기를 통해서 알 수 있듯이 같은 지역에 살고 있는 동종의 나무들은 그들의 피해를 입은 혈족이 보내는 조난신호에 반응한다고 주장하고 있는 것이다. 아마도 이들은 리마콩 실험에서 제시하는 것과 같은 형태의 활동을 하는 것으로 보인다. 불행하게도 이러한 많은 주장들은 아직까지는 의심의 여지가 많고 이를 검증하는 것도 대단히 어려운 일이다. 비록 이들 식물들이 다양한 화학적 신호를 발산하는 것에 대해서는 의심의 여지가 없다 하여도 다른 나무들이 과연 그 신호를 알아들을 수 있는 것일까 하는 의문은 남는다. 또 하나의 문제점은 밀폐된 실험실의 대기는 야외의 삼림지대보다 더 고도로 농축된 화학 물질을 함유하고 있을 수 있으므로 야외의 실상은 달라질 수도 있다는 점이다. 이 문제에 대해서는 계속 관심을 가지고 연구해보자. 사실 이 문제를 해결하기 전에 알아야 할 것이 너무도 많다.

문제를 해결하기 위한 유전자들

앞의 다양한 연구에서 볼 수 있듯이 식물들은 단순히 한자리에 앉아 있기만 한 것이 아니라 문제가 발생하면 이에 대응할 수 있고 또 방어물질도 동원할 수 있다는 것이 명백한 사실로 증명되었다. 비록 식물들이 신경 시스템도 없고 뇌도 없지만 그들의 세포들 간에 서로 연락도 할 수 있고 협조된 대응 체계도 만들어낼 수 있다. 비록 전기충격처럼 신경 섬유를 따라 빠르게 전달할 수는 없지만 식물의 여러 다양한 부분들은 질병에 대해 반응할 수 있고 식물의 다른 부분과 의사소통을 할 수도 있다. 몇 년 전만 해도 이러한 주장은 대단히 놀라운 발견이었다.

DNA를 상세히 분석한 결과 우리가 가장 좋아하는 작은 실험용 식물인 애기장대가 또 다른 실험실 단골 초파리인 노랑초파리 Drosophila melanogaster가 가지고 있는 것보다 더 많은 유전자를 가지고 있다는 사실이 밝혀졌다. 이 작은 배춧과 식물은 키가 지상으로부터 60센티미터를 넘지 않으며 약 2만 2,000개의 유전자를 가지고 있는 것으로 알려졌다. 반면에 초파리는 1만 5,000개의 유전자를 가지고 있다. 이 연구결과가 발표되자 모든 사람들은 깜짝 놀라지 않을 수 없었다. 초파리들이 훨씬 더 복잡한 유전자 구조를 가진 존재임이 틀림없다고 생각했기 때문이다. 이 작은 곤충은 여기저기 세상을 날아다니며 이것저것 볼 수도 있고, 심지어 수컷은 암컷을 유혹하기 위해 짝짓기 춤까지도 추지 않는가! 어찌하여 이 작고 움직이지 않고 이렇다 할 활동도 하지 않는 식물이 동물보다 더 많은 유전자를 가지고 있을까? 여기에는 많은 이유가 있겠지만 그중 한 가지 이유는 아마도 제자리에 가만히 앉아 있으면서도 탐욕스러운 초식동물로부터 그리고 나쁜 질병으로부터 자신을 보호하고, 여러 가지 외부의 도전에 대응하기 위해서 방어용 물질을 생산하고, 역동적으로 움직이기 때문일 것이다. 우리는 지금 식물들이 동물의 화학적 신호를 감지하고 이에 반응할 수 있다는 것을 배우고 있다. 이러한 일을 하기 위해서는 정교한 정보시스템이 필요할 것이며 전문적으로 그 일만 하는 유전자가 필요하다. 어떤 보고서는 어느 한 식물이 한 곤충에 대응하기 위해서는 그 식물이 내부에 가지고 있는 800개에서 1,500개의 유전자가 개입되어야 한다고 주장한다.

그리고 식물은 동물만을 적으로 상대하는 것이 아니다. 다른 식물도 또한 적이 될 수도 있다. 이웃해 있는 식물에 의해 만들어지는 그늘도 식물의 생명활동을 감소시킬 수 있는 것이다. 식물이 이러한 환경에 대응하여 아무런 일도 할 수 없는 경우도 많이 있다. 태양광을 필요로 하는 식물들의 씨앗이 그늘진 삼림 안에서 싹이 튼다면 그 새싹은 금세 시들어버릴 것이다. 하지만 일단 어느 정도 성장하면 이 식물은 가까이 있는 식물들이 발아하지 못하도록 억제하는 화학 물질을 분비하기 시작할 수 있다. 일부 유칼립투스오스트레일리아산 도금낭과 식물 종들은 자신들의 나무 밑에는 거의 아무것도 자라지 못하도록 하는 것으로 악명이 높다. 뿌리에서 분비하거나 아니면 잎을 떨어뜨려서 생산하거나 간에 이 나무들은 화학 물질을 분비해 다른 식물들이 가까이 자라지 못하도록 한다. 이것은 사실상 알레로파시allelopathy, 한 식물이 독성 물질을 분비하여 다른 식물에 해로운 영향을 미치는 현상라고 불리는 하나의 공해 현상으로써 이미 형성되어 있는 기존의 복잡한 종들의 집합체 안에 다른 종의 씨앗이 들어오는 것을 막아내는 활동이다. 이것은 아마도 또 다른 식물의 방어 전략이며 커다란 게놈의 일부다.

식물이 왜 더 많은 유전자를 가지고 있는지에 대한 또 다른 근본적인 이유는 복잡한 엽록소와 이 엽록소가 수행하는 생화학 작용에 있다. 엽록소는 광합성이 일어나는 기관이며, 그 기관을 계속해서 가동하기 위해서는 많은 유전자가 필요하다. 여기에 더하여 식물의 유전자는 동물의 유전자에 비하여 다재다능하지 못하다. 동물의 유전자는 여러 가지 다양한 기능을 수행하기 위해 개량될 수 있지만 식물의 유전자는 그렇지 못하다. RNA 유전자 지도에 있어서 보다 더 많은 융통성을 가지게 됨으로써 동물의 유전자 산물은 훨씬 더 다양한 기능을 수행할 수 있도록 변형될 수 있기 때문에 결과적으로 식물처럼 그렇게 많은 유전자를 필요로 하지 않는다.

옥수수가 도움을 요청하는 메시지를 내보낼 것이라고는 아무도 생각하지 못했을 것이다. 또는 나무가 다른 나무와 조난신호를 '주고받을 것'이라고는 더더욱 생각하지 못했을 것이다. 또한 아무도 식물이 공격을 받게 되면 재빠르게 화학적 대응책을 강구할 것이라고도 생각하지 못했을 것이다. 이러한 도움 요청에 관하여 계속해서 밝히는 것은 식물과학에 대한 연구에 대해 얼마나 큰 보상인지 모른다. 이들 몇 가지의 발견들이 우리에게 식량과 섬유와 향료와 화려한 꽃을 제공해주는 식물을 보호하고 생존시키는 데 도움을 줄 수 있는 새로운 방법을 제공할 가능성이 있다.

5

flower

꽃을 피우는 식물과 다른 식물들을 어떻게 구분할 수 있을까?

꽃을 피우는 식물화훼식물을 다른 육상식물과 확연히 다르게 하는 것은 무엇일까? 이 질문에 대한 답변은 식물분류학상의 문제지만 한편으로는 보다 보편적인 문제다. 이 명제는 우리가 꽃을 피우는 식물을 이해하는 가장 기본적인 주제이고 더 나아가서는 역사학적인 영역의 한 부분이기도 하다. 우리는 이 장에서 원시적인 광합성 식물을 먼저 연구해보고 다음에는 육상식물과 종자식물을, 그리고 마지막으로 속씨식물에 대해 살펴볼 것이다.

최초의 육상식물, 우산이끼

우리 지구의 표면은 지극히 건조하고 추운 지방을 제외하고는 다양한 종류의 푸른 녹색식물로 아름답게 수놓아져 있다. 이 다양한 식생지대를 구성하고 있는 식물은 그 구조가 간단하고 크기가 작은 식물로부터 하늘 높이 솟아 있는 수십 미터가 넘는 거대한 나무에 이르기까지 그 종류가 광범위하다. 지상에 살고 있는 생명체 중에서 식물의 형태를 갖추고 있는 가장 단순한 것은 녹조류와 남조류청록 박테리아다. 구조상으로 아주 간단한 구조를 가지고 있는 이 생물은 대부분 가느다란 나선 형태를 하고 있으며 뭉치면 머리카락 모양을 하거나 끈적끈적한 '화장품'과 유사하다. 그들은 대부분 축축한 웅덩이나 연못, 시냇물의 가장자리를 따라서 발견된다. 그곳에서 반수생생물로 살아가고 있는 것이다. 이들과 같은 단순한 생명체들은 대부분 축축한 지표면에서도 살아갈 수 있다. 그들은 그곳에서 뜨거운 태양으로부터, 그리고 휘몰아치는 바람으로부터 보호받을 수 있기 때문이다. 하지만 어떤 생물학자들은 녹조류나 남조류는 엄밀한 의미에서는 '식물'이 아니라고 주장한다. 생물학 전문가들에게는 식물이란 그리고 식물의 왕국이란 보다 더 복잡한 다세포 유기체를 의미하는 것이다.

생물학자들의 정의에 따르면, '식물'이란 수정된 난자가 배아를 만들고 그 배아가 성장하면서 어린 식물체로 발전하는 생명체로서 광합성을 하는 유기체에 국한된다. 이러한 관점에서 보면 모든 '식물'은 육상식물일 수밖에 없다. 그리고 녹조류와 같은 생물들은 문자 그대로 단순생물원생생물, 또는 프로톡티스타이라는 거대한 집단으로 한꺼번에 묶어버리는 것이 될 수밖에 없다. 나는 이러한 견해에는 동의하지는 않지만 이 책에서는 육상식물에 대해서만 다룰 것이므로 논쟁은 피하도록 한다.

여하튼 이들 단순한 것들로부터 훨씬 크고 복잡한 녹색식물이 발달하여 마침내 건조한 대지를 완벽하게 성공적으로 정복한 사건은 우리 지구 생태계의 역사에서 가장 위대한 승리로 기록되고 있다. 초기에는 흙탕물로 가득 찬 웅덩이가 기어 다니는 초기생물의 서식지 역할을 했다. 진정한 의미의 육상식물군의 등장은 캄브리아기 대폭발Cambrian explosion과 비슷한 방법으로 세상을 변화시켰다. 캄브리아기 대폭발이란 동물의 생명체가 새롭고 다양한 생물로 진화되면서 온 지구상에 한꺼번에 폭발적으로 쏟아져 나왔던 사건을 말한다. 5억 4,000만 년 전 캄브리아기에 일어났던 이 사건에서는 해양생물이 다양한 생물의 종으로 폭발적인 발전을 하기도 했지만 또한 전혀 다른 다양한 동물 종들의 무리가 갑작스럽게 등장하기도 했다. 그러나 녹색식물에 의한 본격적인 육상세계에 대한 침범은 그로부터 꽤 긴 시간이 흐른 후에 일어났다. 캄브리아기의 대폭발이 일어났을 때에는 서로 다른 많은 동물 종들이 너도 나도 다투어 육상으로 올라왔지만 식물의 경우에는 이 깎아지른 듯한 난공불락의 새로운 전선을 돌파한 것은 단 하나의 종류에 의해서, 그것도 단 한 번에 이루어졌다.

오늘날의 세계에서 가장 단순한 육상식물은 우산이끼다. 우산이끼는 세포 하나 두께만큼 얇은 작은 잎과 세포 두서너 개 두께만 한 납작한 줄기로 이루어져 있다. 우산이끼는 몇 센티미터 이상은 자라지 않는다. 그리고 항상 축축한 장소에서나 또는 1년 중 최소 서너 달은 습기가 남아 있는 곳에서만 발견된다. 우리는 이들 우산이끼류가 최초의 육상식물의 자손이라고 알고 있다. 4억 5,000만 년 이상 전에 화석에 홀씨로서 자신의 자취를 남긴 바로 그 최초 식물의 후예인 것이다. 하지만 식물들은 그로부터 수백만 년이 흐르고 나서야 자신들의 조직을 화석으로 남길 수가 있었다. 육상식물들은 보다 더 커지고 보다 더 다양하게 되기 위해 우산이끼류가 가진 것보다 복잡한 몸체가 필요하게 되었다.[1]

육상식물군은 어떻게 발전했을까?

앞에서 설명한 바와 같이 동물의 경우에는 각각 서로 다른 생물들이 한꺼번에 바다로부터 기어 나와 육지에 적응할 수 있었다. 거미와 곤충, 노래기, 지렁이, 그리고 육상 척추동물사지(四肢)동물들이 모두 독자적으로 물로 가득한 그들의 구세계에서부터 새로운 세상으로 기어 나왔다. 이들 각각의 동물 종들은 수생생물로 살아오던 시기의 형태와는 전혀 다른 모양으로 진화했지만 같은 시기에 육지로 올라온 다른 동물과는 밀접한 관계를 맺지 않고 독립적으로 진화하기 시작했다. 이와는 전혀 딴판으로 육상식물들은 단순한 녹조류의 한 가지 종으로부터 시작되었기 때문에 서로가 깊은 연관성을 가지고 있다. 더구나 식물들은 동물처럼 자유자재로 이동하거나 다재다능하지 못하기 때문에 변화무쌍한 육상의 환경에 적응한다는 것이 아주 어려운 과제가 아닐 수 없었다. 그래서 여러 종이 시도했음에도 불구하고 오직 한 가지 종만 성공했는지도 모른다.[2]

오늘날의 가장 원시적인 식물인 우산이끼와 붕어마름은 그들의

✣ 최초 육상식물의 후손이라고 알려진 우산이끼.

DNA 구조 안에 복잡한 녹조류 무리인 카로피테스Charophytes와의 연계성을 암시해주는 패턴을 가지고 있다. 카로피테스는 민물에서만 발견되는 종이다. 이것은 육상식물이 대양의 해변가에서 발원한 것이 아니라 호수나 시냇가, 강 하류의 삼각주에서부터 발원했다는 것을 설명해주는 것이다. 그렇다면 식물로 하여금 그 삭막한 육상 환경에 적응해야만 하도록 원인을 제공한 것은 무엇일까? 분명히 물속에서 머무는 것이 훨씬 안전했을 텐데 말이다. 우리가 명심할 것은 자연선택은 항상 바로 그때 그 자리에서 일어난다는 사실이다. 자연선택은 당시의 상황에 적응하기 위해 우연히 무작위로 일어나는 것이지 미래의 종족을 위해 미리 계획하고 준비하지 않는다. 그러므로 식물은 반드시 그때그때의 환경에 적응해야만 한다. 그렇다면 식물들은 물이 많은 서식지를 버리고 왜 육상에서 살아야 했을까?

가장 그럴듯한 시나리오는 초기 육지식물들이 자라고 있던 연못이나 강물이 말라버리는 시기가 있었을 것이라는 가설이다. 그러므로 이 건조기 동안 식물들은 살아남기 위해 작은 산포체나 번식체로 변하지 않을 수 없었다. 그 작은 산포체는 하나의 홀씨포자다. 홀씨는 아주 극심한 건기에도 살아남을 수 있고 바람에 잘 날리기 때문에 이동하기도 쉽다. 바람에 의해 운반된 미세한 홀씨는 넓은 지역을 가로질러 사방으로 퍼져나가고 운이 좋으면 멀리 떨어진 연못이나 습기가 많은 늪지대에 떨어져 발아할 수 있다. 앞에서 설명한 바와 같이 이들 홀씨들이야말로 식물이 육지에 살기 시작한 첫 번째 증거다. 즉 물속에 살던 식물들이 지상에 살기 위해 첫 번째로 적응한 것은 바로 홀씨를 만들어내는 것이었다.

남조류는 수억 년 동안 늪지대의 흙과 얕은 연못에서 살았을 것이다. 습기가 많은 움푹 패인 웅덩이와 연못과 냇물의 가장자리에서 녹조류나 균류와 서로 붙어서 녹색의 찐득찐득한 액체덩어리를 만들어냈을 것이다. 이들은 보다 더 복잡한 육상식물이 등장하기까지 수백만 년 동안 지구의 표면을 덮고 있었을 것이다. 그들도 또한 건기에 살아남기 위해 그리고 효과적인 전파를 위해 홀씨와 같은 단계를 발전시켰을 것이다.

불행하게도 이들 초기 육상식물의 식물군들은 단단한 조직을 가지고 있지 않았기 때문에 화석의 기록에 아무런 흔적도 남기지 못했다. 진정한 의미에서의 최초의 육상식물은 앞에서 언급한 바와 같이 아마도 단지 세포 하나 두께의 작은 잎을 가진 우산이끼류와 같은 종이었을 것이다. 그리고 이 '최초의 육상식물' 은 오직 그들의 홀씨의 흔적만을 남기고 있다. 또한 단단한 홀씨는 바짝 마른 건조한 기후와 물기가 말라버리는 물리적 스트레스를 견딜 수 있으면서 화학적으로 분해되는 것에 대해서도 저항할 수 있었다. 그래서 식물의 여러 기관이나 부위 중에서 유일하게 홀씨만이 초기식물의 존재에 대한 기록을 남길 수 있었기 때문에 화석기록에 있어서 홀씨가 식물의 존재를 해석할 수 있는 중요한 단서가 될 수 있는 것이다녹조류의 홀씨와 균류의 홀씨는 상당히 다르다. 이들 초기 홀씨들이 바위에 기록을 남긴 것은 약 4억 7,000만 년 전의 일이다. 그리고 이들은 보통 네 개씩 한 무리로 발견되었다4분자체라고 불린다. 약 4억 3,000만 년 전까지 이들 4분자체 홀씨들은 점차 줄어들고 한쪽 면이 Y자형3분자체의 모양을 가진 단일체 홀씨로 분리되었다.

약 4억 1,000만 년 전에는 다양해진 식물의 홀씨와 함께 대형 식물에 대한 최초의 단편적인 기록이 보존된 화석이 발견되었다. 그것은 바싹 건조되는 것을 막을 수 있도록 발달된 표면을 가진 보다 복잡한 지상식물과 위로 솟아올라서 버틸 수 있는 튼튼한 구조물을 가진 진정한 3차원 지상식물군이 현실적인 존재로 등장했다는 것을 알려주는 증거다. 지상식물은 진화하면서 점점 더 크기가 커져갔다. 이 진화의 과정에서 아주 중요한 혁신은 왁스를 바른 것처럼 미끈미끈한 표면을 발전시킨 것이다. 왁스층은 외부 표면을 통해 수분이 손실되는 것을 감소시키고 자외선과 미생물의 공격과 조직을 부식시키는 화학 물질로부터 내부를 보호한다. 하지만 이러한 매끈한 표면은 다른 문제도 제기한다. 표면이 왁스로 덮여 있다면 식물이 어떻게 공중으로부터 이산화탄소를 흡수할 수 있을까? 광합성을 위해서 공기 중으로부터 이산화탄소를 흡수하려면 내부의 축축한 세포 표면이 공기 중에 노출되어야만 한다. 축축한 세포를 공중에 노출시키면 어쩔 수 없이 식물 내부로부터 증발현상이 일어나기 때문에 수분의 손실을 초래할 수밖에 없다. 더구나 공기 중에 농축되어 있는 이산화탄소는 그 양이 대단히 적기 때문에, 이산화탄소를 빨아들이는 과정에서 아주 많은 수분이 증발될 수밖에 없다. 이것이 바로 식물이 생존하기 위해서는 비슷한 크기의 활동적인 조직을 가진 동물보다 훨씬 더 많은 수분을 필요로 하는 이유다. 식물은 이 문제를 해결하기 위한 해법으로 표면에 특수한 작은 공기구멍엽공(葉孔)을 만들어냈다. 이 공기구멍은 가스를 교환할 때는 열리고 주변 환경이 너무 건조해지면 닫혀버린다.[3]

육상생활을 위해 적응한 것 중에 또 하나 중요한 것은 뿌리로부터 광합성을 하고 있는 식물의 활동적인 부분까지 물을 공급하는 '관다발 시스템'이다. 관다발 시스템은 내부가 비어 있으면서 두꺼운 벽을 가진 세포들로 구성되어 있고, 이들 세포들은 물을 올려 보낼 때 필요에 따라 재빨리 막히기도 하고, 텅 비어 있기도 하고, 활짝 열리기도 한다. 식물의 끝에서 끝까지 뻗어 있는 이들 세포들은 식물 전체에 퍼져 있어서 마치 물을 흐르기 쉽게 하는 수도 파이프 시스템을 닮았다.[4] 이들같이 두꺼운 벽으로 막힌 세포들은 건축물에서 버팀대 역할을 한다. 최초의 육상식물은 이 관다발 시스템과 공기 구멍을 각각 필요한 장소에 위치시킴으로써 수직으로 자라날 수 있었을 뿐만 아니라 뿌리에서부터 공기에 접하고 있는 부분까지 물을 끌어올려서 직접 바람과 기후에 접하는 말단의 표면에 광합성 작용을 수행할 수 있는 강력한 힘을 제공할 수 있었다.

그럼에도 불구하고 초기의 관다발 시스템을 가진 식물은 불과 몇 센티미터 정도밖에 자라지 않았다. 그리고 뒤이어 또 다른 중요한 발전의 혁신이 이루어졌다. 이는 이른바 '제2의 성장'이라고 부르는 것으로 줄기의 내부와 외부에 모두 새로운 세포가 추가되는 계속적으로 분열하는 분열조직세포부름켜를 갖게 된 것이다 이 분열조직이 만들어내는 제2의 성장을 통해 식물은 매년 그 둥치가 굵어진다. 그 굵어지는 둥치는 추가적인 관다발 조직을 만들어내고 이 추가적인 관다발 조직은 계속해서 자라나는 식물을 지탱하는 물리적 지탱력을 향상시켜준다. 그렇게 함으로써 약 3억 7,500만 년 전에는 나무들이 곧바로 30미터 이상의 높이로 자라날 수 있었고, 드디어 최초의 숲이 지구의 표면에 등장했다.

현재 살아 있는 초기 관다발식물의 후손으로는 클럽모스club moss, 석송과(石松科)에 속하는 상록성 풀과 속새류, 양치류, 그리고 그 친척 종양치식물들이 있다. 오늘날 석송과科 식물과 양치식물류는 불과 1~2미터 높이로 밖에 자라지 못하지만 고대에는 이들 중 몇몇 종들은 키가 큰 나무로 자라나기도 했다. 이와는 대조적으로 양치류 식물은 높이가 몇 인치1인치=약 2.5센티미터의 작은 종으로부터 50인치가 넘는 나무 고사리까지 다양하다. 넓고 우아한 잎사귀를 가진 가느다란 나무 고사리는 오늘날에는 물기가 많은 열대삼림지대에서만 발견되고 있다. 하지만 이들은 3억 년 전에 살았던 초기의 식물과 아주 비슷하게 닮았다. 이와 같이 거대한 양치식물과 속새, 그리고 작은 양치식물과 나무 고사리는 고대의 습지수림을 창조해내는 데 크게 기여했다. 그리고 죽어서 강가와 삼각주의 진흙에 묻혀버린 이들 식물들의 군락은 2억 8,000만 년 전의 석탄기에 거대한 석탄 매장지가 되었다. 한편, 고대의 몇몇 지상식물들은 또 다른 새롭고 중요한 혁신적인 식물 종으로 발전했다.

또 하나의 중요한 진화적 발전, 씨앗

식물 진화에 있어서 '육상식물로의 진화' 다음으로 중요한 혁신적 단계는 '씨앗의 발달'이다. 난자가 건조해지는 것을 방지하기 위해 양막羊膜을 가지고 있는 양막동물은 물이 없어도 번식할 수 있는 육상의 척추동물을 대표한다. 이와 마찬가지로 물 없이 번식하는 육상식물을 대표하는 것은 바로 씨앗식물종자식물이라고 할 수 있다. 심지어는 오늘날에도 우산이끼류, 양치식물류, 이끼류 등은 수정하기 위해서는 외부로부터 수분을 필요로 한다. 하지만 종자식물의 꽃가루는 난자를 향해 헤엄쳐나가야 하는 정자를 위해 물을 대신하는 다른 것, 즉 꽃가루관을 만들어준다.

한편으로 씨앗을 만들지 않는 원시적인 식물들은 전반적인 구조면에서 간단하다. 그렇다고 해서 정상적인 생명활동 자체가 단순한 것은 아니다. 이들 종류들의 홀씨는 다음 세대를 위한 작은 식물체묘목체를 만들어서 번식한다. 이들 묘목체는 단 하나의 염색체 세트를 가지고 있는데 우리는 이 작은 식물체를 반수체라고 부른다. 정상적인 배수체 식물이나 동물이 가지고 있는 염색체 수보통 2세트의 반만 가지고 있기 때문이다. 그리고 이들 작은 반수체가 생식세포나 배우자 생식체를 생산하게 된다. 이것을 배우체라고 부르며, 자신을 만들어낸 식물과 마찬가지로 각각의 배우자 생식체, 즉 이들이 정자든 난자든 상관없이 단지 한 세트의 염색체를 가지고 있다. 이들 정자와 난자 세포가 같이 만나서 수정이 이루어지면 그들은 두 개의 염색체 세트를 가진 배수체인 접합자를 만들어낸다. 이 접합자는 배아를 형성하기 위해 분열을 시작한다. 그리고 생식세포의 결합을 통해 두 개의 염색체 세트를 가진 새로운 배수체 유기체를 만들어내는데 이때 정자 세포로부터 한 세트를, 난자 세포로부터 또 다른 세트를 받는다. 그리고 결국에는 새로운 식물체를 만들어낸다. 이들 배수체 식물은 포자체sporophyte, 포자를 만들어 번식하는 세대의 생물체, 세대교대를 하는 식물에서 유성생식의 결과로 생긴 무성세대의 식물체, 아포체라고도 함라고 불린다. 왜냐하면 이들은 염색체 감소과정감수분열을 거쳐서 반수체 홀씨를 생산하게 되기 때문이다.

그다음 반수체 홀씨는 또 새로운 반수체식물을 만들어낸다. 이것은 계속되는 일련의 순환과정이다. 이 반수체식물로부터 배수체 식물로 계속되는 순환과정, 즉 배우체포자체(胞子體)에 대응되는 말로 유성생식을 위한 난세포·정자·화분·배우자 등의 생식세포를 만든다에서 포자체가 되었다가 다시 단수체로 돌아가는 과정은 '세대교대世代交番'라고 불린다. 오늘날 양치식물, 우산이끼류, 이끼류, 석송류 등은 아직까지도 세대교대를 하고 있다. 이는 자신들의 생애 주기의 중요한 특징 중 하나로서 이들 식물을 구분할 때 아주 유용하다. 수중식물이었던 이들의 조상들처럼, 이들 식물들은 그들의 정자가 난자 세포를 향해서 헤엄치기 위해서는 얇은 수막을 필요로 한다. 다른 동물 세포와 마찬가지로 이들의 정자는 난자 세포가 발산하는 화학 물질을 따라 앞으로 추진해나갈 수 있도록 흔들어주는 꼬리를 가지고 있다. 정자 세포는 워낙 작기 때문에 난자 세포를 향해 헤엄쳐가기 위해서 단지 아주 얇은 액체막만 있으면 된다.

공기 중의 바람을 통해 운반되거나 동물매개자에 의해 운반되는 꽃가루 알갱이는 물이 없어도 수정을 할 수 있는 방법을 개발해냄으로써 종자식물의 수정을 더 간편하고 자유롭게 만들었다. 대부분의 꽃가루 알갱이는 암술머리에서 발아하게 되면 양쪽으로 갈라져 열리면서 미세한 관을 만들어내 난자 세포를 향해 자라난다. 일단 난자 세포에 도달하면 수정활동을 통해 남성 세포의 핵과 난자 세포의 핵이 결합하게 된다. 이 두 개의 생식세포가 결합하면 배수체 접합자가 만들어지고 접합자는 분열을 시작해 배아를 만들어낸다. 종자식물은 이와 같이 유성생식을 위해 더 이상 물을 필요로 하지 않기 때문에, 수정을 위해서 물이 많은 지역을 찾아낼 필요가 없어진 개구리나 도롱뇽 같은 양막 척추동물처럼 살아갈 수 있게 된 것이다. 이제 종자식물은 물이 없는 지역의 육상 생태계를 풍부하게 만드는 중요한 역할을 담당하게 되었다. 이러한 초기 종자식물에는 멸종된 종자 양치류, 소철류, 송백류, 은행나무, 마황류와 꽃을 피우는 식물목련문 또는 속씨식물문들이 포함된다.

종자는 두 가지의 위대한 승리를 만들어냈다. 첫 번째, 꽃가루 알갱이를 만들어냄으로써 수정과정에서 물의 필요성을 제거해준 것과 그 두 번째, 단수체의 작은 식물을 최소한으로 감소시킴으로써 2단계 라이프사이클을 없애버린 것이다. 전문적으로 말하면 꽃가루는 큰 변화가 이루어진 남성 단수체다. 식물의 라이프사이클 중에서 이 단수체가 반수체의 묘목체를 형성하는 대신에 이 단계는 이제는 단단한 산포체인 꽃가루 알갱이를 이용해 수정을 할 수 있게 된 것이다소철류와 은행나무류의 경우에는 꽃가루관은 실제로 난자 세포까지의 가까운 거리를 헤엄쳐갈 수 있도록 정자를 운반해준다. 또한 암컷 단수체는 아주 작은 크기로 줄어들었고 배수체인 모체식물의 씨방이 달라붙는다. 그리고 그곳에서는 배아가 자라나는 데 필요한 영양분을 공급받는다. 그리고 씨방은 성숙하면 씨앗이 된다.

종자식물은 지상 생물체의 역사 속에서 가장 중요한 진화적 진보였다. 그리고 그다음에는 또 다른 것이 등장한다. 지상식물 진화의 마지막 혁신은 1억 3,000만 년 전에서 1억 2,000만 년 전 사이의 화석 기록의 주종이 되어 있다. 이 시기는 우리가 오늘날 발견할 수 있는 꽃을 피우는 식물에 대한 최초의 명백한 화석 증거를 찾아낼 수 있는 시대다. 백악기 후반기 동안 빠르게 확산되면서 꽃을 피우는 식물은 지금까지 계속해서 바쁘게 다양화되어왔다. 오늘날 꽃을 피우는 식물은 전 세계 대부분의 열대지방과 온대지방의 지표면을 지배하게 되었다. 하지만 어떻게 우리는 그들을 인식하고 있을까?

꽃을 피우는 식물은 어떻게 구분할까?

생명체의 세계를 분류하는 우리의 시스템은 스웨덴의 카를로스 린네Carolus Linnaeus, 1707~1776의 연구작업에 아직까지 크게 의존하고 있다. 그는 식물과 동물을 위한 과학적인 명명법인 '이명법binominal nomenclature, 二名法, 생물분류학에서 종(種)의 학명(學名)을 붙이는 경우에 라틴어로 속명과 종명을 조합하여 나타내는 명명방식'을 구성한 저명한 학자다. 예를 들어 미국 동부에 자라고 있는 떡갈나무는 과학적으로는 쿠레커스 알바Qurecus alba라는 이름을 붙이게 되었다. 이 떡갈나무의 앞의 이름 '쿠레커스'는 라틴어로 떡갈나무라는 뜻이고 뒤의 이름 '알바'는 '하얗다'는 뜻이다. 제라늄 매큘래텀Geranium maculatum과 로사 캐롤리나Rosa carolina는 우리가 맨 처음 설명한 꽃야생 제라늄과 야생 장미에 대한 과학적 이름이다. 이 간단한 두 개 단어를 이용한 종의 이름은 길이가 두 줄 이상이나 되던 긴 이름을 대치하거나 식물과 동물에 관한 복잡한 과학적 설명을 아주 단순하게 만들어주었다. 이 린네의 분류법은 전 세계의 생물학자에 의해 받아들여져 사용되고 있다. 우리는 심지어 새로 발견된 종에 대해 그들을 발견한 학자나 발표한 학술지의 모국어와 관계없이 짤막한 라틴어 이름으로 '정확한 분류'를 계속하고 있다. 이러한 식물 및 동물에 대한 국제적인 명명법을 가지는 것은 생물계의 연구에 있어서 핵심적인 것일 뿐만 아니라 이를 통해서 서로 멀리 떨어진 지역에 있는 동료학자들과도 아주 세밀하게 의사소통을 할 수 있게 되었다.

더 중요한 것은 린네의 분류법은 식물과 동물을 '서식지 세트'라는 효과적인 시스템을 전체적인 분류계통 구조의 틀 안에 집어넣을 수 있게 만들었다. 예를 들면 생물의 속genera, 屬은 다른 외부의 종보다 더 가까운 연관성을 가진 집단의 종을 모아놓은 것이다. 하나의 속屬에 속하는 친척 종은 같은 과family, 科의 일원이며 그 과의 외부에 있는 종보다는 서로 더 가까운 연관성을 갖는 종들이다. 그다음으로는 연관된 과들은 서로 모여서 같은 목order, 目을 구성하며 같은 목의 생물들은 다시 같은 강Class, 綱을 구성하며 그리고 다시 같은 강의 생물들은 문division, Phylum, 식물학자들은 division을 사용하는 대신 동물학자들은 Phylum을 사용한다을 이룬다. 마지막으로 문은 식물계, 동물계, 그리고 균계 등의 주요계Kingdom, 界 중 어느 하나에 속하게 된다. 우리가 앞에서 설명한 야생장미를 기억해보자. 이 장미가 린네의 이명법 체계에서 어느 자리에 위치하고 있는지 알아보자. 장미의 종은 장미속Rosa에 속하며, 장미속은 다른 친척 종들과 함께 장미과Rosaceae에 속하고 장미과는 다른 과의 식물들과 장미목Rosales에 속하고 다른 목의 식물들과 함께 쌍떡잎식물강에 속한다. 또 쌍떡잎식물강은 모든 꽃을 피우는 식물을 포함하는 문에 속한다.

린네의 분류체계는 아주 실용적이다. 간단한 이명법 종들은 확실하게 큰 집단 그리고 더 큰 집단 체계에 속하게 되어 있다. 이것은 식물과 동물을 그들의 전반적인 유사성에 따라 분류하고 조직적으로 편성하는 아주 효율적인 방법이다. 린네는 자기 자신을 신의 창조물 카탈로그를 분류하는 사람이라고 생각했다. 현대의 혁명적인 생물학자들은 이와 같은 분류체계를 사용하고 그리고 이 분류체계를 긴 역사의 산물이라고 평가했다. 이러한 분류 차원에서 보면 서로 닮은 종들은 아주 가까운 친척관계를 갖는다. 왜냐하면 그들의 조상들이 그리 멀지 않은 과거에 서로 갈라졌기 때문이다. 반면에 서로 많이 다른 종들의 조상들은 훨씬 오래전에 갈라진 것이다. 돼지는 원숭이보다는 사슴을 많이 닮았다. 돼지와 사슴은 둘로 갈라진 발굽을 사용한다는 면에서 보면 아주 가까운 사이인 것이다. 그리고 우리 인간은 원숭이와 비슷하게 보이지 돼지나 사슴과 닮아 보이지는 않는다. 진화론적인 구조체계는 이렇게 닮음의 정도가 그 종이 발달해온 역사를 반영한 것이라고 주장한다. 언뜻 단순한 것처럼 보일지도 모르지만 한편으로는 이러한 생물의 다양화와 친밀도의 정도를 가지고 분류체계를 만드는 것은 다분히 독단적일 수도 있다. 만약 그 닮음의 정도만 보고 다른 속의 생물을 다른 과에 속하도록 분류한다면 어떻게 될까? 또 어떤 과의 생물이 자기 목의 분류에서 벗어난다면 어떻게 될까? 이들 분류 전문가들은 그렇게 할 수 있는 확률이 다분하고 또 그렇게 하고 있으면서도 그렇다고 동의하지는 않는다. 그렇기 때문에 각각의 그리고 모든 카테고리는 그들을 설명하고 구분하고 구별하기 위해 단순한 외부적 유사성뿐만 아니라 해부학적, 구조학적, 그리고 화학적 특성을 필요로 한다. 그렇다면 이런 특성의 차원에서 우리는 어떻게 꽃을 피우는 식물을 다른 모든 종자식물로부터 구분해낼 수 있는 것일까?

꽃은 목초지에 피어 있는 장미로부터 풀잎 사이에 숨어서 피어나는 자그마한 잡초에 이르기까지 다양하게 분류되고 있다는 것을 우리는 이미 알고 있다. 꽃의 크기도 전반적으로 아주 넓은 스펙트럼을 지닌다. 가장 큰 꽃은 보르네오의 열대우림에 서식하는 나무의 뿌리에 기생하는 식물인 라플레시아Rafflesia, 나무뿌리에 기생하는 라플레시아과의 기생 식물. 잎과 줄기가 없다이다. 이 꽃은 마치 아프리카에 살고 있는 히드노라처럼 직경이 50~60센티미터가 넘는 거대한 꽃이 땅속의 보금자리로부터 솟아올라와서 숲의 밑바닥에서 피어난다. 가장 작은 꽃이라면 아마도 바닷속 해초의 꽃이나 수생식물인 좀개구리밥Leniena, 좀개구리밥과 친척 종들의 꽃일 것이다. 이들은 겨우 1밀리미터 밖에 안 되는 작은 꽃을 피운다. 일부 이들 작은 꽃들은 한두 개의 수술과 하나의 암술을 가지고 있으며, 너무 작아서 그것들이 각각 무엇인지조차 거의 구별할 수가 없다. 꽃들이 그렇게 다양하다면 우리가 어떻게 꽃을 달고 있는 식물의 범위를 설정할 수가 있을까? 그리고 어떻게 꽃을 피우는 식물이라고 부르는 식물들을 식별해낼 수 있을까?

독일의 곤충학자인 빌리 헤니그Willi Hennig, 1913~1976는 우리가 동물과 식물의 '단일계통'을 정의하기 위해서는 독특한 고유의 특성을 사용해야 한다고 주장했다. 단일계통은 하나의 동일한 공통 조상으로부터 오래전에 갈라진 모든 종족의 구성원들에게 적용된다. 이 복잡하고 독특한 고유의 특성은 식물이나 동물의 집단 중 특별한 집단들만 가지고 있는 제한된 특성이며 더 이상 변하지 않을 것 같은 특성들이다. 그러므로 이러한 특성은 자연적인 종족을 구분하는 데 대단히 유용하다.

예를 들면 포유류는 자신의 새끼를 임신하고 낳아 기르는 특성을 가지고 있으며, 또한 귀에 세 개의 뼈를 가지고 있고, 털이 자라고, 기타 여러 가지의 특성을 가지고 있다. 이러한 특성과 일치되는 모든 살아 있는 포유류는 하나의 단일 고유의 종으로부터 갈라져 나온 것이다. 즉, 포유류는 단일계통이라는 것이다.

식물의 경우, 특히 꽃을 피우는 식물의 경우에는 아주 빠르게 분해되고 썩어 없어지기 때문에 식물에 대한 화석 증거를 찾아내는 것은 아주 어렵다. 그것을 염두에 두고 우리는 주로 오늘날에 생존해 있는 식물들을 중심으로 연구해볼 수밖에 없다. 그들이 오늘날에 가지고 있는 가장 뚜렷한 특성을 이용함으로써 우리는 현재 살아 있는 식물의 종족계통을 식별해낼 수가 있는 것이다. 만약에 서로 일치하는 여러 가지 고유의 특성을 가진 집단이나 종족을 찾아낼 수 있다면 마치 포유류처럼 그 종족이나 집단이 하나의 조상을 가진 자손이라는 확신을 가질 수 있다. 두 개의 서로 다른 종족이 각각 독립적으로 똑같은 특성을 가진 종으로 발전될 확률은 아주 낮으며 만약 있다 하더라도 실제는 하나의 통일된 종족을 가지고 연구하고 있다는 확신을 줄 것이다. 그렇다면 어떤 특성이 꽃을 피우는 식물을 다른 모든 식물과 구분할 수 있게 만드는 것일까?

꽃을 피우는 식물에 있어서 가장 중요한 특성은 속씨식물

Angiosperms이라는 그들의 전통적인 학술 명칭에서도 알 수가 있다. 'Sperm'은 씨앗을 의미한다. 그리고 'Angio'는 숨어 있거나 무엇에 싸여 있다는 것을 의미한다. 다른 종자식물에서와 마찬가지로 꽃을 피우는 식물의 씨방은 타원형구조를 가지고 있으며 그 안에 난자 세포와 보조 세포가 들어 있다. 앞에서 언급한 바와 같이 이 지구상에는 속씨식물 외에도 많은 다른 종자식물들이 살고 있다. 소철류, 은행나무류, 침엽수류와 같은 것들이다. 그리고 침엽수류에는 소나무, 전나무, 가문비나무, 거대한 미국삼나무 등이 있다. 이들 식물들을 가리켜 '겉씨식물gymnosperms'이라고 부른다. 왜냐하면 그들은 '발가벗은' 씨를 가지고 있기 때문이다. 꽃을 피우는 식물을 다른 식물과 구별할 수 있는 것은 그들의 난자가 씨방의 소실 안에서 만들어지고 씨방 안에서 발달하기 때문이다. 속씨식물의 밑씨들은 씨방 안에 폭 싸여 있거나 숨어 있다. 이것이 밑씨가 밖으로 노출되어 있는 겉씨식물과의 차이점이다. 다른 어떤 식물도 이와 같이 씨앗을 만들어내는 밑씨가 무언가에 싸여 있는 식물은 없기 때문에 우리는 이 유일한 특성을 가진 식물이라면 정확히 꽃을 피우는 식물의 분류에 속한다고 판단할 수 있는 것이다.[5]

꽃을 피우는 식물은 또 다른 중요한 특성을 가지고 있다. 이 특성은 번식과 관련된 특성이다. 바로 화분알갱이가 암술머리의 표면에서 발아해서 자라나기 시작할 때 관을 만들어낸다는 특성이다. 이렇게 생성된 꽃가루관은 밑씨를 향해 암술대 속으로 자라기 시작한다. 이 꽃가루관이 밑씨를 향해 자라면서 동시에 보통 두세 개의 정자핵을 운반한다. 꽃가루관이 완전히 발달하면 이들 정자핵은 밑씨와 만나게 되고 이 중에 하나의 핵이 밑씨 속으로 들어가서 난자 세포와 결합하게 된다. 그리하여 수정이 이루어지게 되는 것이다. 수정된 난자는 자라서 배아가 되고 배아는 점점 자라서 어린 식물 모양의 묘목이 되고 이것은 새로운 식물의 최초 단계가 된다.

여기까지는 다른 식물이나 동물들이 하는 방법과 전혀 다르지 않다. 그러나 여기서 흥미 있는 일들이 벌어지기 시작한다. 꽃을 피우는 식물에서는 '2차 꽃가루 핵'이 밑씨로 들어가서 그 안에 있던 두 개의 난자 세포와 결합한다. 이것을 '삼중융합'이라고 부른다. 어떤 식물의 경우는 두 개의 꽃가루 핵이 동시에 들어가는 경우도 있지만 어떤 방법이든지 이 2차 수정은 씨앗을 성장시키기 위해 영양분이 많은 조직세포를 만들어내기 위한 것이다. 이 영양분을 함유한 조직세포는 내배유 또는 배젖이라고 부른다'씨앗 내부'에 있다는 뜻. 그러므로 우리는 여기 또 하나의 독특한 유전적 특성 소위 '이중수정 및 삼중융합'이라고 불리는 특성을 찾아낸 것이다. 소실과 밑씨를 둘러싸고 있는 심피心皮, 암술잎와 더불어 이러한 특성들은 꽃을 피우는 식물을 정의하는 데 많은 도움을 준다.[6]

심피와 과실을 통한 구분 방법

비록 각각의 꽃마다 그 꽃의 기관들에 다양성이 차이가 있기는 하지만, 꽃잎과 꽃받침과 수술은 꽃의 여성기관에서 보여주는 단일계통적 다양성만큼 다양하지는 않다. 꽃의 여성기관이 하나든 여러 개든 간에 관계없이 집합적으로는 암술군자성기이라고 부른다는 것을 기억할 것이다. 앞에서 설명했던 바와 같이 속씨식물 암술군은 심피에 의해서 오랜 진화 기간을 거쳐서 만들어졌을 것이다. 심피는 하나 또는 여러 개, 그리고 다양한 방법으로 서로 합쳐진 잎과 유사한 기관이다. 우리는 씨방의 소실 내부에 숨겨진 씨앗들은 속씨식물의 독특한 특성이라는 것에 주목했다. 꽃을 피우는 식물의 씨앗이 숨겨지고, 보호되고, 영양분을 섭취하고 마침내 성숙하게 되는 것은 바로 씨방 속의 격실 내부에서 이루어지는 것이다. 씨방과 격실의 진화를 이해하기 위해서는 심피 이론을 이해할 필요가 있다. 왜냐하면 격실을 형성하는 것이 바로 심피이기 때문이다.

정상적인 스위트피sweet pea, 이탈리아 시칠리아 섬이 원산지이며 관상용으로 재배하는 숙근초의 꼬투리를 생각해보자. 완전히 성숙한 콩 꼬투리는 너비보다 길이가 더 긴 길쭉한 모양을 하고 있고 그 내부는 얇은 벽으로 막혀 있으며 그 단면을 잘라보면 거의 동그란 모양을 하고 있다. 그리고 모든 콩들이 꼬투리의 한쪽 면에 일렬로 배열되어 있다. 콩을 꺼내기 위해서는 꼬투리를 비틀어서 세로로 반을 갈라서 열어야 한다. 반으로 갈라서 한쪽을 떼어내면 콩알들을 한 번에 훑어내기 쉽다. 일단 꼬투리를 열어 완두콩을 튀어나오게 해보면 벌어진 콩 꼬투리가 잎을 닮았다는 것을 상상하는 것은 어렵지 않다. 이 꼬투리는 측면이 곡선 모양으로 이루어져 있고 그 측면은 서로 겹쳐져 있는 등 잎이 서로 붙어 있는 모양을 하고 있어서 이들이 심피 역할을 하고 있다

✤ 스위트피 콩의 꼬투리는 잎이 서로 붙어 있는 모양으로 심피 역할을 한다.

는 것을 쉽게 짐작할 수 있다. 실제로 심피는 밑씨를 감싸기 위해 만들어진 가상의 잎이다. 잎의 양옆 가장자리가 서로 붙어서 밑씨를 둘러싸고 보호하는 하나의 주머니소실를 만들어낸 것이다. 사실은 잎들이 진화하면서 필요에 따라 잎을 접어서 밑씨를 감싸고, 입구를 서로 붙이게 된 것이다. 그리고 보란 듯이 심피와 밑씨를 갖게 된 것이다. 왜냐하면 완두콩의 꽃은 하나의 독립된 암술과 하나의 밑씨, 하나의 암술대, 그리고 끄트머리에 하나의 암술머리를 가지고 있다. 이 간단한 암술이야말로 심피의 아주 좋은 예다.

간단한 암술을 가진 완두콩 꼬투리와 다른 콩과科의 꼬투리들을 보면 암술의 구조와 심피의 구조를 이해하기가 쉽다. 그렇다면 토마토나 오렌지와 같은 과일들은 어떻게 만들어졌을까? 이것에 대한 해답을 찾기 위해서는 식물학자들이 보다 더 풍부한 상상력을 갖지 않으면 안 된다. 토마토나 오렌지와 같은 과일의 경우 3~5개의 동그랗게 말린 잎 모양의 심피가 밀착되고 눌려서 밑씨와 결합된 것이라고 생각한다. 어떤 식물들의 심피는 잎의 측면을 따라서가 아니라 가장자리를 따라서 결합되어 3~5개의 횡으로 배열된 밑씨를 가진 하나의 커다란 소실을 만들어내기도 한다. 호박, 오이, 그리고 시계풀의 열매들이 이런 종류의 씨방을 가진 식물이다. 그리고 그것이 전부가 아니다. 진화로 인해 없어지는 부분과 합쳐지는 부위들뿐만 아니라 심지어는 꽃의 다른 부분과 결합해 커다랗고 다양한 암술군을 만들어내는 경우를 볼 수도 있다.

꽃을 피우는 식물들이 많은 종류의 열매를 갖는 것은 이처럼 다양하게 변화된 암술군의 결과로 만들어진 것이다. 완두콩 또는 강낭콩 꼬투리 같은 간단한 암술로부터 보다 더 복잡한 수박, 자몽, 사과와 같은 식물들이 가지고 있는 암술에 이르기까지 속씨식물의 열매는 무척 다양하다. 또한 여기서 더 나아가 어떤 속씨식물은 열매의 외벽이 우아하고 다양하게 변형된다. 헤이즐넛이나 피스타치오, 코코넛 등은 열매의 껍질이 단단해 쉽게 손상되지 않는다. 이런 식물에서 우리가 먹을 수 있는 부분은 단단한 열매 내부에 보호되어 있는 씨앗 그 자체다. 어떤 열매는 익기 전에는 껍질이 아주 단단하지만 익고 나면 동물이 열기 쉽도록 변한다. 수박, 호박, 카카오 꼬투리가 바로 이런 종류에 속한다. 씨앗을 둘러싼 이들의 조직은 먹을 수 있기도 하다. 또 다른 계통의 식물에서는 열매 껍질의 전부 또는 대부분이 과육이 되고 맛있게 된다. 포도, 블루베리, 아보카도 같은 종류들이 여기에 속한다. 어떤 열매의 껍질은 딱딱하거나 임시적으로 보호를 받을 수 있도록 되어 있기도 하다. 이들은 가시로 둘러싸여 있다가 씨앗이 익어서 퍼질 준비가 되었을 때만 갈라져 열린다.

그 외에도 열매의 다양성에 대한 '풍요의 뿔'은 더 많이 있다. 어떤 종류의 식물에서는 꽃의 다른 부분이나 꽃대가 변하는 것들도 자주 볼 수가 있다. 오디는 작은 꽃들이 뭉쳐져 있는 것으로서 작은 꽃덮개 부분들이 과육이 된 것이다. 어떤 꽃에서는 심피가 돋아나온 꽃대꽃턱가 과육질 열매의 중요한 부분이 되는 경우도 있다. 딸기, 가시여지, 번지과의 식물이 이런 부류에 속한다. 하위자방식물의 자방은 외벽의 여러 부분이 발달하여 열매의 한 부분이 된다. 사과, 복숭아, 커피 열매들에서 이것을 볼 수가 있다우리가 흔히 보는 '커피 알갱이'는 실제로는 씨앗을 말린 것이다. 빵나무 열매나 파인애플에서 보는 것처럼 다닥다닥 붙은 열매들은 대부분 꽃대와 결합되어 더 큰 '집합과集合果'를 만들어 내기도 한다. 이와 유사하게 오스트레일리아의 뱅크시아Banksia, 오스트레일리아산 상록 관목의 일종의 꽃차례의 꽃대는 두꺼운 원추뿔나무 모양으로 되어 있으며 마치 그 표면에 입술을 가지고 있는 것처럼 보인다. 내부에 있는 씨방이 터지면 이들 입술이 열리고 그 열린 입술로 씨앗들을 살포한다.

그리고 마지막으로 밀의 알곡이나 옥수수의 알갱이에서 볼 수 있듯이 열매의 벽이 얇게 남아서, 씨앗의 외벽과 결합하여 씨앗 껍질과 거의 구분하기 힘들게 되는 씨앗도 있다. 이렇게 열매에서 볼 수 있는 엄청난 다양성과 씨앗의 형태야말로 속씨식물이 대성공을 거두는 데 결정적인 역할을 했다고 모든 학자들은 이구동성으로 말한다.

속씨식물을 구분하는 데 도움을 주는 또 다른 중요한 유전적 특성은 아주 미세한 구조에서 발견할 수 있다. 속씨식물 꽃가루 입자꽃가루 알갱이는 대부분 다른 종자식물의 꽃가루와는 아주 다르게 특별한 돌기columellae가 외부의 표면에 돋아 있는 아주 복잡한 벽을 가지고 있다. 또한 관다발 시스템도 마찬가지로 대부분의 다른 종자식물에 있는 세포와는 다른 아주 특별한 세포물관부에 있는 맥관과 체관부의 가느다란 관를 가지고 있다. 속씨식물의 나무들은 이러한 특성 외에도 또 다른 특징이 있다. 실제로 꽃을 피우는 식물은 다른 모든 종자식물을 다 합쳐서 만들어낸 것보다 더 다양한 나무줄기의 구조를 가지고 있다. 그러나 이들 특성들은 꽃처럼 외형적으로 확연히 드러나는 것은 아니다. 그렇다면 왜 우리는 눈에 보이는 꽃을 이용해 꽃을 피우는 식물을 정의하지 않고 있는 것일까?

꽃을 구분하는 외형적 기준이 있을까?

사람들은 속씨식물의 독특한 특징이 될 수 있는 것 중의 하나가 바로 꽃일 거라고 생각한다. 불행하게도 꽃을 가지고 속씨식물을 분류하는 것은 두 가지 문제가 있다. 하나는 몇몇 겉씨식물의 화석을 보면 그들의 생식기관의 구조가 꽃과 비슷한 모양을 하고 있어서 모양을 가지고 구분을 하는 데 한계를 지닌다. 두 번째 문제는 앞에서 언급한 바와 같이 꽃을 피우는 식물 사이에는 모든 꽃들이 변형을 가지고 있기 때문에 본연의 꽃의 모양이 과연 어떤 것인지를 알려주는 확실한 기준이 없다는 점이다. 실제로 고대의 '꽃이 발달하기 이전'의 형태인 것처럼 보이는 몇몇 꽃을 피우는 식물이 있다. 이들은 모양이 너무나 간단하고 꽃잎이 거의 없는 꽃을 피우는 식물들이다. 홀아비꽃대과의 죽절초와 페페로미아과의 페페로미아가 그런 경우에 속한다.

꽃의 진화가 오랜 세월 동안 어떻게 지속되었는가에 대한 시나리오를 만들다 보면 '원시 속씨식물의 꽃'은 목련속屬 나무의 꽃처럼 많은 나선형 구조의 부분을 가지고 있을 것이라고 가정하게 된다. 이들의 '원시적인 꽃'은 가늘고 긴 나선형의 잎을 가진 하나의 줄기를 닮아서 위로 꼬이면서 올라가는 나선형의 꽃잎을 가지고 있고 그 속에 수술과 암술 부분을 가지는 것으로 생각된다. 그것은 오늘날 우리가 보는 대부분의 꽃들인 제라늄, 장미, 그리고 백합꽃과는 아주 다른 것이다. 문제는 목련속의 나무들과 같은 진화의 조상을 가진 꽃들이 어떻게 그러한 조상으로부터 현재의 꽃 모양으로 변화되었는가 하는 점이 분명하지 않다는 것이다. 나선형 안에 있던 그 많던 꽃의 여러 기관들이 어떻게 3~5개의 윤생체로 깔끔하게 정돈되어 '줄어들게' 되었을까? 목련속의 식물이 꽃을 가진 식물의 조상이었을 것이라는 시나리오는 이 '감소되어 사라져버린' 많은 부분과 그리고 남아 있는 몇 가지 부분을 같은 수의 윤생체 안에 스스로를 배열해보아야 한다. 또 다른 문제는 목련속의 식물이 꽃을 피우는 식물의 조상이라는 시나리오는 작고 간단한 모든 속씨식물의 꽃들이 진화 기간 동안 많은 기관들이 손실되고 줄어들었다는 추론을 도출하게 만든다. 그러나 화석의 기록들은 이러한 생각과 일치하지 않는다. 실제로 목련속 식물의 꽃을 닮은 거대한 고대 화석의 꽃들이 있기는 하다. 하지만 거기에는 또한 아주 초기의 더 작고 간단한 꽃들도 같이 새겨져 있다.

최근 중국에서 발견된 식물의 화석은 우리에게 새로운 사실을 제공하고 있다. 호수의 가장자리를 따라서 자라고 있었음이 분명한 이 식물들은 50~80센티미터 정도의 크기였으며, 잘게 갈라진 잎을 가지고 있었다. 이 잎은 아마도 물속에 가라앉은 상태로 피어 있었을 것이다. 이 식물의 꼭대기에는 각각 따로 떨어진 간단한 암술을 가진 가느다란 수직의 꽃대 축을 가지고 있었고 그 꽃대 축의 맨 아래쪽에는 작은 덩어리로 짝을 이룬 수술이 자리하고 있었다. 포엽과 꽃받침과 꽃잎이 부족하기 때문에 이 꽃대의 수직 축은 심피와 수술이라는 장치를 만들게 된 것이다. 그리고 이것은 오늘날의 우리가 꽃이라고 생각하는 것들의 전신이다. 이렇게 개방되고 노출된 수술과 암술은 진화를 거치는 기간 동안 보호용 포엽과 꽃잎으로 둘러싸이게 됨으로써 보호를 받는다는 주장은 일리가 있다. 아마도 그들 주위에 많은 초식동물들이 없었기 때문에 고대의 시기에 살아남았을 것이다. 아르카이프룩투스Archaefructurs라는 이들 화석은 1억 2천만 년 전까지 그 시기가 거슬러 올라가며, 속씨식물이 새겨진 가장 오래 되고 가장 잘 보존된 화석이라는 점에서 특별히 중요한 화석이다. 이들이 완두콩같이 생긴 심피를 가지고 있기 때문에 이것이 속씨식물이라고 확신한다. 그러나 분명히 이 식물은 실제로는 꽃을 가지고 있지 않다.[7]

진화적 기원을 연구하기 위한 또 다른 방법은 생물 초기의 발달과정을 연구하는 것이다. 인간의 배아는 발달하면서 아가미 구멍을 닮은 나선형 기관이 없어지고 그다음에는 구부러진 꼬리가 없어진다. 이러한 특징은 우리의 진화과정 초기의 유물이다. 이런 것들은 발달과정의 초기 단계에 나타났다가 다음 단계에서 사라져버린다. 이러한 개념은 '개체의 발생은 모든 계통발생의 진화과정을 되풀이한다'는 학설에 잘 나타나 있다. 분명히 이와 비슷한 패턴이 꽃에서도 발견되고 있다. 그리고 그들은 그렇게 한다. 발달과정에서 많은 꽃들이 일련의 단계별로 세 개 또는 다섯 개의 작은 덩어리를 가지기 시작한다. 첫 번째 단계에서는 세 개 또는 다섯 개의 꽃받침 조각을, 그리고 두 번째로는 세 개 또는 다섯 개의 꽃잎을 생산해낸다. 다음 단계에서는 세 개 또는 다섯 개의 수술을 만들어냈고 이어서 세 개 또는 다섯 개의 배수체를 생산하기 위해 분열한다. 많은 살아있는 꽃들이 이런 형태로 발달하고 있는 것은 초기의 나선형 구조 또는 나선형 꽃의 기관이 손실되었다는 가설에 대한 증거를 제공하는 데는 실패했다. 더욱이 꽃의 발달과정에서 우리가 수많은 다양성을 발견할 수 있다는 사실은 꽃이 각각의 다른 계통들에서 서로 다른 방법으로 형성되었다는 주장을 가능하게 만든다. 그것은 꽃은 다

계통 발생이라는 것, 즉 단 하나의 조상의 형태로부터 유래된 것이 아니라는 것을 말하는 것이다. 이것은 속씨식물 내에서도 각각 다른 계통이 지금 우리가 꽃이라고 부르는 것을 만들어내는 다양한 방법을 발견했다는 것이다. 하지만 다계통 발생 가설이 속씨식물이 단일 계통이라는 주장에 정면으로 반대되는 것은 아니다.

우리가 언급한 다른 특성들은 속씨식물들은 서로 유착된 계통이었을 것이라는 사실을 증명하고 있으며 나아가서는 꽃을 피우는 식물의 서로 다른 계통들은 자신들의 꽃을 여러 가지 다양한 방법으로 서로 합쳤다는 것이 확실하다. 그렇다면 속씨식물의 조상들은 무엇이었으며 그들은 어디서부터 온 것일까?

꽃을 피우는 식물들은 어디서부터 왔을까?

찰스 다윈은 생물학자인 친구에게 보낸 편지에서, 꽃을 피우는 식물의 기원에 대해 '가증스러운 미스터리'라고 표현했다. 그리고 그로부터 150년이 지난 오늘날까지도 속씨식물의 기원은 아직도 심오한 수수께끼다. 식물 화석, 특히 미묘한 초본식물과 꽃들에 대한 화석은 아주 희귀하고 발견된 것의 질도 낮아서 우리는 아직까지도 꽃을 피우는 식물에 대한 조상의 계통을 확인하지 못하고 있다. 아주 최근의 DNA 연구결과도 문제가 많다. 각각 나름대로의 분석결과를 내놓았지만 서로가 초기 분열에 대한 각기 다른 형태를 제공하고 있다. 그리고 몇 년 단위로 새로운 '가장 기초적인 살아 있는 속씨식물'이 발표되었다. 흥미로운 것은 조류나 포유류의 기원을 연구하고 있는 동물학자들은 이러한 프로젝트에 자신들의 시간을 낭비하지 않는다는 사실이다. 그들은 오늘날까지 살아 있는 기초적인 조류나 포유류는 없다는 사실을 잘 알고 있다. 그러나 동물학자들은 실제로는 아주 좋은 이점을 가지고 있다. 척추동물들은 뼈를 가지고 있고 이들 동물의 뼈는 아주 풍부한 화석 기록을 남기고 있다. 비록 초기 조류와 포유류의 화석이 많이 발견되지는 않고 있지만 그들의 화석은 많은 정보를 담고 있다. 이들 화석으로부터 우리는 조류가 두 발로 걷던 조그만 육식공룡으로부터 진화되었다는 것을 알 수 있었다. 실제로 그들은 척추 안에 독특한 뼈를 서로 공유하고 있다. 그중에 우리 모두에게 친숙한 것 하나는 소위 창사골융합된 쇄골로부터이다. 포유류의 경우에는 2억 년 전에 포유류 비슷한 파충류로부터 유래했다는 것을 화석은 가르쳐주고 있다.

반면에 식물 화석은 아주 희귀하고 또한 있다 하더라도 정보를 많이 담고 있지 않기 때문에, 화석을 통한 연구보다는 살아 있는 식물 사이의 DNA 관계를 발견하는 데에 초점을 두고 많은 연구를 하고 있다. 이러한 DNA 관계에 대한 분석들은 지난 5천만 년 이전의 관계보다 최근의 관계를 찾아내는 데 아주 유용한 도움을 주었다. 그러나 현재 생존하는 식물의 DNA에 기초를 두고 초기의 꽃을 피우는 식물 계통의 구별에 대한 실마리를 풀어나간다는 것은 거의 불가능하다는 것이 밝혀졌다. 1억 년이란 시간은 유전자 코드가 혼합됨으로써 우연한 돌연변이가 출현하는 데는 충분한 시간이다. DNA의 배열이 복제, 손실, 변화가 반복되어왔기 때문에 그 흔적이 희미해질 수도 있어서 오래된 관계에 대한 역사적인 흔적을 추적하는 것은 대단히 어려운 일이다. 가장 초기의 속씨식물은 섬세한 초본식물이나 작은 떨기나무와 비슷한 것들이기 때문에 그들이 화석화될 확률은 아주 적다. 앞에서 언급했던 아르카이프룩투스는 낙엽이 지는 작은 반수생식물로서 아마도 진흙투성이의 호숫가의 환경에서 서식하기 때문에 예외적으로 보존되었던 것 같다.

그럼에도 불구하고 가장 최근의 DNA 연구결과는 꽃을 피우는 식물이 모든 종자식물의 자매종이라고 주장한다. 그것은 오늘날 존재하는 종자식물 중에서 꽃을 피우는 식물의 자매 혈통을 찾아낼 수 없다는 것을 말하는 것이다. 사실상 보다 더 심각한 문제는 종자식물은 그 자체가 단일계통이 아니라는 것이다. 종자식물이 몇 가지 계통에서 독립적으로 발전한 것으로 보인다는 주장이다. 그리고 속씨식물의 기원은 이들의 초기시대로 돌아갈 수도 있다는 것이다. 이것은 현재의 학설과는 반대되기 때문에 이러한 주장은 거의 한 세기 동안 특별한 주목을 받지는 못했다. 그러므로 이 문제를 해결하기 위해서는 명백한 '자매 혈통'이 없기 때문에 새로운 화석이 나타나기를 기다리거나 일부 예외적인 많은 정보를 가진 DNA 분석을 기다려야 할 것이다.

속씨식물의 분류

속씨식물은 전통적으로 배아에 의해 형성되는 첫 번째 잎이나 떡잎 또는 자엽에 기초를 두고 두 개의 커다란 무리로 나누어지고 있다. 그 두 개의 무리는 바로 쌍떡잎식물과 외떡잎식물이다. 300년 전에 처음 발견된 이 분류는 속씨식물을 분류하는데 아주 잘 적용되고 있다.[8]

외떡잎식물은 배아 속에 단 하나의 떡잎을 가지고 있으며 그 잎의 측면에 생장점을 가지고 있다. 이러한 식물에는 백합, 사초, 초본식물, 난초, 토란, 바나나, 야자 등의 종들이 있다. 많은 외떡잎식물들은 좁은 잎을 가지고 있고 평행맥을 가지고 있다. 비교적 넓은 잎과 잎자루 또는 그물맥을 가진 식물은 거의 없다. 근본적으로 외떡잎식물은 야생 백합에서 보는 바와 같이 세 개의 윤생체 속에 꽃의 각 기관들이 배열되어 있다. 외떡잎식물 중에는 나무 종류는 거의 없다. 그리고 우리가 야자나 판단나무에서 볼 수 있듯이 그들은 줄기 안에 특이한 목질 구조를 갖는 경향이 있다. 단지 소수의 종만이 매년 그 두께가 굵어지는 관다발 구조를 가지고 있다. 관다발 구조는 대부분의 쌍떡잎식물들이 가지고 있는 구조다. 외떡잎식물은 가지를 많이 치지 않는다. 야자나무 줄기는 거의 가지를 가지고 있지 않으며 하나로 깊이 뻗는 곧은뿌리직근 대신 섬유같이 생긴 많은 잔뿌리를 가지고 있다. 비록 이들이 난초과와 초본식물과라는 커다란 두 개의 다른 과를 가지고 있긴 하지만 꽃을 피우는 식물 종 중에서 20퍼센트 정도만 차지하고 있다. 외떡잎식물은 식물의 종의 측면에서 그 숫자가 적긴

하지만 식물원 온실이나 집안을 장식하는 데 있어서는 아주 두드러진다. 큰 잎을 가진 바나나와 토란은 열대지방의 식물이 어떤 모양을 하고 있는지 짐작케 하는 첫인상을 제공한다. 키가 크고 가느다란 야자수는 우아하고 멋진 잎을 가지고 있다. 백합과의 많은 친척 종들은 전 지구의 표면에 흩어져 자라고 있고, 놀랄 만큼 다양한 난초의 꽃들은 바구니에 넣어서 걸어놓거나 나무줄기 위에 올라앉아 꽃을 피운다. 식물원 온실에서도 사람들은 특별한 경험을 위해 이들 난초과의 식물들을 자주 찾는다. 온대 지역의 자연환경에서 우리가 흔히 볼 수 있는 식물과는 아주 다르기 때문이다.

쌍떡잎식물은 그들의 배아로부터 나오는 쌍을 이루는 두 개의 떡잎을 가지고 있다. 이들 두 개의 떡잎은 서로 다른 방향으로 자라고 생장점은 떡잎 사이에 있다. 대부분의 속씨식물은 쌍떡잎식물이다. 북반구 삼림지대에서 꽃을 피우는 나무들과 떨기나무 덤불들, 열대지방의 대부분의 식물, 그리고 많은 초본식물들이 여기에 포함된다. 지구상의 가장 흔하고 중요한 꽃을 피우는 식물의 종류들, 예를 들어 콩과와 커피과의 식물들은 모두 쌍떡잎식물들이다. 대부분의 쌍떡잎식물의 나무들은 매년 둥치의 부름켜가 팽창됨에 따라 두께가 굵어진다이 부름켜는 줄기 주위에 추가적인 새로운 조직을 생산하도록 분열하는 튜브 모양의 분열조직이다. 거의 모든 쌍떡잎식물은 가느다란 잎자루에서 나온 넓은 잎을 가지고 있다. 그리고 잎사귀들은 그물형 잎맥을 가지고 있다. 쌍떡잎식물은 그것들이 나무든, 떨기나무든, 또는 회전초든 관계없이 많은 가지를 가지고 있다. 그들의 꽃들도 엄청난 다양성을 가지고 있지만, 우리가 앞에서 야생 제라늄과 야생 장미에서 보았듯이 대부분은 다섯 개 또는 5의 배수의 꽃의 기관을 가지고 있다.

이 두 가지 분류, 즉 외떡잎식물과 쌍떡잎식물은 꽃식물문또는 속씨식물문이나 목련문이라고 부르기도 한다을 비롯한 여러 다른 문과 함께 식물류를 구성한다. 그러나 최근 들어 전통적인 꽃을 피우는 식물의 분류법에 새로운 극적인 변화가 진행되고 있다. 이들 변화들은 보다 광범위한 꽃을 피우는 식물의 분류법이 현재 검토되고 있음을 시사하는 것이다.

식물학자들이 지금까지의 공식적인 분류법에 대한 문제점을 인식하기 시작했다. 대부분의 쌍떡잎식물이 삼구꽃가루립tricolpate pollen, 세 개의 홈을 가진을 가지고 있고, 소수의 쌍떡잎식물만이 단구꽃가루립하나의 홈이 있는과 단구형의 형태로부터 발전된 꽃가루를 가지고 있다. 대부분의 식물학자들은 지금 이것이 쌍떡잎식물이냐 외떡잎식물이냐 하는 배아 속에서의 떡잎 숫자의 차이보다 명확한 차이를 나타내고 있다고 믿는다. 화석을 통해서 보면 삼구꽃가루립은 단구꽃가루립보다 훨씬 뒤에 나타난다. 이에 추가하여 단구꽃가루립의 식물들은 원시적인 나무 골격을 가지고 있다는 것이 판명되었으며, 몇몇 종류는 많은 나선형 기관을 가진 고대 목련 모양의 꽃을 가지고 있기도 하다. 분명히 이들 종족들은 가장 오래된 살아 있는 속씨식물인 것으로 보인다. 이러한 식물들의 대부분은 나무 모양을 하고 있으며 현재 존재하는 속씨식물이 아닌 종자식물의 거의 대부분이 나무라는 사실을 이유로 '나무 모양의 목련'과 그들의 친척 종들이 가장 초기에 살았던 꽃을 피우는 식물의 자손들이라고 생각하고 있다.

그러므로 비록 속씨식물이 200년 전부터 외떡잎식물과 쌍떡잎식물의 두 개의 주요 집단으로 분류되고 있지만 이 분류가 더 이상 이렇게 간단한 형태로 이루어져서는 안 된다. 떡잎의 수가 아닌 꽃가루의 차이점에 따른 새로운 속씨식물 분류방법이 필요하다. 이러한 사실을 지지하고 있는 또 다른 증거는 DNA의 유사성들이다. 속씨식물은 현재 다른 초기 파생종들과 함께 목련속의 기본집단으로 분류되고 있으며, 여기에는 외떡잎식물도 포함되어 있다. 이러한 식물들은 모두가 하나의 홈을 가진 단구꽃가루립, 또는 이러한 초기 형태로부터 파생된 꽃가루를 가지고 있다. 보다 현대적인 세 개의 홈을 지닌 꽃가루를 가지고 있는 식물은 없다. 또한 대부분은 세 개의 부분으로 나뉜 꽃이나 다양한 숫자의 윤생체를 가진 꽃을 가지고 있다. 이와는 대조적으로 '진보된 쌍떡잎식물진정쌍자엽식물'은 보다 현대적인 세 개의 홈을 가진 꽃가루립삼구꽃가루립과 이로부터 파생된 종류를 가짐으로써 그 특징을 나타내고 있다. 이러한 분류에 대해 아주 좋은 점은 화석의 기록이 우리에게 삼구꽃가루립이 처음으로 나타난 것이 1억 년 이전이었다는 것을 알려주고 있고, 그래서 초기 속씨식물의 진화에 대한 하나의 명백한 자료로 이용되고 있다. 그러므로 꽃을 피우는 식물에 대한 이 새로운 분류법 '이것이 가장 고대의 계통들이며 더 현대적인 삼구꽃가루립을 가진 식물은 없다'는 믿음과 함께 시작되었다.

이러한 광범위한 윤곽 내부에서 DNA 기본-짝세포의 순서는 식물의 종류들을 서로 연계시키고 그동안 분류하기 어려웠던 종들의 위치를 분류하는데 특별히 도움을 주는 '유전자 계통수'를 제공해 왔다. 이러한 DNA 연구는 또한 기초적인 살아 있는 계통에 관한 공감대를 제공하고 있다. 암보렐라 트리코포다Amborella trichopoda는 작은 떨기나무로서 오직 남서 태평양에 있는 뉴칼레도니아 섬에만 살아가고 있으며 현재는 고대의 속씨식물 종족을 대표하는 유일한 살아 있는 꽃이라고 추측된다. 그러나 수련수련목과 후추와 그 친척종후추목, 월계수녹나무목, 목련과 그 친척종목련목, 외떡잎식물, 그리고 몇 가지 다른 무리의 식물들도 또한 초기 속씨식물의 다양화 소산물의 일부들이다. 이 초기의 역사를 풀어나가기 위해 노력하는 것, 오늘날 살아 있는 식물을 유전자 내부의 DNA 순서로부터 완전하게 풀어나가는 것은 아주 어려운 과업이다. 나는 초기 속씨식물의 다양화에 대한 현재의 우리의 이해가 아주 제한되고 보다 더 명확한 화석의 증거가 필요하다는 것을 믿고 있다.[9]

분명히 우리는 다윈의 가증스러운 미스터리를 완전히 풀지는 못하고 있다. 따라서 우리는 아직까지도 속씨식물의 조상을 파악할 수 없다. 심지어는 그 자매집단에서조차도 마찬가지다. 자매집단과는 아마도 1억 5,000만 년 전에 분리되었을 것이고 초기의 가까운 친척들은 오래전에 사라져버렸다. 꽃을 피우는 식물은 자연적이고 분명히 한계가 정해진 집단이라는 것을 확신할 수 있다. 그러나 이제는 그 복잡한 구분과 분류는 잠시 잊어버리고 더 중요한 질문을 던질 때가 되었다.

"어떻게 해서 그들은 진화와 발전에 성공할 수 있었을까?"

6

flower

무엇이 꽃을 피우는 식물을 특별하게 만들었을까?

지구 표면 중에서 식물이 자라고 있는 서식지를 조사해보면 우리는 꽃을 피우는 식물이 아주 월등하게 많다는 것을 알 수가 있다. 그러나 만약, 화석의 기록을 세밀하게 분석하고 검토해본다면, 꽃을 피우는 식물이 지구의 역사에서 비교적 최근에 일어난 혁신이라는 것을 알 수가 있다. 약 3억 년 전부터 많은 양의 석탄 퇴적층을 만들어온 넓은 습지의 삼림지대 화석에서는 식물에 대한 아무런 기록도 발견할 수 없다. 마찬가지로 약 2억 년 전에 소철류와 침엽수들이 대지를 뒤덮고 있었을 때 역시 지구상에 꽃을 피우는 식물이 존재했다는 증거는 발견되지 않았다. 약 1억 2,000만 년 전쯤에야 속씨식물의 화석이라고 생각되는 화석이 등장한다. 이 시기에 속씨식물이 지구상에 자신의 존재를 널리 알리기 시작했다는 사실이 증명된 것이다. 이 시기는 바로 공룡시대였다. 6,500만 년 전에 일어났던 대멸종은 지구상에서 공룡과 다른 생명체를 모두 멸절시켰지만 꽃을 피우는 식물에는 그다지 큰 영향을 미치지 못했다. 그 시기부터 속씨식물의 번성은 계속되어왔다.

몇 년 전에 고식물학자인 노먼 휴스Norman Hughes, 1952~는 지난 3억 년 동안 지구상에 일어났던 관다발을 가진 식물 종의 증가에 대해 연구한 책을 시리즈로 발표했다.[1] 관다발을 가진 식물에는 꽃을 피우는 식물과 침엽수, 소철류, 양치식물과 양치식물의 친척 종들이 모두 포함되어 있다는 것을 독자 여러분은 기억하고 있을 것이다. 이들처럼 크기가 큰 관다발을 가진 대형 식물의 등장으로 좀더 복잡한 구조를 가진 식물을 출현하게 만들었고 자신들 스스로가 육상식물의 가장 중요한 에너지 재료가 되었다. 관다발을 가진 식물은 전 세계 지상식물의 식물군락을 만들어내는 데 중요한 역할을 수행했다. 휴스는 3억 년 전 석탄기에는 전 지구상에 살고 있던 이들 관다발식물이 불과 500종 이상을 넘지 않았으며, 1억 5,000만 년 전까지도 지구상의 식물은 3,000종 정도였다고 주장한다. 그리고 6,500만 년 전의 크레타기 말기에는 2만 5,000종으로 늘어났다고 평가하고 있다. 하지만 오늘날 지구상에는 약 27만 5,000종의 관다발을 가진 식물들이 살고 있으며 그중에 26만 종약 94.5퍼센트이 꽃을 피우는 식물이다. 이것이야말로 얼마나 놀라운 증가인가!

만약 휴스가 추정한 위의 예측이 실제와 유사하다면 이 사실들은 과거, 특히 지난 1억 5,000만 년 동안에 이 지구상의 식물이 엄청나게 다양화됐고, 그 숫자 또한 기하급수적으로 증가해온 것을 확인할 수 있다. 비록 이 기간 동안 양치식물도 상당히 증가하긴 했지만, 이러한 최근에 발생한 식물 종의 다양성과 개체 수의 놀라운 증가는 거의 모두가 꽃을 피우는 식물로 인하여 발생한 것이다. 오늘날 지구상에 존재하고 있는 관다발 식물에 이끼류와 우산이끼류관다발을 가진 식물이 아닌 식물를 더한다면, 전 지구상에 살고 있는 모든 육상식물의 총계는 거의 30만 종에 달하는 것으로 평가되고 있다. 이 중에 꽃을 피우는 식물은 거의 87퍼센트에 이른다. 이는 참으로 놀랄 만한 숫자인 것이다. 그렇다면 꽃을 피우는 식물의 그 무엇이 이들을 그렇게 성공적으로 만들었을까? 늘 그렇듯이 생물학적 의문에 간단한 해답은 존재하지 않는다. 의심의 여지가 없이 속씨식물의 성공에는 수많은 이유들이 있다. 그중에서 가장 명백한 것은 성장 형태의 다양성이다.

꽃을 피우는 식물의 크기와 생활양식은 왜 다양한 것일까?

우선 동물과 식물을 비교해보자. 만약에 독자 여러분들이 무언가 먹을거리를 찾아서 여기저기를 돌아다녀야 한다면 앞입과 뒤항문를 가지고 있다는 것이 얼마나 좋은가를 알 수가 있다. 대부분의 동물들은 이와 같이 입과 항문을 가지고 있다. 동물들은 먹을거리를 찾아내야 하기 때문에 자신의 몸의 형태를 전방을 향하도록 수평의 형태로 발전시켰다. 이러한 신체 구조는 대부분의 감각기관을 전방으로 향하도록 만들었다. 감각 기관이 전방에 위치해야 동물이 먹을거리를 찾아내기 쉽기 때문이다. 하지만 식물들은 땅속에 뿌리를 내리고 빛을 찾아 몸을 뻗치고 있어서 움직이지 못하는 까닭에, 그 신체 구조가 동물과는 확연이 다르다. 식물의 신체 구조의 축은 동물과 같은 앞뒤의 수평 구조를 이루고 있지 않고 위아래로 이어지는 수직 형태로 이루어져 있다. 이러한 식물의 신체 구조는 꼭대기는 잎사귀들이 빛을 채집할 수 있도록 높이 올라가는 것이 필요하고, 뿌리는 물과 영양분을 빨아올릴 수 있도록 단단한 기초를 제공할 수 있는 기저부가 되어야 하기 때문이다. 이 때문에 대부분의 식물이 꼭대기에서는 공중으로 넓게 가지를 펼치고 있고 아랫부분에는 정교하게 퍼져 있는 뿌리를 가지고 있는 양극단으로 이루어져 있는 것이다.

이런 구조를 가지고 있기 때문에 식물은 두 개의 서로 다른 세계에서 효과적으로 살고 있다. 식물들의 꼭대기는 건조한 바람이 불며 넓고 햇빛이 잘 비치는 환경에서 살아가고 있고, 반면에 그들의 아랫부분은 흙과 바위로 이루어진 어둡고 복잡한 세상에서 살아가고 있다. 식물은 비록 겉으로 보기에는 움직이지 않는 것처럼 보이지만 실제로는 아주 활발한 활동을 하고 있다. 잎사귀는 바람에 흔들리면서 이산화탄소를 흡수하고 수증기와 산소를 방출한다. 동시에 뿌리는 지속적으로 자라면서 흙속으로 파고들어 미네랄을 빨아들이고 잎으로부터 방출되는 수분을 보충한다.

이러한 생존을 위한 특징들은 본질적으로 작은 양치식물로부터 거대한 세콰이어나무까지 모든 지상 식물들의 특성을 결정해준다. 식물은 나무라는 형태를 발명함으로써 비로소 크게 자라고 높게 자랄 수가 있었다. 지난 3억 년 동안 수많은 식물의 종류들은 어떻게 해야 나무라는 형태를 만들어내는지를 배워왔다. 여기서 말하는 나무들은 화석 속에 기록을 남기고 있는 석송류식물, 쇠뜨기, 나무 고사리 등 대부분의 겉씨식물이 포함된다. 하지만 꽃을 피우는 식물들은 거대한 나무뿐만 아니라 작은 부유식물과 짧은 수명을 가진 사막의 하루살이 풀들도 만들어냈다.

그렇다면 왜 이들 꽃을 피우는 식물은 어느 다른 생물 종들이 만들어낸 것보다 훨씬 더 광범위한 크기와 생활양식을 만들어낸 것일까? 여기서 '생활양식'이란 의미는 식물이 어떻게 그들의 삶을 살아가는가 하는 것을 의미한다. 이러한 생활양식은 수명이 짧은 사막의 풀들이나, 북쪽 툰드라 지방의 떨기나무들이나, 일정한 계절에만 호수에 자라는 수련이나, 또는 오랫동안 자라는 열대우림의 나무들과 같은 모든 식물의 종을 포함한다. 이끼 크기의 기생식물에서부터 통 모양을 한 선인장, 작은 허브, 그리고 거대한 삼림지대의 나무 등 모든 식물들을 아우를 수 있는 분류상 집단은 꽃을 피우는 식물 말고는 없다.[2] 그렇다면 어떻게 꽃을 피우는 식물들은 이러한 종의 다양성과 개체 수의 증가라는 위업을 달성할 수 있었을까?

이 질문에 대답하기 위해 우리는 중복수정에 대한 설명을 먼저 해야 할 필요가 있다. 중복수정은 꽃을 피우는 식물의 독특한 특징의 하나다. 그리고 아주 특별한 중요성을 지니고 있다. 씨방은 씨앗을 가지는 식물의 수정이 이루어지는 곳으로 배아가 자라나게 되는 곳이다. 씨방은 자라나면서 씨앗이 되거나 크기가 커져서 영양분을 간직하는 저장소, 혹은 아주 큰 배아가 된다. 그러나 씨를 만들어내기 위해서는 많은 에너지를 필요로 한다. 그리고 이것이 속씨식물이 다른 식물과 달라지는 기점이다. 중복수정은 수정이 일어난 바로 직후 씨앗 내부에 영양분내배유 또는 배젖, endosperm을 만들어내기 시작한다.

이것은 대부분의 겉씨식물에서는 일어나지 않는 현상이다. 이들 겉씨식물의 씨앗들은 수정이 일어나기 전에 영양분 저장과 함께 씨앗의 형태를 갖춘다. 똑똑한 일은 아니다! 만약에 수정이 이루어지지 못하면 이 식물들은 에너지가 가득하지만 새싹을 틔우지 못하는 씨만을 생산하게 되기 때문이다. 그리고 예측불가능한 생태환경에서는 실제로 이러한 경우가 자주 발생하고 있다. 이것은 엄청난 에너지의 낭비다. 여기서 우리는 '작은 허브와 조그만 떨기나무들이 생명을 지닌 씨앗을 가진 모든 식물 중에서 왜 유독 꽃을 피우는 식물에 포함될까'에 대한 근본적인 원인을 발견할 수 있다. 대형 나무들에게는 이런 수정되지 않는 씨앗을 생산하는 것이 그런대로 견딜 만한 에너지 소비일지 몰라도 작은 식물들에게는 견딜 수 없는 부담이 되기 때문이다.

꽃을 피우는 식물들은 중복수정 덕택에 지금까지 살아 있는 다른 어떤 종자식물보다 더 다양한 성장 형태를 만들어낼 수 있었던 것이다. 내배유 생산을 수정과 직접 연결시킴으로써 꽃을 피우는 식물은 단지 수정이 이루어진 씨앗을 위해서만 에너지가 충만한 배젖을 생산할 수가 있는 것이다. 겉씨식물과는 달리 건강한 꽃을 피우는 식물은 싹을 틔울 수 없는 씨앗은 생산하지 않는다. 어둡고 그늘진 숲 바닥에서 자라는 작은 허브들에게서나 또는 비가 오는 짧은 기간 동안에 꽃을 피우고 열매를 맺는 사막의 떨기나무에서나 에너지는 낭비되어서는 안 되는 것이다. 중복수정은 꽃을 피우는 식물로 하여금 그들이 살아가는 가장 중요한 목적인 번식활동을 보다 효율적으로 수행할 수 있도록 만들어준다.[3]

꽃을 피우는 식물의 다양한 구조

꽃을 피우는 식물이 그 자신의 신체구조를 다양하게 만들 수 있는 것은 스스로 가지고 있는 많은 특성들 덕분이다. 그중 하나는 그들이 성장을 통제하는 유전자를 더 많이 가지고 있다는 것이다. 꽃을 피우는 식물들은 이끼류나 양치식물이나 심지어는 겉씨식물보다 진화를 위한 유전자를 더 많이 가지고 있다. 이들 유전자는 자신들이 가지고 있는 것들을 한데 모아서 꽃이라는 하나의 복잡한 사물을 만드는 데 필요한 명령을 수반하고 있다. 그리고 스페인 이끼로부터 바오밥나무, 돌능금풀에 이르기까지 모든 식물을 정리하고 분류하고 배열하는 데 도움을 준다. 또한 꽃을 피우는 식물은 다른 어떤 식물들보다 더 많은 세포의 다양성을 가지고 있다. 예를 들면 꽃을 피우는 식물들 중에서 대단히 많은 종들이 빽빽한 털을 가지고 있다. 털을 가지고 있는 것은 다른 식물 종에게는 거의 나타나지 않는 꽃을 피우는 식물만의 특징이다. 그리고 우리가 앞에서 설명한 바와 같이 이 털들은 곤충이 자신들을 갉아 먹지 못하도록 억제하는 데 대단히 유용하다. 털이 난 것은 또 다른 쓸모가 있다. 고지대의 열대 산악지형에서는 줄기와 잎사귀들을 춥고 긴 밤 동안 추위에 직접 노출되지 않도록 하여 방한기능을 한다. 그리고 사막에서는 이른 아침 이슬을 잡아놓는 하나의 방법이기도 하다.

그러나 식물은 동물에 비해서 세포의 형태나 조직 시스템의 종류가 적다. 심지어는 꽃을 피우는 식물도 동물에 비하면 세포의 형태나 조직을 구성하는 시스템의 종류가 아주 적다. 그리고 또 하나 식물과 동물을 구분해주는 기본적인 구별법이 있다. 식물의 세포는 단단한 셀룰로오스 벽을 가지고 있고 동물의 세포는 얇은 막을 가지고 있다는 점이 서로 다르다. 동물의 세포는 초기 진화 기간 동안 주르르 미끄러지며 돌아다니고 동물의 한 부위에서 다른 부분으로 이동할 수 있을 뿐만 아니라 성장과 진화의 과정이 이루어지는 기간 동안 쉽게 자신을 분해할 수 있다.

사람이 태어나기 전 태아의 손가락은 손가락 사이에 물갈퀴를 가지고 있다. 그리고 이 조직은 우리의 손가락이 더 진화되면서 퇴화되어버린다. 이와는 다르게 식물의 세포는 커다란 식물의 둥치를 만들기 위해 각각의 자기 자리에 풀로 붙여놓은 작은 벽돌 모양을 하고 있다. 한번 그 자리에 붙으면 평생 그 자리에 머문다. 이들 세포들은 동물을 만들어내는 세포들처럼 유연하거나 융통성을 갖지 못한다. 하지만 강하고 사용하기가 좋다. 이것이 식물의 모양이 외형적으로나 내면적으로 동물의 모양과 부분들보다 훨씬 제한되는 이유다 왜냐하면 식물의 세포들이 한군데 고정되어 있기 때문에 식물세포는 동물이나 인간의 암세포처럼 온몸에 퍼지기 위해 성장하지 않는다.

꽃을 피우는 식물은 다른 식물보다 더 많은 세포 형태를 가지고 있을 뿐만 아니라, 그들은 또한 이끼류나 겉씨식물보다 훨씬 더 다양한 구조적 형태를 만들어낸다. 속씨식물은 양치식물과 같은 모양의 초본식물과 겉씨식물과 같은 목본식물을 포함하고 있을 뿐 아니라 작은 통 모양을 하고 있는 선인장, 넓게 퍼진 가지를 가진 나무, 단 하나의 줄기만을 가진 야자수, 여러 개의 줄기를 가진 회전초, 그리고 양배추와 같은 모양의 식물들도 모두 포함한다. 야자나무의 줄기가 성장하는 모습과 해부학적 구조는 떡갈나무나 마호가니나무가 성장하는 모습이나 해부학적 구조와는 전혀 다르다. 이와 마찬가지로 발산나무로 이루어진 듬성듬성한 숲은 장미나무나 호두나무로 이루어진 빽빽한 숲과는 아주 다르다. 아카시아로부터 떡갈나무까지의 다양한 속씨식물 나무는 대부분 침엽수가 줄기를 키우는 방법과 같은 방법으로 자신들의 나무둥치를 키운다. 이들은 부름켜형성층, 캄비움라고 부르는 성장조직을 통해 성장한다. 튜브 모양의 부름켜는 우리가 앞에서 언급했던 바와 같이 내부와 외부에 새로운 세포를 추가함으로써 나무둥치를 매년 조금씩 두껍게 만들어가는 것이다. 부름켜는 두 가지를 만들어낸다. 첫째는 무거운 무게와 스트레스를 견딜 수 있도록 더 큰 나무둥치를 만들고, 둘째로는 증가하는 잎과 줄기의 부담을 유지할 수 있도록 맥관구조를 만들어낸다. 왜냐하면 나무둥치는 그 둘레를 두껍게 하면서 자라기 때문에 나무둥치 안에 있는 성장층비늘 모양의 성장세포은 금방 새로운 성장부분으로 자라나기 때문이다. 그리고 성장층은 항상 조직의 맨 끝에 위치하는 자신의 자리를 고수하고 있기 때문에 나무의 꼭대기처럼 계속해서 위쪽으로 자라고 있다.

꽃을 피우는 식물들은 그들의 생장점을 이용해 다른 식물들은 따라하지 못하는 일을 할 수가 있다. 식물이 생명의 궤도가 시작되는 배아의 끝이나 생장점의 끄트머리에 있는 아주 작은 원시세포로부터 자라기 시작하고 있다는 사실을 상기해보라. 이러한 생장점은 더 작은 돌기를 만들고 이 돌기는 세 개의 부분으로 이루어진 잎사귀나 다섯 개의 부분으로 이루어진 꽃을 만들어낸다. 이들 원시세포는 꽃과는 별도로 장미꽃처럼 다섯 개의 꽃잎이나 난꽃처럼 여섯 개의 화피 조각을 만들어내기도 한다. 다른 꽃에서는 원시세포가 협죽초나 협죽도과의 식물에서와 같이 긴 꽃부리관을 만들기 위해 고리 모양으로 결합된다. 그러고는 꽃부리관 끝에 다섯 개의 따로 떨어진 꽃잎을 만들어낸다. 앞에서 언급한 바와 같이 씨방의 벽은 각각 다른 종류의 꽃을 피우는 식물이 폭넓은 종류의 열매 형태를 만들어낼 수 있도록 환상적으로 다양하게 변해간다. 어떤 다른 식물 종들도 이렇게 풍요로운 성장 패턴의 다양성을 보유하고 있지 못하다.

꽃을 피우는 식물의 잎사귀들 역시 아주 다양한 형태를 보여준다. 초본식물의 잎사귀들은 평행선 모양의 좁은 잎맥을 가지고 있으며 풀잎의 기저부로부터 자라난다. 그것이 우리가 계속해서 잔디를 깎아야만 하는 이유이고, 가축들이 풀잎을 계속 뜯어 먹을 수 있는 이유다. 목본식물들의 잎사귀들은 얇은 녹색의 조직을 가지고 있으며 넓은 이파리에 골고루 퍼져나가는 모양의 잎맥그물맥을 가지고 있다.

일부 수생식물들은 물에 떠 있는 둥그런 모양의 잎을 가지고 있다. 반면에 물속에서 자라는 식물들은 가늘고 미세하게 갈라진 잎을 가지고 있다. 우림지대에 살고 있는 나무들의 잎은 계속해서 떨어지는 빗방울이 빨리 빠져나갈 수 있도록 좁은 타원형을 하고 있다. 이러한 다양한 잎의 모양은 성장 형태의 융통성을 요구하고 있고, 이것에 대해서도 속씨식물은 탁월한 능력을 보여준다.

여기에 더하여 꽃을 피우는 식물들은 비교적 빠르게 성장할 수 있다. 이 사실은 우기가 짧은 사막 지역에서는 대단히 중요하다. 그리고 열대우림지대에서도 역시 중요하다. 만약에 어떤 식물이 빠르게 자라지 않으면 다른 식물이 그보다 더 빨리 자라 햇빛과 에너지를 빼앗아버린다. 빠른 성장과 고도의 추월 비율이 열대 상록수림의 특징이다. 이런 방법을 통해 속씨식물 종들은 다른 씨앗 식물 종보다 더 빨리 자신들의 개체 수를 만들어낸다. 양치식물도 또한 이러한 축축한 열대우림지대에 사는 대표적인 식물이다. 그러나 이들은 씨앗으로 번식하는 식물이 아니라는 사실을 기억해야 한다. 열대 지역에서나 고산지대 같은 아주 특별한 환경 아래서는 겉씨식물이 지배적이다. 겉씨식물은 일부 온대지방의 삼림지대에도 번성하고 있다 태평양 북서부 지역, 미국 서부 고지대, 미국 남동부 늪지대 등. 침엽수는 아주 춥고 짧은 계절 동안 북풍이 부는 숲에서 잘 적응하는 나무다. 이러한 지역에는 북부 캐나다, 러시아, 알래스카 등이 속한다. 그럼에도 불구하고 이러한 숲 속의 하층구조와 이들 추운 기후 지역에 있는 식물군은 대부분 꽃을 피우는 식물로 이루어져 있다.

낙엽은 왜 떨어질까?

우리가 흔히 접할 수 있는 꽃 피는 나무들이 가지고 있는 특성 중 하나는 분명히 그들의 똑똑한 적응력이다. 잎은 매년 낙엽이 되어 떨어진다. 매년 가을마다 이들 낙엽들을 청소해야 하는 사람들에게는 썩 달가운 이야기는 아닐 것이다. 그러나 길고 혹독한 겨울이든, 뜨거운 건기든 간에 쉽게 버릴 수 있는낙엽이 지는 잎을 가지고 있다는 것은 중요한 진화적 혁신이라 할 수 있다. 은행나무와 낙엽송, 그리고 다른 유사한 종들이 이러한 잎을 가지고 있는 것은 꽃을 피우는 식물들이 강력한 계절적 환경에서 살아남게 하는 중요한 역할을 했다.

버릴 잎은 해마다 다시 만들어야 하기 때문에 만드는 데 에너지가 덜 소요되는 것이어야 한다. 잎은 두 가지 중요한 특징을 가지고 있어야 하는데 첫째는 태양빛의 흡수를 최대화하기 위해 넓은 표면을 가지고 있어야 한다는 것이고, 둘째는 만드는 비용이 적고 빨리 만들 수 있어야 한다는 것이다. 잎을 만드는 데 비용이 적게 들기 위해서는 잎이 얇아야 하지만 그럼에도 불구하고 매서운 바람에도 잘 견딜 수 있도록 강해야 한다. 서로 연결된 잎맥 시스템은 강력한 기계적인 버팀목과 물과 영양분을 잎사귀 전체로 보내는 수관다발의 역할을 해야 하며, 넓은 잎은 또한 길고 유연한 잎자루를 가지고 있어야만 한다.

가늘지만 강력한 잎자루는 여러 가지 중요한 역할을 수행한다. 잎자루의 강력함과 유연함은 잎사귀로 하여금 강한 바람이 불어오면 몸을 비틀고 돌릴 수 있도록 해주고 잎사귀가 찢겨져 날아갈 위험을 감소시켜준다. 식물의 잎자루는 또한 잎의 표면을 태양을 향해 최대한 노출시키는 기능을 수행한다. 초원지대에서 자라는 식물들의 잎자루는 이른 아침의 태양빛을 잡기 위해서 잎을 수직으로 고정시켜야 하고 나무들의 잎자루는 잎을 수평으로 고정시키는 기능을 수행해야 한다. 물론 잎자루는 물과 토양 속의 영양분이 잎으로 들어가고 광합성으로 생산한 것들이 잎에서 가지로 이동하게 하는 관다발 역할도 수행해야만 한다. 실제로 잎이 지기 전에 식물은 반드시 잎으로부터 탄수화물, 단백질, 지방 등 중요한 성분들을 가능한 한 최대한 수거해야 한다. 이것이 많은 잎들이 떨어지기 전 색깔이 변하는 이유다. 마지막으로, 잎자루는 반드시 잎사귀가 쉽게 떨어져나갈 수 있도록 기저부 절단층을 준비해야 한다. 죽어가면서, 말라가면서, 그리고 떨어져나가면서 이들 절단층은 잎사귀가 떨어질 때 줄기의 껍질이 같이 떨어져나가지 않도록 보호해준다어떤 야자나무는 이러한 것을 알아내지 못하고 그들의 나무둥치는 부러진 잎사귀의 두꺼운 기저부분이 오랫동안 줄기를 덮고 있다. 이 한 번 쓰고 쉽게 버릴 수 있는 잎자루와 잎은 속씨식물에게 중요한 혁신이며, 약 1억 년 이전에 최초로 화석의 기록으로 나타나 있다.

그러나 앞에서 언급한 바와 같이, 꽃을 피우는 식물이 수적으로 소수인 서식지도 있다. 이들 서식지는 춥고 매서운 바람이 부는 북쪽 지방과 높은 산악지대다. 이 지역에서는 많은 침엽수들이 성공적으로 그리고 지배적으로 서식하고 있다. 혹독하게 추운 날씨가 6개월 이상 지속되고 있는 것도 문제지만 얼음과 눈이 더 심각한 위험을 초래하고 있다. 침엽수는 가느다란 바늘 모양의 잎사귀와 좁고 원뿔형의 성장 형태크리스마스트리를 떠올리면 쉽게 이해가 갈 것이다를 가지므로 여기에 적응했다. 이러한 성장 형태에서는 나무 아랫부분에 있는 가지가 무거운 눈이나 얼음으로 처져 내리고 있는 윗부분의 가지를 지지할 수 있다.

꽃을 피우는 식물은 침엽수처럼 가지를 이용하는 방법을 만들어 내지는 않는다. 꽃을 피우는 식물은 보다 햇빛이 많이 쏟아지는 지역을 찾아서 자신들의 윗부분에 있는 가지를 넓게 펼치는 방법을 택한다. 그들은 위에서부터 햇빛이 쏟아져 내려오는 숲 속 내부에서 높이, 그리고 곧게 자란다. 열대지방으로부터 발원한 속씨식물들이라서 북쪽 지방의 소나무나 가문비나무, 전나무, 그리고 북미산 솔송나무처럼 가늘고 높이 자라지는 못한다. 그러므로 추운 지방에서는 잘 자랄 수 없다. 그러나 추위가 덜한 온대지방과 따뜻한 열대성 기후에서는 '비용이 적게 먹히는' 낙엽들이 제 역할을 하고 있다. 나뭇잎을 떨어뜨림으로써 증발을 통한 수분의 손실을 감소시키기 때문에 뜨거운 지역과 서늘한 지역에서 이점을 갖는다. 추운 겨울 동안 뿌리들은 물을 빨아올릴 수가 없기 때문에 넓은 잎사귀로부터 증발되는 수분과 균형을 맞출 수가 없다. 그러므로 최선의 방책은 그런 잎사귀를 없애버리는 것이다. 이와 마찬가지로, 뜨거운 기후에서는 건기가 시작되는 시기에 잎사귀를 떨어뜨림으로써 건조한 기간 식물의 수분 손실을 막고 있다. 비가 오는 기간이 짧은 따뜻한 지역에서는 잎사귀가 보통 10센티미터 길이, 5센티미터 폭 이내로 자라난다. 일부 열대지방의 잎사귀들은 아카시아나무와 같이 1~2센티미터 정도로 작게 자라기도 한다. 여기에는 작은 잎사귀들이 가느다란 축에서부터 피어 나온다. 이 가느다란 축은 실제로 하나의 커다란 갈라진 잎사귀의 한 부분이다자루 부분에 절단층을 가지고 있다. 넓은 의미의 '잎의 복합체'로부터 피어난 이러한 작은 잎사귀들은 최소한의 투자를 통해 최대한의 햇빛을 흡수할 수 있다. 이러한 모든 것들은 왕관 모양으로 넓게 펼쳐진 나뭇가지와 더불어 우리에게 아프리카 사바나 초원의 특징을 나타내주고 있다. 분명한 것은 계절적으로 건조한 열대지방과 혹한의 기온을 가진 지역에서는 낙엽이 지는 잎들이 꽃을 피우는 식물의 성공에 많은 기여를 해왔다는 사실이다.

무엇이 초본식물을 특별하게 만들었을까?

초본식물들은 낙엽이 지는 나무의 잎사귀들처럼 인상적인 모습을 보여주지는 않지만 그들은 우리 지구의 얼굴을 바꿔준 중요한 혁신을 가져온 식물이다. 짧은 성장 계절을 가진 건조하고 햇빛이 잘 드는 대지에서 초본식물들은 우기가 끝나고 추운 계절이 도달하기 전에 재빨리 자라고 번식한다. 그들의 빠른 성장은 메말라버리거나 불이 휩쓸고 지나간 대지에서 풍요로운 대지의 모습으로 돌아가기에 유리하다. 초본식물들은 다른 식물보다 훨씬 많이 퍼져 있는 뿌리를 가지고 있기 때문에 빠르게 성장하고 번식할 수 있다. 이들 지하에 있는 뿌리 부분은 불로부터, 그리고 풀을 뜯어 먹는 초식동물로부터 안전하다. 길고 추운 계절과 빈약한 비는 우리에게 중앙아시아의 스텝과 북아메리카의 짧은 풀의 초원지대를 가져다주었다. 더 따뜻한 기후는 짧은 우기와 더불어 아프리카, 오스트레일리아와 남아메리카의 일부 지역에 초원지대를 만들어냈다. 이들은 강우량이 적고 온도의 변동이 심한 알프스와 히말라야, 그리고 로키 산맥에 풀이 많은 고산성 목초지를 만들어냈고 또한 안데스 산맥의 고지대에도 파라모paramo와 푸나puna와 같은 초본식물이 무성한 고산성 초원을 만들어냈다. 이러한 지역에서 이들 초본식물은 지배종이다. 이들은 상황이 호전되기만 하면 즉시 새싹을 틔운다.

초기의 초본식물들은 아마도 자라나는 데 더 많은 에너지를 사용하기 위해 방어용 화학 물질에 대한 투자를 줄여왔을 것이다. 이렇게 성장을 강조하면서 초본식물들은 초식동물의 무리를 위한 풍부한 보물을 제공한다. 약 3,000만 년 전, 온도가 낮아지고 기후가 점점 건조해지자 되새김동물의 종과 수가 늘어났다. 이들 동물 중에서 떨기나무와 작은 나무들을 뜯어 먹는 종들은 건조해진 대지 위에 초원을 확산시키는 데 영향을 주었다. 하지만 지금은 풀을 뜯어 먹는 동물들이 너무 많아져서 풀에 심각한 압력을 주게 되자 풀들은 자신들을 보호하기 위해 그들 조직 속에 있는 식물암과 같은 미세한 방어체제를 만들어냈다. 그것은 우리가 모래나 화강암에서 발견할 수 있는 단단한 규소 결정체다. 우리가 앞에서 언급한 바와 같이 이들 단단하고 작은 결정체들은 풀을 뜯어 먹는 포유류들로 하여금 깊게 뿌리내린 이빨을 갖게 했다.

계속되는 생존경쟁에서 초본식물들은 다른 진화적인 속임수도 발전시켰다. 그들은 염색체의 배수성polyploidy, 어떠한 생물의 염색체의 수가 통상의 개체의 것의 배수로 되어 있는 현상을 다른 어떤 꽃을 피우고 있는 식물 종류보다 많이 보여주고 있다. 배수성은 비록 동물 종 사이에서는 대단히 희귀하지만, 꽃을 피우는 식물, 특히 초본식물들에게는 아주 중요한 진화적 도구다. 동물의 경우 서로 다른 두 종의 동물을 교배하여 잡종을 만들게 되면 그 새로운 종은 교배한 두 종의 장점만을 지녀 보다 튼튼하고 힘이 좋은 종이 된다. 예를 들어 말과 당나귀 사이에서 태어난 노새처럼 말이다. 그러나 그들의 염색체가 서로 다르기 때문에한 세트는 말로부터, 다른 한 세트는 당나귀로부터 받음, 이들 염색체는 성적 기능을 수행할 수 있는 적절한 생식세포를 생산할 수 없다. 이것이 바로 노새가 생식능력이 없는 이유다.

그러나 만약 당신이 두 종류의 서로 다른 식물 종류 사이에서 생산된 잡종을 갖고 있고 그 염색체가어떤 방법으로든지 배수가 되었다면, 그다음에는 염색체를 적절하게 배열할 수 있다. 그리고 효과적인 생식세포를 생산해낼 수 있다. 이러한 과정이 밀의 역사에서 두 번씩이나 발생했다. 밀은 초본식물이기도 하지만 아울러 우리의 가장 중요한 곡물이다. 한 번 배수성이 일어난 밀은 우리가 파스타를 만들 때 사용하고 두 번 배수성이 일어난 밀은 우리가 빵을 만드는 데 사용한다. 이들 우연히 발생한 염색체 수의 변화는 중동 지역에서 고대의 농부들에 의해 발견되었고 동부 지중해 지역으로부터 북부 중국에 이르기까지 인류에게 중요한 기본식품을 제공하게 되었다.

초본식물들은 지구의 육상 표면의 대부분을 덮고 있는 사바나와 스텝과 초원지대도 만들어냈다. 이들은 우리 인간에게 식량을 제공하고 문명을 이룩한 곡식작물을 제공하고 있는 식물이다. 다른 어떤 식물도 우리 인간과 우리의 가축들에게 이렇게 중요한 식물은 없다. 우리가 이들 식물들을 좀더 깊이 연구하지 않은 이유 중의 하나는 초본식물이 눈에 잘 띄지 않는 꽃을 가지고 있기 때문이 아닌가 생각한다. 그래서 아름다운 꽃으로 돌아가서 어떻게 꽃이 스스로 특별한 식물이 되었는지 살펴보자.

동물을 이용해 수정하는 꽃의 장점

앞에서 이미 설명한 바와 같이, 색깔이 화려한 꽃들은 동물 꽃가루 매개자를 유혹하기 위해 쇼를 하고 있는 것이다. 그러나 이러한 환상적인 색깔과 구조와 향기 등은 모두 많은 에너지의 소비를 요구하고 있다. 반대로 초본식물이나 떡갈나무와 같이 바람을 이용해 꽃가루를 매개하는 식물들은 꽃가루 수정이 효과적으로 이루어질 수 있는 기회를 높이기 위해 대량의 꽃가루를 생산해야 한다. 이들 두 가지 방법 중 어떤 방법을 사용하든지 엄청난 에너지 소비를 막을 수는 없다. 실제로는 자그마한 꽃으로부터 엄청난 양의 꽃가루를 생산하는 식물과 좀더 크고, 향기롭고, 꿀을 가득 채우고 있는 꽃을 만들어내는 식물들 사이에 소모하는 에너지의 총량을 비교해보면 그렇게 큰 차이는 없을 것이다. 그렇다면 동물을 이용해 수정하는 꽃이 바람을 이용한 꽃과 다른 중요한 차이점이 무엇일까?

바람에 의한 꽃가루 매개는 수백만 년 동안 많은 식물을 위한 성공적인 생존 전략이 되어왔다. 이러한 전략이 성공하기 위해서는 통상적으로 주변에 이 작업을 수행할 충분한 바람이 불어주어야 한다. 하지만 문제는 바람이 어느 곳에서 불어올지 알 수 없다는 것이다. 바람에 의한 꽃가루 매개는 대단히 비효율적이다. 이 꽃가루 수정 형태는 단지 엄청난 꽃가루를 필요로 하는 것만이 아니라 또 다른 무언가를 더 필요로 하고 있다. 바로 국지적인 개체의 서식밀도가 높아야 한다는 것이다. 바람은 혼자 떨어져 살아가는 고립된 개체나 넓게 흩어져 있는 식물들에게 효과적으로 꽃가루 수정을 할 수가 없다. 불과 20~30종의 풀만 있는 탁 트인 초원을 생각해보라. 여기에 개체의 높은 서식밀도가 바람에 의한 꽃가루 매개를 보다 효과적으로 만들어줄 것이다. 그리고 이것은 우리에게 동물을 이용해 수정하는 꽃이 왜 커다란 이점을 갖게 되는가에 대한 힌트를 준다.

동물에 의해 수정하는 꽃은 그들의 동물 꽃가루 매개자들을 유혹하기 위해 화려한 쇼를 펼친다. 꽃은 이러한 동물 매개자 덕분에 멀리 떨어져 있는 고립된 같은 종들 사이에 유전자 전이가 가능하도록 해준다. 이러한 동물에 의한 꽃가루 수정은 바람에 의한 꽃가루 수정에서는 불가능한 높은 수정 성공률을 보여준다. 때문에 오로지 동물에 의한 꽃가루 수정만이 열대 지역의 수림 내부에서나 각각의 꽃이 멀리 떨어져 있는 사막지대에서 꽃가루 수정을 가능케 한다. 동물에 의한 꽃가루 수정은 각각 멀리 흩어져 있는 종들 간의 유전자 흐름을 가능하게 하며 작은 고립된 개체가 멸종되어가는 것을 방지할 수 있다앞에서 살펴본 늑대의 사례와 같이. 이외에도 동물에 의한 수정은 또 다른 이점을 많이 가지고 있다.

바람에 의해 수정하는 식물들은 수정 확률을 위해서도 좁은 지역에서 빽빽하게 자라는 것이 유리하지만 동물을 매개로 해서 수정하는 식물들은 그럴 필요가 없다. 때문에 넓고 탁 트인 지역에서 광범위하게 자란다. 이렇게 식물들이 넓고 탁 트인 지역에서 자라는 것은 또 다른 중요한 이점을 제공한다. 병원균과 포식자로부터 보다 안전하기 때문이다. 한두 가지의 종들이 빽빽하게 무리 지어 살고 있는 식물들은 해충과 기생생물들에게 쉬운 표적이 된다. 그러나 이들이 멀리 떨어져 있거나 여기저기 흩어져 있는 식물의 경우는 그렇지 않다. 하지만 뭐니 뭐니 해도 동물에 의한 꽃가루 수정의 핵심적인 이점은 넓게 흩어져 있는 개체들 사이에서 유전자의 흐름을 유지할 수 있다는 것이다. 바람에 의해 꽃가루를 수정하는 겉씨식물 중 몇몇 종들은 빽빽하게 밀집되어 자라고 있기 때문에 방어를 위한 화학 물질을 분비하기 위해 많은 에너지를 투자해야만 한다. 하지만 보다 더 넓게 확산되어 자라는 속씨식물들은 방어기제를 만들어내기 위한 에너지를 훨씬 적게 투자할 수 있고 이는 성장을 위해 더 많은 에너지를 투자할 수 있는 여력을 만든다. 분명한 것은 화려한 색깔의 꽃들은 속씨식물의 성공에 있어서 중요한 역할을 해왔다는 사실이다.

광합성, 꽃을 피우는 식물이 특별한 진짜 이유

모든 녹색식물은 특별하다. 왜냐하면 녹색식물은 광합성이란 특별한 과정을 통해 태양광선의 에너지를 섭취하기 때문이다. 그들은 태양 에너지를 이용해 자신을 만들어나가고 또 번식한다. 그리고 그렇게 함으로써 이들은 지구상에 존재하는 거의 모든 살아 있는 생명체들에게 먹을 것을 제공해주고 있지 않은가! 사실 우리 지구를 우아하게 만드는 살아 있는 생명체들의 99퍼센트를 먹여 살리는 것은 지상과 해상에서 광합성을 하는 녹색식물, 녹조류, 박테리아들이다. 녹색식물의 이러한 측면을 이해하기 위해서는 약간의 화학공부가 필요하다.[4]

우선 기본적인 것을 먼저 알아보도록 하자. 우리를 살아 움직이게 하고 깨어 있게 하고 정상적으로 움직이며 돌아다니게 하는 것은 무엇일까? 이 질문에 대한 해답은 아주 간단하다. 그것은 에너지이다. 우리가 들이마신 산소와 우리가 먹은 음식은 미토콘드리아라고 불리는 우리 세포 내부에 있는 미세한 세포기관 내에서 연소된다세포기관이란 복잡하고 작은 구조물로서 우리의 복잡한 핵을 가진 세포 내부에서 중요한 기능을 수행한다. 각각의 세포 내부에서 작은 '내연기관'으로서의 역할을 하는 것이 미토콘드리아다. 이곳이야말로 우리가 먹은 음식물을 잘게 부수고 그로부터 에너지를 추출해내는 곳이다. 이 에너지가 바로 우리를 계속해서 움직일 수 있도록 해주는 것이다.

우리가 먹는 음식의 대부분은 탄수화물이다. 탄수화물은 대개 당분과 녹말로 구성되어 있다. 탄수화물은 탄소, 산소, 수소로 구성되어 있는 아주 복잡한 분자다. 우리의 미토콘드리아는 에너지를 얻기 위해 이들 화합물을 분리하여 떼어 놓는다. 그리고 이때 부산물로서 이산화탄소가 배출된다. 그러나 우리가 이산화탄소를 탄수화물로부터 끄집어내고 나면 아주 중요한 것이 남게 된다. 바로 수소다. 이 수소가 많은 에너지를 함유하고 있기 때문에 매우 중요하다. 이 에너지를 획득하기 위해서는 수소 원자를 우리가 호흡을 통해 획득한 산소와 결합할 수 있도록 호흡의 마지막 반응 단계에서 일련의 효소를 이용해 미토콘드리아 내부에서 변형시켜야 한다.

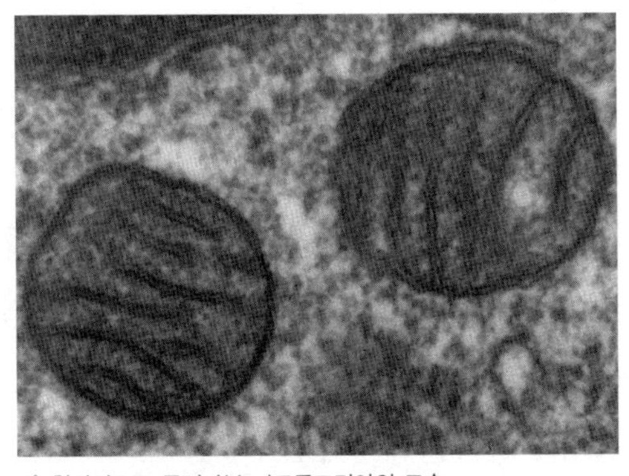

◈ 현미경으로 들여다본 미토콘드리아의 모습.

이때 산소와 결합된 수소는 물이 되는데 대부분의 사람들이 우리가 들이마신 산소가 마지막에는 이산화탄소가 아닌 물이 된다는 것을 깨닫지 못하고 있다. 우리가 방금 지적한 바와 같이 호흡의 최초 단계는 에너지로 충만한 탄수화물 분자에서 이산화탄소를 떼어내는 것이다. 이는 우리에게 아주 적은 양의 에너지를 제공한다. 두 번째 단계는 우리가 호흡한 산소와 수소를 결합하는 것으로서 이 과정에서 우리 생명을 유지하는 에너지의 대부분을 제공한다. 수소 원자는 단계적으로 변환되는 동안 진동하면서 전자전이 효소를 통해 산소 원자와 결합하여 세포가 활동하는 데 필요한 물과 에너지를 만들어낸다. 이 과정에서 우리가 들이마신 산소는 거의 모두가 물이 되어버린다. 이 과정을 호흡이라고 한다. 핵유카로이틱 세포을 가지고 더 큰 세포를 만들면서 모든 살아 있는 생명체에 힘을 불어넣어준다. 이러한 세포들은 식물과 동물, 이끼류와 원생동물原生動物, 몸이 하나의 세포로 되어 있는 생물 같은 생물의 한 부분을 만들고 있다. 그렇다면 이 모든 음식물의 궁극적인 에너지는 무엇일까?

여기에 녹색식물이 중요한 이유가 있다. 녹색 엽록소 분자와 이들의 관련 반응은 물의 분자H_2O를 분리하기 위해 태양광선의 에너지를 사용하는 것에 초점을 두고 있다. 그다음에 산소는 밖으로 배출되어 대기 속으로 사라지고 수소는 이산화탄소와 더불어 에너지가 충만한 탄수화물을 만들어낸다. 이들 화합물질은 계속해서 살아 있는 유기체를 구성하고 있는 지방질과 단백질, 그리고 다른 복잡한 물질을 만들어낸다. 물 분자를 분리하는 것이 광합성의 가장 핵심적인 작용이다. 만약 우리 인간이 이러한 활동을 할 수 있다면 우리의 에너지 문제는 곧바로 해결될 것이다.

수소와 산소는 서로 닮은꼴이다. 그래서 이들 두 가지가 서로 결합될 때를 놓치지 말아야 한다. 이 문제는 이들이 일단 서로 결합되면 다시 떨어지고 싶어 하지 않기 때문에 발생한다. 이들이 서로 결합할 때, 많은 에너지를 포기했듯이 물 분자로부터 수소와 산소를 분리하기 위해서는 아주 많은 에너지를 필요로 한다참고로 물을 팔팔 끓인다고 해서 산소 원자로부터 수소 원자를 분리할 수는 없다. 단지 액체 상태의 물을 수증기로 변환시킬 뿐이다.

기본적으로 광합성은 물 분자를 분리하고 호흡은 분리된 산소와 수소를 다시 물로 결합시킨다. 여기에 물과 이산화탄소와 함께 시작하고 끝나는 완전한 한 세트의 반응 작용이 발생하는 것이다. 이 시스템에서 가장 먼저 시작되는 부분은 광합성이다. 광합성은 물 분자를 분리하기 위해 많은 에너지를 필요로 한다. 광합성을 계속 추진하기 위해 엽록소와 이에 분자 형태로 단단하게 결합되어 있는 관련 물질들이 태양광선의 에너지를 획득해야 한다. 이 복잡한 시스템에는 많은 색소들이 포함되어 있는데 태양광선의 스펙트럼 중에서 노란색, 빨간색, 파란색을 흡수하여 광합성을 가능하게 한다. 그리고 녹색 광선은 흡수하지 않기 때문에 광합성을 하는 식물의 세계는 온통 녹색으로 보이게 되는 것이다. 조그만 태양전극판과 마찬가지로 녹색 잎은 이산화탄소를 흡입하고 산소를 배출하면서 태양광선을 흡수한다. 그리고 뿌리로부터 빨아올린 물과 함께 보다 풍요로운 세상을 건설하는 데 기여하는 물질을 생산해낸다. 이것을 보다 더 간단하게 살펴보자. 녹색식물은 광합성을 통해 물 분자를 잡아당겨 분리하고 그다음에는 수소를 공기 중의 이산화탄소와 결합하여 에너지로 충만한 화합물질을 만들어낸다. 인간을 포함한 동물들은 이들 에너지가 충만한 화합물질을 먹고, 소화시키고, 그 나머지를 세포 속에 들어 있는 미토콘드리아로 보낸다. 이곳에서는 에너지 생산을 위한 순환과정이 일어나고 물과 이산화탄소를 배출하게 된다. 식물의 광합성을 통해 분리해낸 수소와 산소를 동물과 식물의 에너지 생산 순환과정을 통해 다시 결합시킴으로써 완전한 대칭을 이루게 된다. 동물처럼 활발한 신진대사를 하고 있는 식물은 그 어느 곳에도 없기 때문에 그들은 호흡과정에서 비교적 적은 산소를 사용한다. 그래서 나머지 세상을 위해 쓰일 수 있는 많은 산소가 남겨지게 된다.

사실은 광합성이 없었다면 지구상의 생명체 중 99퍼센트는 존재하지 못했을 것이다. 지상에 살고 있는 나무나 풀에서부터 물 위의 부유 미생물에 이르기까지 모든 녹색식물은 지구상에 존재하는 생명체들에게 종족을 번식할 수 있는 힘을 부여한다. 이것이 바로 꽃을 피우는 식물들이 특별한 이유다. 꽃을 피우는 식물은 지구상의 생태계 대부분의 힘의 원천이다. 또 하나 중요한 것 중 하나는 세상에는 아주 많은 꽃을 피우는 식물이 있다는 사실이다. 앞에서 언급한 바와 같이 현재 지구상에는 약 30만 종의 지상식물이 살아가고 있는 것으로 알려져 있으며 이 중에서 약 26만 종이 꽃을 피우는 식물이다. 이들은 우리의 농장에서, 우리의 목장에서 가장 중요한 위치를 차지하고 있고 우리의 정원을 우아하게 꾸며주고 있다. 그리고 이들은 우리를 둘러싸고 있는 수많은 자연 식생지대를 구성하는 식물의 주종을 이루고 있다. 하지만 이러한 식생지대들은 세계 곳곳에서 다양하게 분포되어 있다.

세계 곳곳에 퍼져 있는 꽃을 피우는 식물

꽃을 피우는 식물들이 전 세계 대부분의 식생지대에 존재하고 있지만, 한편으로는 지구상 전역에 있는 식생지대를 서로 다르게 만드는 아주 많은 종들이 존재하고 있다는 사실을 잊어서는 안 된다. 지구상의 각각의 지역은 기온과 강우량에 따라 특징이 뚜렷한 여러 가지 다양한 식물대를 형성하고 있다하나의 식물대는 그 지역의 식물의 목록이라고 할 수 있다. 가장 명백한 예는 조건이 가장 혹심한 지역에서 나타난다. 사막, 극지대, 그리고 고산지대에서는 식물의 생명은 점점 감소되고 작아진다. 사실상 극도의 혹한 환경에서는 식생지대라고 할 만한 것도 없다. 아라비아의 광대한 사막과 사하라 사막의 대부분 지역, 5,000미터 이상의 열대 산악지대와 북극 산악지대가 여기에 속한다. 남극에서 가장 중요한 '식물 생명체'는 지의류 또는 지의성 균류라고 불리는 것이다. 우리에게 흔히 바위 위에 녹색의 페인트를 칠한 것처럼 보이는 이들 거칠고 작은 생명체는 균류의 일원인 광합성을 하는 녹조류에 속한다. 남극에는 약 400여 종의 이끼류와 20종의 지의류가 있지만 꽃을 피우는 식물은 단 두 종류만 살아남았다. 그러나 온도와 기후 등이 보다 평온한 지역으로 이동하면 속씨식물은 점점 더 뚜렷하게 자신의 존재를 드러내기 시작한다.

전 지구상의 식생지대에서 자라는 식물들의 차이점은 열대 지역과 한대 지역 사이에서 뚜렷이 나타난다. 그리고 이 명백한 차이를 한눈으로 알아볼 수 있도록 만든 것이 바로 야자나무다. 야자나무는 추운 지역에서는 살아갈 수 없다. 몇몇 종류의 나무만이 덜 추운 겨울에도 살아남을 수 있다. 우리는 노스캐롤라이나 해변에서 자라고 있는 야자나무가 미국의 남동부 지역에서도 자라는 것을 볼 수 있다. 그리고 미국의 남서부 지역에서는 워싱턴야자Washingtonia palms가 보호된 계곡에서 자라고 있다. 그곳에서 창문을 통해서 야자 가로수가 늘어선 거리를 보면 열대지방에 와 있는 느낌이 든다. 놀랍게도 이와 비슷하게 바나나와 생강류Zingiberales에 속하는 많은 다른 외떡잎 식물 종류들도 추운 지역에서는 자라지 않는다. 그리고 이러한 현상은 열대지방에서도 발견되는 현상이다. 열대 산악지대의 상록수의 식생지대를 거슬러 올라가면서 바나나의 유사 종들과 같은 계통의 식물들이 해발 1,500미터의 높이에서는 거의 자라지 않고 있으며, 약 2,000미터 높이에서는 완전히 사라져버리는 것을 알 수가 있다. 이러한 식생 패턴에 대한 하나의 예외는 에티오피아에서 자라고 있는 엔세테ensete, 가짜 바나나의 일종이다. 이 커다란 바나나 모양의 식물은 해발 2,500미터에서도 자라고 있으며 자신의 뿌리줄기에 녹말을 저장하고 있다. 하지만 이 경우는 예외적인 것이다.

바나나와 그 친족들을 이야기하면서 우리는 그들이 열대기후에 스스로를 어떻게 적응시켰느냐에 대해 관심을 가져야 한다. 헬리코니아Heliconia도 이러한 종들의 일부지만 아메리카와 태평양 제도의 몇몇 섬에 한정되어 살아가고 있다. 극락조화bird of paradise flower와 같은 종의 꽃들은 아프리카에 한정되어 자라고 있다. 그러나 이와 아주 가까운 종이지만 전혀 다른 여인목Ravenala, 旅人木, 나그네나무라고도 하며 야자나무는 아니다은 아프리카가 아닌 마다가스카르가 원산지다. 토종 바나나는 인간들이 그것들을 열대지방으로 옮겨 심기 전에는 아마도 동남아시아 지역에서만 자라났을 것이다. 이들은 아주 독특한 종류다. 이들은 원래 각각의 원산지에서만 고립된 채로 잘 자라고 있었다. 전 세계에 골고루 퍼진 종을 가지고 있는 식물은 몇몇 종에 불과하다.

앞에서 언급한 모든 식물들, 즉 야자나무, 바나나, 그리고 생강 들은 모두 외떡잎식물이다. 이러한 외떡잎식물뿐 아니라 많은 쌍떡잎식물들도 열대지방에 국한되어 살고 있다. 예를 들어 열대우림 속에서 쉽게 볼 수 있는 브라질너트과오예강, 카카오과벽오동강, 디프테르카프혼효림, 그리고 바오밥나무과봄바카이아강 나무들은 추운 기후에서는 살지 않는다.

물론 이와 반대 경우에 대한 사례도 얼마든지 있다. 대다수의 종들이 온대기후 지역과 아열대기후 지역에서 살아가고 있는 몇몇 식물의 종류가 있다. 떡갈나무와 너도밤나무과참나무과는 대다수의 종

엔세테는 여느 열대 식물과 달리 해발 2,500미터에서도 잘 자란다.

들이 온대기후 지역이나 몇몇 열대지방의 고산지대에서 자라고 있다. 버드나무와 미루나무버드나무과는 북반구 지역에 대부분의 종들이 자라고 있는 또 다른 종이다.

기후에 따른 선호도를 나타내는 종들이 있는 것처럼 특별한 서식지를 선호하는 종들도 있다. 블루베리와 진달래속의 각종 꽃나무철쭉과들은 서식지의 범위는 다양하지만 산성화된 토양에 대해 친화력을 가지고 있다. 이들 식물의 종들은 먼 북쪽의 툰드라와 북풍이 강한 지역으로부터 온대와 열대지방의 산악지대에 이르기까지 산성화 토양 지역이면 어디든지 서식하고 있다. 수분이 많은 줄기를 가지고 있는 선인장선인장과은 건조하고 탁 트인 대지에서는 살아갈 수 없다. 우리가 우림 지역에서 발견할 수 있는 유일한 선인장은 나뭇가지 위에 기생하는 가느다란 줄기를 가지고 있는 기생식물이다. 선인장은 미국 원산 식물로서 미국 이외의 지역, 특히 서부 아프리카에도 살고 있는 유일한 식물이다. 이와 같이 전 세계를 통틀어 우리는 환경적 요소와 역사적 요소의 조화를 통해 어떤 식물이 어느 지역에서 살아갈 것인가를 결정한다.

'강우'는 기온 다음으로는 식물의 분포를 결정하는 중요한 요소다. 열대지방의 상록활엽수림은 통상적으로 연간 1.5미터의 비가 전 지역에 골고루 내리는 지역에서 형성된다. 열대 삼림은 뚜렷한 건조계절로 인해 부분적으로 낙엽이 지는 지역과 완전히 낙엽이 지는 지역, 그리고 탁 트인 수목지대를 만들어낸다. 열대지방이 아닌 서늘한 지역에서도 온대 우림지대로부터 활엽 낙엽수림지대, 넓은 침엽수림으로부터 초원지대까지 비슷한 습도의 분포를 가진다. 극지방에 가까이 갈수록 침엽수가 지배적인 나무로 자란다. 그럼에도 불구하고 꽃을 피우는 식물은 이 추운 서식지에서도 근본적으로 모든 허브와 관목을 만들어냈다. 이처럼 기온이나 강우량은 식물군을 구성하는 데 무척 중요한 요소다. 하지만 기온이나 강우량만이 이를 결정하는 것은 아니다. 여기에 역사라는 아주 중요한 또 하나의 요소가 더해져야만 한다.

전기적傳記的 분리

1800년대 중반 하버드대학교의 식물학 교수인 아사 그레이Asa Grey, 1810~1888는 일본에서 보내온 식물 표본을 연구하면서 특이한 것을 발견했다. 일본에서 건너온 식물 표본의 대다수가 그들이 가지고 있었던 미국 동부 지역에 있는 식물의 표본의 종들이었기 때문에 아주 친숙한 것들이었다. 하지만 연구를 계속하면 할수록 놀라운 사실이 드러났다. 미국 동부의 식물들이 미국 서부의 식물과 유사한 것이 아니라 태평양을 건너 일본의 식물과 더 유사했기 때문이었다. 그레이 교수의 연구에 의해 동부 지역의 식물들은 같은 대륙의 오리건 주의 식물보다 대륙이 다른 일본의 식물과 더 많은 유사성을 지녔다는 것을 알게 되었다. 이러한 형태의 식물분포는 수십 년 뒤에 중국에서 새로운 식물 채집이 이루어짐으로써 더 많은 확신을 갖게 되었다. 동부 아시아와 북아메리카 동부 지역은 지구상의 다른 어느 지역에서도 발견되지 않는 특이한 식물 종들을 공유하고 있었다. 미국의 키가 크고 우람한 튤립나무Liriodendron tulipifera는 중부 중국대륙에 유일한 친척 종Liriodendron chinese을 가지고 있다. 마찬가지로 미국에 서식하는 나뭇잎이 벙어리장갑 모양을 닮은 사사프라스나무Sassafras albidum는 두 개의 가까운 친척 종을 가지고 있는데 하나는 중국에 서식하고 있고 다른 하나는 일본에 서식하고 있다. 우리가 앞에서 살펴보았던 앉은부채도 이러한 패턴을 따라가는 것 중 하나다. 이들은 오로지 동아시아 지역에서만 자라고 있는 또 다른 친척 종을 가지고 있는 식물 종에 속한다. 인삼Panax도 미국 북부 지역에 자라고 있는 한 그룹을 가지고 있고 더 큰 그룹들이 중국에서 서식하고 있다. 풍나무sweetgum와 하마멜리스Hamamelis도 이러한 형태를 취하고 있으며 더 많은 식물들이 이러한 부류에 속하고 있다. 다시 한번 설명하건대 우리가 특별히 관심을 가질 필요가 있는 것은 이들 특별한 종들은 지구상의 다른 지역에서는 발견되지 않는다는 것이다.

이것은 악어가 우리 지구상의 두 곳, 즉 미국 남동부 지역과 동남아시아에서만 발견되는 것과 똑같은 현상이다. 또한 미시시피 강에 살고 있는 이상하게 생긴 주걱철갑상어는 단 하나의 친척 종이 있는데 이 친척 종은 중국의 양쯔강에 서식하고 있다. 또한 오자크 지역과 오하이오 강 하류에서 자라고 있는 헬벤더hellbender 도롱뇽은 30~60센티미터 길이에 마치 트럭이 치고 지나간 것과 같은 모양을 하고 있는데 이와 가까운 친척 종은 오직 동남아시아에서만 살고 있다. 그렇다면 이 지구상에 무슨 일이 있었던 것일까?

지금 설명하는 것은 '동남아시아-북아메리카 전기적 분리'라고 부른다. 이러한 가까운 친척 식물과 동물은 단지 태평양에 의해서만 분리된 것뿐만 아니라 북아메리카의 서부와 중부지방에 의해서도 분리된 것이다. 이것은 거리상으로는 아주 커다란 분리다. 다행스럽게도 화석의 증거가 이 수수께끼 같은 현상에 대한 자료를 주고 있다. 화석은 이러한 식물과 동물의 대부분이 수천만 년 전에 북반구에 널리 퍼져 살고 있었음을 알려주고 있다. 지난 2백만 년 전에 있었던 빙하기홍적세에 이들 생물들이 전에 살고 있던 대부분의 지역에서 멸종되는 사건이 발생한 것으로 추정된다. 빙하기에 기온이 심하게 떨어지면서 유럽 지역의 동물과 식물은 대부분 죽음을 맞이했다. 피레네 산맥, 알프스 산맥, 발칸 반도로 블록이 나누어지는 유럽에서는 생물의 종들이 남쪽으로 이주할 수가 없었다식물도 시간이 흐르게 되면 씨앗의 살포를 통해서 이주가 가능하다는 사실을 기억해보라. 반면에 북미 대륙에서는 식물과 동물의 종들이 남쪽으로 이동할 수 있었다. 최소한 멕시코 만까지는 가능했다. 동북아시아에서는 이야기가 많이 달라졌다. 우선, 북아시아의 얼음으로 덮인 지역은 유럽이나 북아메리카의 얼음 지역보다 훨씬 면적이 작았다. 보다 더 중요한 것은 식물과 동물이 그곳에서는 남쪽으로 이주하는 데 아무런 장애물이 없었다는 사실이다. 그러므로 빙하기에 살아남은 많은 수의 북방의 생물 종들이 동아시아에서 발견된다. 반면에 북아메리카에서는 같은 종들이 훨씬 적은 숫자가 살아남았고 유럽에서는 북아메리카보다도 더 적은 숫자가 살아남았다. 빙하기 동안에 일어난 선별적인 멸종은 이렇게 특이한 동남아시아-북아메리카 전기적 분리를 설명해줄 수 있다. 여기에 어떻게 역사가 오늘날 세계의 특정 지역에서 발견된 식물과 동물의 혼합을 결정해왔는가를 설명해주는 명백한 사례가 있다.

흥미롭게도 동남아시아와 뉴기니New Guinea, 오스트레일리아의 동물군에 중요한 분리가 일어났다. 그 좁은 공간적인 구분이 보르네오 동부와 서부 뉴기니 사이에 놓여 있었다. 서부 쪽으로는 원숭이와 표범이, 동부 쪽에는 캥거루와 다른 유대류가 살도록 분리된 것이다. 이 경우에 역사적인 설명은 판구조론plate tectonics, 지구 표면이 여러 개의 판으로 이루어져 있고 이 판들의 움직임으로 인해 마찰이 발생해 화산활동이나, 지진이 생긴다는 이론을 포함하고 있다. 오스트레일리아 판plate이 남쪽의 온대 지역으로부터 북쪽으로 이동함에 따라 아시아 판과 접촉하게 되고, 두 개의 서로 다른 동물 군에게 아주 가까운 근접성을 가져다주게 된 것이다. 그러나 식물은 동물과는 달리 쉽게 눈에 띄는 대비를 명백하게 보여주지 않고 있다. 식물은 씨앗과 홀씨 덕분에 대부분의 동물보다 더 쉽게 넓은 바다를 건너갈 수 있었기 때문이다.

하지만 오스트레일리아 판의 북방 이동은 아주 처참한 영향을 가져왔다. 오스트레일리아 판이 습기가 많은 지역에서 훨씬 더 건조한 아열대 계절대로 들어감에 따라 다습한 기후를 요구하는 종들이 멸종되어간 것이다. 이와 비슷한 일이 아프리카에서도 발생해왔다. 예를 들면 마다가스카르는 면적으로는 아프리카의 50분의 1밖에 되지 않지만 살고 있는 야자나무 종은 아프리카 전역에 살고 있는 종의 3

배 이상이 된다. 아프리카에서는 판의 이동은 일어나지 않았다. 대신에 지난 수백만 년 동안 극심한 건조기로부터 고통을 받았고 결과적으로 많은 종들을 잃었다. 이것은 우리에게 한 가지 질문을 갖게 한다. 우리가 가장 많은 수의 동물과 식물 종을 찾을 수 있는 곳은 어디일까? 또는 우리가 '생물학적 다양성'이라고 부르는 것을 찾을 수 있는 곳은 어디일까?

많은 수의 동식물을 찾기 위해서는 세 가지의 조건이 갖추어져야 한다. 첫째는, 열대지방으로 가야만 한다는 것이다. 서늘한 온대지방의 서식지는 이렇게 많은 종들이 살아갈 수 없다. 그리고 둘째는, 서식지의 다양성이 필요하다. 그것은 곧 산을 의미한다. 그리고 마지막으로 풍부한 강우량이 있어야 한다. 중앙아메리카의 작은 나라 코스타리카는 지도상으로는 오하이오 주의 반 정도의 크기밖에 되지 않지만 멕시코 이북의 북아메리카 전 지역보다도 두 배나 많은 생물 종을 가지고 있다. 마찬가지로 포유류 종의 수도 두 배나 많다. 수많은 산악 지역과 연간 1,000밀리미터에서부터 4,500밀리미터에 이르는 많은 비가 내리는 지역을 가지고 있는 코스타리카는 무려 9,000종의 꽃을 피우는 식물을 가지고 있다. 멕시코 북쪽의 북아메리카 지역에는 약 17,000개의 종을 가지고 있는 것으로 평가되고 있다. 이는 그 작은 코스타리카의 두 배가 채 못 되는 정도의 숫자에 해당된다. 그리고 열대지방의 가장 큰 산악 지역인 남아메리카의 안데스 산맥을 고려해보면 이들 숫자는 더 많이 올라간다. 안데스 산맥의 아마존 지역 언덕을 덮고 있는 생물 종들은 아마존 지역의 저지대 전체에 살고 있는 생물 종보다 훨씬 많은 종들이 살고 있다. 그 이유는 아주 간단하다. 고립된 지역과 계곡, 산 정상이 많은 복잡한 산악지형은 특별한 종아주 특정한 환경적 조건을 가진 지역에서만 살아가는 식물과 동물을 말함들의 서식지가 될 수 있는 충분한 조건을 제공할 수 있기 때문이다.

생물학적 다양성을 측정하는 것은 단지 '종'의 숫자가 많고 적음만을 가지고 하는 것은 아니다. 생물 종들의 '활동이 왕성한 지역'을 바라보는 또 다른 방법이 있는데 그것은 '그 지역의 특산종endemics' 즉 지구상 어느 다른 지역에서도 살고 있지 않는 종을 세어 보는 방법이다. 이 기준을 적용하면 열대 섬들의 랭킹이 높게 나타날 것이다. 특히 하와이 섬은 특산종이 가장 많은, 세계에서 가장 독보적인 곳이 될 것이다.

이러한 개념을 적용하면 몇몇 큰 섬들이 여기에 속할 수 있다. 마다가스카르, 뉴질랜드, 뉴기니, 보르네오는 유일한 자신들만의 식물 종을 많이 가지고 있다. 섬 이외에도 특이한 기후적 조건은 수많은 지역 특산종을 가진 식물지대를 만들어낸다. 비록 계절적으로 건조하긴 하지만 우리가 앞에서 언급한 지중해성 식물지대 또한 지역 특산종을 많이 가지고 있다. 모든 사람들이 말하기를 꽃을 피우는 식물은 식물 종의 숫자뿐만 아니라 식물지대 면에서도 풍부한 다양성을 우리에게 제공해왔다고 한다.

❖

지금까지 우리는 꽃을 피우는 식물들이 어떻게 특별한지 그리고 그들이 어떻게 전 세계에 스스로를 퍼뜨려왔는지를 살펴보았다. 자 이제는 우리가 가장 좋아하는 주제, 즉 우리 자신의 종인 인간과 우리가 포함된 영장류에 대해 알아보기로 하자.

7

flower

영장류,
그리고 꽃을 피우는 식물

속씨식물은 급격한 팽창을 통해 지구의 생태환경에 새로운 활기를 주는 자원을 만들어내기 시작했다. 향기가 많고, 꿀의 양도 많고, 영양분이 풍부한 열매를 만들어내는 종자식물들이 바로 그것이었다. 꽃을 피우는 식물들은 처음에는 아마도 아주 작은 초본식물이나 관목으로 시작했을 것이다. 그러고는 점차 물기가 많은 열대서식지에서 뿌리를 내리고 자라나기 시작했을 것이다. 일단 속씨식물들이 나무라는 새로운 식물 종류를 만들어내는 방법을 알아낸 후부터는 이들 나무들이 숲과 삼림지대의 가장 중요한 부분을 차지하게 되었다.

숲과 삼림지대는 처음에는 열대지방에서 시작해 서서히 한대지방으로 퍼져나갔다. 또한 꽃을 피우는 식물들이 지구의 표면을 덮기 시작하면서부터 여러 가지 동물들이 등장하게 되고 지구상의 이곳저곳으로 퍼져나가기 시작했다. 특히 곤충의 출현은 큰 의미를 가진다. 꽃을 피우는 식물 덕분에 더 많은 곤충들이 보다 활발하게 활동하기 시작했고 점점 더 나무에 서식하는 곤충들의 종류가 많아지기 시작했다.

꽃을 피우는 식물이 가지고 있는 꿀과 꽃가루, 잎사귀, 열매, 씨앗들은 이들 벌레들이 빠르게 확산되도록 하는 촉매 역할을 했다. 이러한 속씨식물의 팽창은 곤충들의 숫자를 증가하게 했고, 곤충을 잡아먹는 동물의 입장에서 보면 자신들을 위한 먹을거리가 늘어나기 시작한 것이다. 결과적으로 나무 꼭대기는 곤충을 먹는 다양한 육식성 동물의 보금자리가 되고 말았다. 이 육식성 동물에는 조류, 파충류, 포유류, 심지어는 양서류까지 다양한 동물들이 포함된다. 그리고 세월이 흘러 이들 수많은 종류의 생물 가운데 아주 특별한 작은 포유류가 나타나기 시작했다. 바로 영장류 동물들이다.

꽃을 피우는 식물과 영장류

초기 영장류의 화석을 자세히 분석해보면 이들의 턱과 이빨의 구조가 곤충을 식용으로 하고 있었음을 말해주고 있다. 이들 초기 영장류에는 원숭이, 여우원숭이, 갈라고원숭이, 유인원꼬리 없는 원숭이, 그리고 인간들이 포함되어 있으며 이들은 동물 중에서 가장 높이 올라가는 아주 똑똑한 포유류다. 나무 꼭대기에 서식하는 곤충들이 많아지게 되자 이러한 초기 영장류들은 땅 위가 아니라 그보다 더 높은 곳에 살고 있는 먹을거리를 잡아먹고 싶은 자극이 발생했을 것이다.

나무의 이파리와 꽃과 열매들이 대부분 나뭇가지의 끄트머리에 열리기 때문에 곤충들은 당연히 나무 꼭대기에 모여들 수밖에 없다. 그리고 이들 벌레들을 잡아먹기 위해 영장류들은 나뭇가지에 단단히 매달릴 수 있도록 팔다리가 길어지고 손가락의 힘이 강하게 진화되었다. 다행히도 영장류들은 모두 양손과 양발에 각각 다섯 개의 손가락과 발가락을 가지고 있어서 이들 손가락과 발가락을 이용해 나무 꼭대기에 매달리기가 용이했고 당연히 손가락과 발가락은 영장류들이 살아가는 데 아주 유용한 도구가 되었다. 시간이 흐르면서 동물의 것처럼 생긴 발톱claws은 점차 유용한 손톱nails으로 변화되었고, 거머쥐는 손과 발의 표피는 능선 모양처럼 올록볼록해져서 '마찰력을 높이는 피부'로 진화했다. 그리하여 미끄러운 나무줄기의 표면을 보다 더 단단히 잡을 수 있게 되었다이들 작은 능선 모양들은 나중에 지문을 만들어냈다.[1]

수백만 년을 지나오는 동안 꽃 피는 나무들은 영장류들이 벌레들을 먹어주는 대가로 크고 영양분이 풍부한 열매를 제공함으로써 자기 나무에 서식하는 것을 환영했다. 원숭이들은 이러한 열매들이 잘 익었는지를 조심조심 검사하고 따 먹기 쉽도록 부드러운 손목과 예민한 손가락을 발전시켰다. 또한 녹색의 잎으로 뒤덮인 나무 속에서 색깔이 선명하게 잘 익은 열매를 쉽게 찾아낼 수 있도록 색깔 식별 능력이 뛰어난 시각을 발전시켰다. 보다 진화된 영장류의 눈은 3세트의 색깔 인지 세포를 가지게 되었다. 이 세포는 가장 기본적인 색깔, 즉 삼원색을 구별할 수 있으며 많은 미묘한 색깔의 차이를 구별할 수 있게 되었다. 우리 인간도 마찬가지로 이 삼원색을 구분하는 색깔 인지 세포를 가지게 되었으며 이들 세 개의 세포는 각각 약간씩 다른 스펙트럼의 민감도를 구별할 수 있는 능력을 가지고 있어서 우리로 하여금 무수한 색깔의 차이를 구분하는 것이 가능하도록 해주고 있다.

색깔을 인지할 수 있는 시력에 추가하여 나무 꼭대기 근처까지 올라갈 수 있는 능력과 나뭇가지에서 나뭇가지로 뛰어넘을 수 있는 능력은 보다 정교한 삼차원 시각을 발전시키게 만들었다. 이것은 두 눈이 같은 방향을 볼 수 있도록 납작한 얼굴을 갖게 해주었고 시간이 가면서 점차 기어다니던 자세에서 일어서는 자세를 만들었다. 이제 영장류의 두뇌는 두 가지 중복되는 시계를 분석하여 정확한 깊이와 거리를 나타내는 정보로 바꾸어내야만 한다. 두 눈이 모두 전방을 향하고 있기 때문에 불행히도 주변을 볼 수 있는 능력은 감소되었다. 원숭이들은 전처럼 넓은 시야를 볼 수 없기 때문에 독수리나 나무에 사는 고양이과 동물, 그리고 뱀과 같은 포식자로부터 더 취약해질 수밖에 없다. 그래서 이러한 약점을 극복하기 위해 영장류들은 집단생활을 한다. 그렇게 함으로써 더 많은 눈들이 주변의 전 방향을 잘 감시할 수 있도록 만들어 이 문제를 해결하고 있다. 당연히 이러한 대규모 집단생활은 보다 복잡한 사회적 상호작용을 초래해왔다. 높은 나무 꼭대기 주변까지 올라가기 위해 필요해진 복잡한 삼차원 시각과 보다 복잡해진 사회생활로 인해 영장류의 두뇌는 점점 더 커지게 되었는데 이것이 영장류가 똑똑해진 이유다.

그러나 더 큰 두뇌를 만드는 것은 비용이 많이 드는 공정이다. 더 큰 두뇌를 가진 것에 대한 비용은 동물의 생명과 생활 방식의 여러 측면에 반영되었다. 과학자들은 같은 몸무게를 가지고 있지만 크기가 서로 다른 두뇌를 가지고 있는 작은 포유동물을 비교함으로써 아주 중요한 일반적인 성질을 찾아냈다. 토끼는 작은 원숭이와 몸무게가 같지만 두뇌의 크기는 훨씬 작을 뿐만 아니라 기대 수명 또한 훨씬 짧다. 작은 두뇌를 가진 토끼는 태어나서 어미로부터 자립하는데 드는 시간이 짧다. 토끼 암컷은 같은 몸무게의 작은 원숭이보다 훨씬 자주 임신하고 한번 임신할 때마다 많은 새끼를 낳는다. 토끼는 지능이 떨어지기 때문에 멸종의 위기에 몰리지 않으려면 개체의 숫자를 많이 만들어내어야 한다. 또한 이렇게 함으로써 높은 포획률과 짧은 수명을 보완해주는 것이다. 비록 번식률은 떨어지지만 지능이 뛰어난 작은 원숭이는 개체의 수명이 더 길고 포획률도 낮기 때문에 토끼처럼 다량 번식하지 않아도 멸종의 위험이 적다. 이것은 모두 더 커진 두뇌의 덕분이며 무엇보다도 나무 꼭대기에 서식처를 마련한 결과다. 원숭이는 전체의 9퍼센트에 해당하는 에너지를 두뇌의 활동에 사용하고 있다. 이에 비해 다른 포유류들은 불과 5퍼센트를 넘지 않는다. 당연히 더 큰 컴퓨터를 달고 다니려면 에너지도 많이 소비되기 마련이다. 모든 학자들이 영장류들은 작은 포유류 중에서 가장 머리가 좋은 동물이라고 주장한다. 그런데 이 모든 것이 또한 꽃을 피우는 식물 덕택이다.

양손을 번갈아 매달리는 인간의 조상

영장류가 계속해서 영리해지는 첫 번째 단계는 나무 꼭대기로 올라가서 살아가는 방식을 택한 것이었다. 그리고 두 번째 단계는 유인원의 등장이었다. 2,000만 년 전에 등장한 유인원은 원숭이보다 훨씬 큰 두뇌를 가진 새로운 영장류였다. 긴팔원숭이, 오랑우탄, 침팬지, 고릴라 등이 현재 살아 있는 유인원이다.

이들 유인원은 다른 원숭이와는 달리 몸집도 크고 몸무게도 훨씬 무겁다. 이들은 어깨도 더 넓고 가슴도 평평하고, 팔도 더 길고, 팔꿈치도 더 부드럽고, 그리고 강한 손목을 가지고 있다. 그리고 이들은 또한 더 강한 등과 똑바로 직립 자세를 취할 수 있도록 지탱해주는 더욱 강해진 다리를 가지고 있다. 그리고 가장 중요한 변화는 그들이 꼬리를 가지고 있지 않다는 것이다. 이러한 신체 구조 변화의 일부는 나무 꼭대기에 매달려 '양손을 번갈아 매달리며' 살아가는 생활 패턴이것을 양손을 번갈아 매달리며 건너가기라고 부른다과 깊은 관계를 가지고 있다. 아마도 독자 여러분이 동물원이나 야생에서 긴팔원숭이가 나뭇가지를 타고 양손을 번갈아 매달리며 건너가는 것을 본 적이 있을 것이다. 그들이 나뭇가지를 통해 빠르게 이동하는 것을 보고 있으면 그야말로 재빠른 삼차원의 발레를 보는 것처럼 현란하다. 우리 인간의 넓은 어깨, 빙빙 돌아가는 회전이 가능한 팔, 긴 손가락들이야말로 우리 조상들이 양손을 번갈아 매달리며 건너가는 생활을 했다는 전통을 보여주는 증거다. 이러한 유들유들한 팔과 손목이 없다면 우리 인간은 우리가 지금 하고 있는 많은 일들, 즉 물건을 운반하고,

던지고, 마음대로 조작하고, 제스처를 쓰는 이러한 동작들을 할 수가 없다. 양손을 번갈아 매달리며 건너가는 삶을 살았던 조상이 없었다면 지금 우리가 가지고 있는 것처럼 전방 쪽에 붙어 있고 다재다능하게 발달된 부속지付屬肢 다리·꼬리·지느러미 등들을 가지고 있을 수가 없다. 앞에서도 말했지만 이런 발전과정에서 꽃을 피우는 식물들이 절대적이고 중요한 역할을 했다는 사실을 잊어서는 안 된다.[2]

대부분의 속씨식물에 속하는 나무들은 줄기의 윗부분에 아주 넓게 퍼진 나뭇가지를 가지고 있다. 많은 침엽수처럼 아랫부분에까지 나뭇가지를 가지고 있는 속씨식물들은 별로 없다. 침엽수는 꽃을 많이 피우지 않을 뿐만 아니라 맛있고 다양한 열매를 생산하지 않으며, 또한 나무의 윗부분에 넓게 퍼진 가지를 가지고 있는 종류는 거의 없다. 혹시 소나무를 타고 올라가려고 시도해본 적이 있는가? 하나도 재미가 없는 짓이라는 것을 알았을 것이다. 나뭇가지에서 나뭇가지로 건너가고, 한 나무에서 다른 나무로 매달리며 건너가기 위해는 무엇보다도 옆으로 넓게 퍼진 튼튼한 나뭇가지가 없어서는 안 된다. 이들 나뭇가지는 나무와 나무가 서로 붙어 있지 않도록 공간도 만들어주지만 가지 끝들은 임관canopy, 개개의 수목이 이루고 있는 수관층(樹冠層)처럼 아주 가까이 붙어 있다. 이러한 나무들처럼 많은 꽃을 피우는 식물들은 나뭇가지가 많고 이 많은 가지를 이용해 아주 넓은 3차원 임관을 만들어내고 있다. 이러한 현상은 영장류들이 많이 살고 있는 사시사철 푸른 열대 수림 지역에서 특히 많이 볼 수 있다. 넓게 펼쳐진 사바나 초원에 있는 아프리카 아카시아의 왕관처럼 퍼진 나뭇가지들을 상상해보라. 이러한 나무와 비슷한 나무들이 늘 푸른 열대 수림에서 자라고 있다. 이러한 나무들이 없었더라면 우리의 가까운 친척인 양손을 번갈아 매달리며 건너가는 크고 직립 자세를 가진 유인원이 진화하지 못했을 것이다. 이들 속씨식물들은 영장류의 탄생에 결정적인 기여를 했을 뿐만 아니라 오늘날 우리 인간을 이처럼 성공적인 동물로 만들어내는 데 결정적인 기여를 했다. 지구상에 존재하는 동물들 중에 인간처럼 부드러운 팔을 가지고 있는 동물은 거의 없다. 인간의 팔은 어깨를 중심으로 마치 풍차처럼 자유자재로 돌아간다. 이 점을 잘 생각해보아야 한다. 우리가 기르는 개나 고양이, 또는 다른 유인원인 원숭이들조차도 우리 인간이 할 수 있는 것처럼 그들의 앞발을 돌리지는 못한다. 이것은 우리의 양팔을 번갈아 매달리며 건너가던 조상들이 이러한 능력을 발전시켰기 때문에 가능한 것이다. 그리고 어떤 동물도 인간의 손처럼 강하고 다재다능한 손을 가진 동물은 없다. 이러한 특성들은 우리가 나무가 우거진 숲속에서 양팔을 번갈아 매달리며 건너가던 조상들을 가지고 있다는 또 다른 증거이기도 하다.

그러고 나서 우리 인간이 나무에서 내려와 두 발로 걷기 시작하자 인간의 이 놀랍도록 부드러운 두 팔은 자유롭게 되었다. 이 팔과 부드러운 손목과 솜씨 좋은 손가락을 가지고 인간은 지구상에서 가장 뛰어난 지상 동물이 되었다. 이제는 인간은 물건을 던지고 아주 간단한 도구만을 가지고도 땅을 파고 말뚝을 박고 자르고 깎고 할 수 있게 되었다. 1억 년 전에는 두 발로 섰던 육식동물 공룡이 지구를 지배했듯이 이제 두 발로 걸어다니는 인간이 지구상에서 가장 위험한 포식자가 된 것이다. 그러나 왜 우리가 두 발로 걷게 되었는가? 어떤 생태학적 요소가 이러한 드라마틱한 변화를 이끌어내는 데 기여했을까? 나는 인간의 직립이라는 또 다른 단계에서도 속씨식물이 중심 역할을 했다고 믿고 있다.

꽃을 피우는 식물과 인류

꽃을 피우는 식물들은 우리 인간이 걸어다니는 법을 배울 수 있도록 만들어준 특별한 서식지를 제공해주었다. 지난 1,000만 년 동안 기후가 서늘하고 건조해지면서 초원지대가 널리 확산되었다. 화석에 나타나 있는 증거를 통해서 보면 3,000만 년 전에 남아메리카에 처음으로 넓은 초원지대가 나타났다는 것을 알 수 있다. 아프리카와 다른 지역에서는 좀 늦게 초원이 발달하기 시작했다. 그리고 1,000만 년 전까지는 초원이 전 지구상에 널리 퍼졌고 열대기후 지역과 온대기후 지역에 모두 주기적인 건조한 계절이 나타나는 환경이 형성되었다. 아프리카에서는 초원지대에 엄청난 숫자의 거대한 포유류들이 등장했다. 말과科 동물과 사슴, 돼지과의 동물, 들소와 기린과 코뿔소와 하마와 코끼리과의 동물들이 모두 등장하게 된 것이다. 이들은 대형 초식동물들이다. 그리고 육식동물로는 사자, 표범, 하이에나, 와일드도그, 자칼, 그리고 작은 고양이과 동물 등이 왕성한 육식동물 서식군을 이루게 되었다. 길고 지독한 건기가 있음에도 불구하고 초원지대는 많은 종류의 거대한 포유류를 먹여 살리고 있다. 이곳에는 같은 면적의 상록수림이나 낙엽수림보다도 훨씬 많은 숫자의 동물들이 서식하고 있다. 열대우림 안에도 엄청난 숫자의 여러 동물들이 살고 있기는 하지만 이들 중 대부분은 곤충과 작은 척추동물이다. 하지만 강우량이 적음에도 불구하고, 그리고 제한된 종류의 다양성에도 불구하고 초원지대에서는 많은 대형 초식동물이 살고 있다. 만약에 고대 인간의 조상들이 '쇠고기가 어디 있지?' 하고 찾아다녔다면, 그들은 아프리카의 사바나와 초원지대에서 찾을 수 있었을 것이다. 그리고 그 '쇠고기'야말로 우리 조상들에게는 가장 중요한 식량이었을 것이다. 동물성 단백질과 지방은 아주 영양분이 많아서, 길고 고된 여행에서 체력을 유지시키고, 아이들을 키우는 데 꼭 필요한 것이다. 동물로부터 얻는 풍부한 음식물은 인간의 두뇌를 더 크게 만드는 데 도움을 주었다. 인간의 두뇌는 350만 년 전부터 5만 년 전 사이에 크기가 세 배나 더 커졌다. 동물성 지방과 단백질이 부족했더라면 우리는 지금 우리가 가지고 있는 것만큼 머리가 좋은 동물이 되어 있지 않았을 것이다.

우리와 가장 가까운 친척 종들이 상록수림에서 살아가고 있는 것처럼 우리 인간의 조상도 처음에는 습기가 많은 상록수림에서 살았다. 침팬지와 고릴라들은 모두 상록수림에서 살고 있는 동물들로서 많은 시간을 지상에서 보내고 있다. 특히 주먹을 쥔 채 두 팔로 땅을 짚어가며 걸어다녔다. 우리의 손목과 팔의 뼈를 살펴보면 우리가 직립 보행을 하고 두 발로 걷기 시작하기 전까지는 우리의 조상들도 이와 비슷한 방법으로 걸어다녔을 것이라는 것을 짐작하게 한다. 그렇다면 무엇이 우리 조상들을 두 발로 걷게 만들었을까? 가장 그럴듯한 시나리오는 수풀이 줄어들고 건조한 식물지대가 널리 퍼져가는 시기 동안에 광활한 숲 속과 관목지대, 사바나 초원지대에서 살아가기 위한 하나의 효과적인 방법으로 두 발로 걷는 보행을 선택한 것이 아닌가 하는 것이다. 이 시기에는 중앙아프리카의 열대우림과 상록수림의 넓은 지대는 그대로 남아 있었던 반면에 대륙의 동쪽 지역은 두 개로 갈라지고 서서히 솟아오르고 있었다. 이러한 지질학적 변화는 강우 패턴의 변화와 더불어 동부 아프리카의 넓은 지역에 더 건조한 식물지대를 확산시켰다.

상록수 숲이 점점 줄어들게 됨에 따라 인간의 조상들은 더 건조하고 더 광활한 초원지대를 탐사하기 위해 손가락 관절로 걷는 습관을 버리고 일어서야 했다. 두 다리로 걸으면서 인류는 더 먼 거리를 걸을 수 있게 되었고, 우리 주변에 대한 시계를 더욱 넓힐 수 있었다. 그리고 효율적으로 에너지를 절약할 수 있게 했다. 직립 자세는 머리 위로 쏟아지는 뜨거운 열대의 태양에 노출되는 신체 부위의 면적을 줄여주고 시원한 바람을 더 많이 받을 수 있도록 해주었다. 비록 먹을거리는 점점 줄어들었고 사바나 초원 안에 넓게 흩어져 있었지만 많은 포유류 초식동물들이야말로 좋은 영양을 제공하는 잠재적인 식량원이었다.

축축하고 빽빽한 상록수 숲을 떠남으로써 인간들은 또 다른 추가적인 이익을 가지게 되었다. 그것은 건조한 환경에서는 질병과 기생

충도 훨씬 줄어들게 되었다는 점이다.[3]

동부 아프리카 지역에서는 초원지대의 다양한 기후조건과 제법 높은 고도, 남북의 기울어진 축과 지질학적 단층 시스템으로 인해 날씨가 더워졌다가 시원해지고, 습도 또한 많아졌다가 적어지기도 함에 따라서 식물의 서식지도 산악지대의 경사면에까지 추가적으로 늘어나게 되었다. 이러한 곳은 지난 수백만 년간 발생했던 지구의 극심한 기후 변화, 즉 빙하기와 같은 변화의 영향을 최소한으로 받은 지역 중 하나다. 이곳은 인간의 조상이 직립 자세를 취하고 점점 더 건조해지는 초원지대로 돌아다니고, 그리고 얼마 지나지 않아 큰 두뇌를 만들어낸 곳이다.

앞에서 설명한 바와 같이 더 이상 자신의 몸을 나무에 매달지 않아도 되어서 자유로워진 손과 팔은 새로운 가능성을 창조해내는 중요한 역할을 하게 되었다. 도구를 만들고 돌을 집어 던지고, 음식물을 운반하고, 보금자리를 짓고 하는 제반의 활동들이 자유로운 팔과 손으로 인해서 더욱 쉬워졌다. 그러나 가장 중요한 새로운 활동은 보다 더 신비한 것으로 나타났다. 인간 동료들끼리의 손짓과 손가락으로 제스처를 만들어 의사소통을 하기 시작한 것이다. 제스처를 통한 의사소통으로 인간은 사냥하는 동안 소리 내지 않고도 동료와 연락하는 것이 가능하게 되었다. 당시 초기의 인간들에게 있어서 사냥은 귀중한 단백질을 얻을 수 있는 가장 중요한 활동이었다.

시간이 흐름에 따라서 이 제스처에 음성 신호를 보강하여 사용하게 되었다. 그리고 이것은 말하는 방법을 만들어내는 단초를 제공하게 되었다. 직립 보행이 바로 이러한 재능을 발전시키는 것을 가능케 한 것이다. 그리고 앞발의 리듬에 맞추어 숨을 쉬던 것도 이제는 그렇게 하지 않아도 되어 호흡이 자유로워졌다. 이 위대한 호흡의 자유란 인간이 보다 더 큰 소리를 내고 보다 더 자주 소리를 낼 수 있게 됨으로써 음성 코드를 자유자재로 사용할 수 있게 되었다는 것을 의미한다. 이것은 인간의 가장 중요한 재주 즉, 언어를 발전시키는 기초가 되었다.

초식도 하고 육식도 하는 두 발로 걷는 영장류의 작은 무리들에게는 계절적으로 건조한 아프리카의 다양한 지상 조건이야말로 새로운 생활양식의 모험을 추구해가는 데 있어서 가장 이상적인 환경이 아닐 수 없다. 동부 아프리카 지구대를 따라서 펼쳐져 있는 언덕과 평원, 산과 강의 물길은 훨씬 다양한 서식지 조건을 제공하고 있다. 심지어는 건조한 지역에서도 강이 흐르고 있는 가장자리를 따라 상록수림이 만들어졌고, 계곡과 범람원flood plain은 광활한 삼림지대를 만들어냈다. 바위가 많은 능선에는 작은 나무와 관목들이 자라나게 되었고 넓고 평평하고 부드러운 물결 모양으로 펼쳐진 평원지대에는 키 작은 풀들이 무성했다. 이러한 건조한 평원지대에는 양치류나 침엽수, 소철 같은 식물들은 거의 자라지 않는다. 본질적으로 이들 건조한 서식지에 전반적으로 형성된 생물학적 군락은 꽃을 피우는 식물로 구성되어 있다.

전반적으로 아프리카에는 약 4만 종의 꽃을 피우는 식물이 서식하고 있다. 그리고 이들 중에 5퍼센트 정도가 인간에게 식량을 제공하고 있는 것으로 여겨진다. 그러나 아메리카 대륙에는 아프리카에 비해 훨씬 적은 1만여 종의 식물이 자라고 있고 이들 중 5퍼센트만으로는 초기의 인간을 먹여 살리는 데 충분하지 못했다. 그리고 심지어는 남아메리카의 국지적인 환경은 꽃을 피우는 식물이 풍부한 특유의 식물상相 분포를 가지고 있었음에도 적은 양의 덩이줄기와 열매와 씨앗을 생산해내고 있었다. 또한 이러한 식량 자원들도 일 년 내내 충분하지 못했다. 그러나 이미 앞에서 설명한 바와 같이 이들 광활한 초원은 식물이 아니면서도 높은 질의 영양을 제공하는 풍부한 자원을 가지고 있었으니 바로 대형 포유류들이다. 이러한 환경에서 식물상의 대부분은 거의 꽃을 피우는 식물에 의해 유지되고 이들 잡식성의 두 발로 걷는 영장류가 인간으로 진화하게 되는 것이다.

하지만 더 큰 두뇌를 가지고 있고 그 서식 범위를 유라시아 대륙을 가로질러 팽창했음에도 불구하고, 인간의 생활방식은 계속적으로 위험한 상황에 놓이게 된다. 비록 더 똑똑해지긴 했지만 아직도 현대의 인간호모사피엔스사피엔스들은 수만 년 동안 자신들의 조상들이 살아왔던 것과 마찬가지로 100명 이내의 성인들로 이루어진 작은 집단으로 살아가고 있었다. 그리고 약 3만 년 전의 유럽에는그리고 아마도 아프리카에서는 8만 년 전 우리의 조상들이 조심스럽게 새로운 도구를 깎아서 만들기 시작했다는 증거가 발견되고 있다. 낚싯바늘, 돌로 만든 창날 등이 지구상에 나타난 역사상 최초의 도구 형태들이다. 그러나 인간들은 아직도 소규모의 무리를 지어 움직이고 있었다. 그러다가 갑자기 1만 년 전부터 지구상의 여러 지역에서 인간이 주요한 문명적 진보를 이루어내기 시작했다.

농경시대의 시작

인간은 약 1만 년 전에 아프리카에서 처음 출현했고 시간이 흐르면서 점차 다른 지역으로 퍼져나가 이 지구상의 대지 위에 그들의 존재를 알리기 시작했다. 그러나 크기가 큰 대형 포유류 동물들과 날지 못하는 새들은 전 세계를 휩쓸고 다니는 인간의 조상들의 혁신적인 사냥 기술 덕분에 얼마 지나지 않아 멸종 위기에 처하게 되었다. 인간들은 오스트레일리아에는 5만 년쯤 전에, 아메리카 대륙에는 1만 3,000년쯤 전에, 마다가스카르 섬과 태평양에 있는 다른 멀리 떨어진 섬에는 1,500년쯤 전에 나타났다. 이들 각각의 침입 기간 동안 인간들은 몇몇 인상적인 동물들을 멸종시켰다. 아프리카의 대형 포유동물을 시작으로 북반구에서는 매머드와 마스토돈을, 그리고 오스트레일리아, 뉴질랜드, 마다가스카르 섬에서는 날지 못하는 커다란 조류를 멸절시켜버린 것이다. 예리하게 깎아 만든 창날과 이를 자유자재로 움직이게 하는 창대와 화살, 활들이 이러한 대량 학살을 가능하게 한 것이다.[4] 그러나 이러한 새로운 사냥기술에도 불구하고 대부분의 서식지에서는 겨우 30~150명의 인간 무리만이 먹고살 수가 있었다.

문제는 인간이란 존재는 보다 좋은 질의 먹을거리를 더 많이 필요로 한다는 것이다. 그리고 그것을 언제든지 원하는 시기에 먹고 싶어 한다. 비록 인간이 다른 동물들보다 월등한 지적 능력을 가지고 있긴 하지만 계절적으로 그리고 예측불가능한 자연환경에서 먹을거리를 구하는 일은 쉽지 않은 일이므로 배고픔은 지속적인 위협이 되어왔다. 인간의 큰 두뇌는 인간의 몸을 지탱하는 에너지의 20퍼센트를 사용한다. 심지어는 인간이 잠을 자고 있을 때도 뇌는 에너지를 사용한다. 발달된 머리는 대량의 연료를 필요로 한다. 흥미롭게도 화석에 나타난 증거에 의하면 인간의 두뇌는 지난 5만 년 동안 더 이상 커지지 않았다. 인간의 두뇌는 이제 그 크기를 확대하기 보다는 새로운 진화적 활동을 진행하고 있는 듯하다. 더 발전적인 문화적 변화를 말하는 것이다. 인간은 과거에는 전혀 본 적이 없는 새로운 형태의 도구를 만들기 위해 노력을 기울여왔다. 의사소통을 보다 효율적으로 하는 방법, 그리고 인간 자신을 보다 예술적으로 표현하는 방법들이 그것이다. 예리하게 날을 세운 창날, 정교하게 깎은 낚싯바늘, 그리고 바늘 들은 이러한 새로운 창조력을 일찌감치 보여준 것이다. 그리고 인간은 아주 세련된 언어 능력을 통해 환경에 대해 더 많이 알게 되었고 그러한 지식들을 공유하고 있다. 뿐만 아니라 인간은 자신들의 지역에 대한 지식과 그곳에 사는 많은 식물과 동물에 대한 지식을 습득하게 되었고 정말 특별한 일들을 해냈다.

아주 놀랍게도, 인간은 세계 각지에서 몇몇 식물과 동물들을 선택해서 인간과 밀접한 생활의 파트너로서 살아갈 수 있도록 만들었다.

즉, 재배를 시작한 것이다. 우리는 이러한 문명의 혁신을 '농업'과 '축산업'이라고 부른다. 인간은 많은 종류의 식물, 몇몇 종류의 동물들과 특별한 관계를 발전시킴으로써 지극히 중요한 것, 즉 더 많은 먹을거리를 만들어내기 시작했다. 단지 더 많은 먹을거리를 만들어내기만 한 것이 아니라 상황이 악화될 때를 대비해 저장할 수 있게 된 것이다. 대지 위를 돌아다니면서 먹을거리를 찾아 헤매던 시절의 인간의 조상들에게는 언제나 절대로 끝나지 않을 것 같던 문제였다. 그 당시에는 인간은 풀이나 잎을 먹을 수 없었고, 때문에 보다 쉽게 소화시킬 수 있는 양질의 먹을거리가 많이 필요했다. 대부분의 생활환경에서는 이런 먹을거리들이 대단히 귀했고, 있다 하더라고 여기저기 흩어져 있었다. 그리고 그 양이 풍부하다 하더라도 단지 해당 계절에만 먹을거리가 풍부할 뿐이었다. 딸기, 씨앗류, 견과류, 녹색의 부드러운 새싹들은 시간이 흐르면서 금세 사라지거나 먹을 수 없는 상태가 되어버렸다. 게다가 상황이 나쁜 어느 해에는 이런 작물들을 전혀 찾아볼 수도 없는 경우도 발생한다는 사실이다. 대부분의 대지는 다른 형태의 아주 좋은 양질의 먹을거리동물들를 가지고 있었다. 하지만 불행하게도 이들 영양분이 높은 먹을거리 재료들은 항상 경계태세를 준비하고 있고 빠르기 때문에 잡기가 쉽지 않다. 이들 특별히 칼로리가 많은 먹을거리대부분 어류, 조류, 그리고 포유류 들이다들도 가뭄이 들거나 겨울이 되면 구하기가 쉽지 않다. 그래서 여기저기 돌아다니는 수렵꾼과 채취꾼에게 굶주림은 지속적인 위협이었다. 그러나 우리 인간들은 몇몇 특별한 식물과 동물의 종류들을 기르는 방법을 찾아냄으로써 자신들의 생존능력을 확대시킬 수 있었다. 그러나 재미있는 것은 우리 인간이 이 지구상에서 최초의 농사꾼이 아니라는 사실이다.

다리가 여섯 개 달린 최초의 농부들

최초의 농부는 인간이 아니다. 최초의 농부는 우리가 곤충이라고 부르는 지구상에서 가장 그 종류가 많은 동물이다. 이 중에서 농사짓는 법을 발전시킨 곤충은 세 종류나 된다. 그들 중에서 대표적인 곤충이 바로 딱정벌레다. 바구미의 친척인 암브로시아 딱정벌레ambrosia beetle의 몇몇 종들은 나무의 목질부에 구멍을 뚫고 자신은 물론 새끼들을 먹일 특별한 균류를 배양한다. 농사를 짓는 곤충의 두 번째 무리는 나무를 갉아 먹는 흰개미의 한 종으로서 이들은 자신들의 배설물을 이용해 자기들이 먹을 수 있는 특별한 종류의 균류를 배양한다.

농부 곤충의 세 번째이자 마지막 그룹은 가장 멋있는 장관을 펼쳐 보인다. 이들은 식물 재료들을 자신들의 집으로 가져가서 썩힌 다음 거기에 공생하는 균류를 배양하는 '가위개미leafcutter Ant'다. 이들은 주로 작은 개미들로서 눈에 보이지 않는 땅속 보금자리를 가지고 있어서 실제 농사짓는 모습은 보이지 않는다. 하지만 대단히 인상적이다. 이들은 땅속에 직경 4~5미터 이상 되는 보금자리를 짓는다. 이 개미들은 자기들 마음에 드는 여러 가지 나무 종류를 찾기 위해 숲의 밑바닥을 가로질러 먼 거리까지 열을 지어 행군한다. 그러고는 나뭇잎이 무성하게 덮여 있는 나무 꼭대기까지 올라가 필요한 부분의 잎사귀를 잘게 자른다. 마치 녹색 깃발을 든 것처럼 잘라낸 잎을 운반하는 이들 개미의 긴 행렬은 쉽게 눈에 띈다. 비틀거리며 행진하는 수백 개의 잎사귀 조각들이 질서정연하게 둥지로 향하는 것을 눈으로 바라보고 있으면 굳건한 목적의식을 느끼게 한다. 이러한 장관은 자연의 세계에서 몇 가지 더 찾아볼 수 있다. 나는 이러한 긴 행렬이 실제로 열대우림의 밑바닥에 5~6센티미터 넓이의 작은 길을 만들어내고 있다는 것을 알아채기 전까지는 이들 작은 동물들이 열대우림의 역학관계에 얼마나 중요한지 알지 못했다. 어느 누가 이들 작은 개미들의 발자국이 쓰레기로 뒤덮인 열대우림의 밑바닥을 관통하는 눈에 띄는 길을 만들 수 있을 것이라고 상상이나 했겠는가?[5]

※ 가위개미들이 나뭇잎을 잘라 운반하고 있다.

이들 세 가지 형태의 곤충의 영농 행위는 각각 세 가지의 특이한 균류의 배양에 기초를 두고 있다. 이들 균류들은 서로 아무런 연관은 없다. 그리고 이들 세 영농 곤충류의 각각이 균류를 기르지 않는 다른 친한 곤충들과 관계를 맺고 있기 때문에 우리는 이 세 가지 각기 다른 예를 따로따로 알아보기로 한다.

흰개미는 맨 처음 아프리카에서 그들의 균류 배양 활동을 시작했던 것으로 추정된다. 그리고 유럽과 아시아로 자신들의 공생균류와 함께 같이 이동한 것으로 보인다. 가위개미는 아메리카 대륙 내에서만 제한적으로 서식하고 있으나, 나무에 구멍을 뚫는 딱정벌레는 전 세계에 널리 퍼져 있다. 그러나 우리가 특별히 주목할 가치가 있는 것은 이들 모두의 '영농 시스템'이 한 가지 종류의 균류만 기르고 있다는 사실이다. 그것들은 바로 단종 재배 농장이었던 것이다. 이러한 단종 재배를 이용한다고 하면 이것이 비자연적이고 기생충이나 해충에 취약하다고 여길 수도 있을 것이다. 그렇다면 이들 곤충들은 다른 해충이 자신들이 키우는 균류를 공격하는 것을 어떻게 대처하고 있을까? 이에 대한 연구는 아직 거의 이루어지고 있지 못하다. 하지만 확실한 것은 해충이나 기생생물들이 이들 단종 재배 농장을 공격할 수 있다면 이들은 또한 그 공격으로부터 막아내는 방법을 찾아낼 것이다.

우리는 인간 세계가 아닌 다른 세계에서 어떤 일이 진행되고 있는지를 알아보기 위해 이들 다른 세계를 세밀하고 충분하게 조사해본 적이 없다. 그러나 '가위개미'를 보다 자세히 연구한 결과 이들이 기르는 균류를 공격하는 작은 나쁜 병원균이 있다는 것을 알아냈다.

이들 기생충의 숫자가 너무 많아지면 개미의 서식지는 쇠락하게 된다. 그렇다면 개미는 어떻게 이 해충과 전투를 하고 있을까? 연구결과 개미는 공생 박테리아의 성장을 지원하고 있는 것으로 밝혀졌다. 이 박테리아 종들은 개미가 배양하고 있는 균류에 대해서는 아무런 해를 끼치지 않지만 재배종에 기생하는 병원균을 공격한다. 여기에 자신의 생존을 위해 완전히 하나의 단일 종에 의존하고 있을 때 발생할 수 있는 문제에 대한 위대한 해법이 있다. 이 박테리아 종들은 자신들이 살아 있는 생명체이기 때문에 기생균류나 해충이 변화하면 자신들도 따라서 이에 적응할 수 있도록 스스로 유전적 특성을 변화시킬 수 있다.

우리 인간들도 이와 비슷한 일을 하고 있다. 인간은 새로운 것이거나 또는 변형된 식물 병원균에 대항하여 싸울 수 있는 식물 종자를 만들기 위해서 우리가 키우는 곡식들의 유전적 다양성을 유지하고 있다.

이제 곤충, 균류, 기생생물에 대한 이야기는 이 정도로 하고 꽃을 피우는 식물들과 인간들이 어떻게 농업을 창안했는지에 대해 살펴보도록 하자.

인류 농업의 기원

인간이 맨 처음 식물과 동물을 집에서 기르게 된 정확한 경위에 대해서는 많은 추측과 이론이 제기되고 있다. 이

주제에 대한 고고학적인 연구가 점점 늘어나고 있으며, 그 연구결과에 따르면 다양한 환경적 조건에 따라 각각 다른 방법으로 오랜 기간 동안에 농경을 위한 취락 생활이 정착되고 발전되었다. 초기에는 전 세계의 최소한 다섯 지역에서 독립적으로 농경체제를 발전시켰던 것으로 추정된다. 즉 중동 지역, 중국 및 동남아시아, 뉴기니, 중앙아메리카, 그리고 남아메리카가 그 지역이다. 인간들은 각기 다른 환경을 가지고 있는 지역에서 적어도 4,000년 이상의 기간에 걸쳐서 농경활동을 발전시켜왔다. 어떻게 해서 이들 지역이 상당한 거리가 떨어져 있으면서도 거의 동시대에 농경활동이 이루어졌을까? 이것을 설명하기 위해서는 두 가지 요소를 이해해야 한다. 하나는 빙하기의 마지막 시기에 기후가 변화됨에 따라 강제적으로 발생된 환경의 변화이고 또 하나는 보다 안정적인 먹을거리를 확보해야 한다는 중압감 때문에 계절에 따라 만들어지는 작은 공동체들이 정착하는 것과 같은 문화적 진보의 진행이다.[6]

일반적으로 가장 먼저 식물의 재배가 이루어졌을 것이라고 인정하고 있는 곳은 중국의 중부 지역인 양쯔강 유역이다. 그곳에서 벼를 재배했다는 기록이 있다. 고고학적 증거에 따르면 인간들이 약 1만 2,000년 전에는 야생에서 자라는 쌀을 조금씩 먹다가 약 1만 년쯤 전에 이를 재배하게 되었다.[7] 또한 중동 지역의 '비옥한 초승달 지역'에서는 약 9,000년 전에 정착된 농경사회가 발생했음을 나타내는 증거들이 발견되고 있다. 이 비옥한 초승달 지역은 이스라엘로부터 서부 요르단을 지나 시리아를 통과하여 동쪽으로 이어져 터키를 지나고 거기서부터는 남동쪽으로 향해 이라크의 티그리스 강과 유프라테스 강이 만들어내는 배수가 잘되는 비옥한 지역을 망라한다. 이 지역에서는 초기에 외알밀einkorn wheat과 엠머밀emmer wheat, 동물사료용 밀, 보리와 강낭콩, 병아리콩이집트 콩, 렌즈콩과 같은 식물들을 재배하기 시작했다. 그러나 식물의 경작이 이루어지기 전에 아주 오랜 기간 동안 식물 채취 활동이 먼저 이루어지고 있었다.

최근에 이러한 초기 인간의 활동에 대해 새로운 조명을 비추는 흥미로운 물건이 이 갈릴리 해의 퇴적층에서 발견되었다. 녹말가루가 붙어 있는 곡식을 갈던 돌조각이 그것이다. 거기 붙어 있는 녹말의 알곡을 분석한 결과 구운 보리로 판명되었다. 그런데 문제는 이 곡식을 가는 돌조각이 그 퇴적층에 약 2만 3,000년가량 묻혀 있었다는 것이다. 이것이 바로 이 발견을 특별한 것으로 만드는 것이다. 이전까지는 중동 지역에서 인류가 정착한 것이 9,000년 전이라고 알고 있었는데, 2만 3,000년 전에 곡식을 갈던 돌조각이 발견되었으니 그만큼 그 지역의 인류의 역사가 훨씬 긴 과거를 갖게 되었기 때문이다. 이 돌조각으로 말미암아 중동 지역에 정착한 인류는 2만 3,000년 전에 야생의 곡식들을 채취하여 세련된 방법으로 요리해 먹고 있었다는 것이 증명되었다.

최근에 밝혀진 또 다른 고고학적 조사에 따르면 이 지역에서는 초기의 수렵 채취의 시기에도 아주 다양한 작은 야생 초본식물의 씨앗을 그들의 식생활에서 정기적으로 사용하고 있었다고 한다. 하지만 일단 중요한 곡식들을 재배하기 시작하자 이들 야생 초본식물의 씨앗은 더 이상 식용으로 사용하지 않게 되었다. 곡물류의 경우에는 이러한 알곡의 씨앗의 머리가 흩어지지 않는 곡식류를 선택하여대부분의 야생종들은 그들의 씨앗을 퍼뜨리기 위해 씨앗의 머리를 스스로 깨뜨려 널리 퍼지게 한다 이를 재배했는데 그 과정은 아주 느린 과정이었을 것이다. 그렇게 함으로써 알곡의 머리가 최대한 원형상태로 보존된 가운데 수확을 하게 되었다. 이렇게 하여 인류는 플럼퍼plumper, 볼을 보기 좋게 하기 위해 입안에 무는 물건만한 크기의 곡식과 보다 더 영양분이 많은 곡식을 생산하는 대형 식물을 선택하게끔 되었다. 이들 대부분은 인간에 의한 번식에 의해서만 생존이 가능한 것으로 자연 상태에서는 번식이 불가능한 것들이다. 그렇다면 왜 이 시기에 식물의 재배와 대규모의 인간 공동체 건설이 발생했을까?

최근의 또 다른 연구결과 9,000년 전에 멕시코에서 호박류가 재배되기 시작한 것으로 밝혀졌다이것은 옥수수가 주식용 곡물로서 재배되기 시작한 것보다 4,000년이나 앞선 일이다. 7,000년 전까지는 바나나와 타로녹말의 주재료가 뉴기니의 산속에서 재배되기 시작했다. 이러한 연구들은 인류가 정착된 농경생활을 시작했다는 사실을 증명해주고 있다. 이러한 활동은 약 4,000년 전에 이루어졌으며, 이것은 야생의 씨앗을 채취하여 이를 구워서 갈아 먹던 수렵 채취 시기에서 벗어나는 커다란 발전이었다. 우리는 아직까지도 왜 전 세계의 멀리 떨어진 각각 다른 지역에서 불과 수천 년 사이에 동시에 농경생활을 시작하게 되었는지에 대한 만족스런 이유를 밝혀내지는 못하고 있다. 아마도 농경생활을 하기 위해서는 영농을 위한 어떤 조직이 필요한데 그러한 조직이 이 시기에 형성되기 시작한 것이 아닌가 싶다.

중동 지역에서는 최초의 야생 작물을 정상적인 밭작물로 재배하기 전에 이미 동물들을 집에서 기르기 시작한 것으로 추정하고 있다. 수렵 채취 시기에 동물을 길들이는 것은 아주 쉽게 이룩할 수 있는 혁신이다. 어린 산양이나 염소의 새끼를 사로잡아 끌고 다니거나 이동하는 것은 그다지 어렵지 않은 일이었기 때문이다. 왜냐하면 그들은 인간이 지배하는 공동체 조직 근처에서 살아왔기 때문에 사로잡은 산양, 염소, 돼지, 들소의 어린 새끼들을 유목민이나 정착된 인간 공동체의 한 부분이 되도록 길들이기만 하면 되었던 것이었다. 양, 염소, 소, 돼지는 8,000년 전에 인간 사회의 정규 멤버가 되었다. 지금은 이들 네 종류의 동물이 각각 서로 다른 지역에서 가축으로 길들여진 것으로 밝혀졌지만 일단 이들 동물이 어느 지역에서든지 인간 사회의 일원이 되자마자 다른 지역에 사는 인간들도 아주 빠르게 이들을 길들이기 시작했다.

농업 혁신의 지리적 중심

세계의 일부 특정 지역은 중요한 토착 농작물의 원산지로서 각광을 받고 있다. 그리고 그들은 농업 혁신의 중요한 지역으로서 간주되고 있으며 아메리카 대륙에는 이런 지역이 네 군데 있다. 멕시코와 중앙아메리카는 전 세계에 옥수수, 토마토, 카카오, 바닐라, 아보카도, 파파야, 해바라기뿐만 아니라 다양한 고추 종류, 호박, 강낭콩, 면화 등을 제공했다. 안데스 산맥의 고산지대는 감자, 안데스 괭이밥, 율루카ulluca, 퀴노아quinoa, 쌀보다 조금 작은 둥근 모양으로 조리가 쉽고 단백질, 녹말, 비타민, 무기질이 풍부한 곡물, 리마콩의 원산지다. 남아메리카 대륙에서 조금 낮은 지역은 카사바casava, 매니악(manioc)이라고도 함, 고구마, 땅콩, 파인애플, 담배, 코카 잎코카인의 재료 등을 재배했다. 그리고 이와 동일한 토종작물의 재배가 북쪽에서도 이루어졌다. 남아메리카는 면화, 고추, 옥수수, 콩을 재배하고 개량종을 발전시켰다. 상당한 시간이 흐른 뒤에는 마지막으로 미국의 미시시피 강과 오하이오 계곡에서 옥수수, 호박, 해바라기의 새로운 개량종과 토착 명아주의 재배에 성공했다.[8]

아시아, 아프리카, 유럽 등에서는 이러한 유사한 현지 토착 식물의 재배에 성공한 지역이 아주 많이 있다. 앞에서 언급한 바와 같이 중동 지역의 비옥한 초승달지대서남아시아와 중국에서 가장 먼저 식물 재배에 성공했다. 남부 아시아 및 동남아시아의 열대 지역에서는 여러 종류의 벼와 플랜테인요리용 바나나의 일종, 망고, 감귤류 과일, 오이, 후추, 가지, 얌, 콩의 재배에 성공했다. 뉴기니, 서태평양 지역에서는 코코넛, 타로, 빵나무, 날개콩, 사고야자, 사탕수수, 바나나 등을 재배하는 데 성공했다. 아프리카와 남부 사하라에서는 진주 기장, 아프리카 쌀, 수수, 동부, 토종 얌, 오크라, 기름 야자나무, 다양한 멜론의 종류들을 재배하는 데 성공했다. 에티오피아의 고산지대는 테프teff, 세계에서 가장 작은 알곡식, 엔세테, 커피, 수수의 특별한 변종과 보리의 유일한 원산지다.

세계의 여러 지역에서 또한 가장 일찍 사육된 동물, 즉 염소, 양, 돼지, 닭, 소, 나귀, 물소 등을 길들여 사육하는 데 성공했다. 말과 낙타의 사육은 좀 뒤에 일어난 일이다. 아메리카 대륙에서 고립된 특정 지역에서만 식물들의 재배에 성공한 것과 같이, 유럽, 아시아, 아프리카 등에서는 각기 다른 지역에서 특정한 야생 동물들을 독립적으로 사육해왔다. 최근의 DNA 조사에 의하면 소는 인도, 지중해 동부 지역, 지금처럼 사막화되기 이전의 사하라 등 3개 지역에서 길들여져왔으며, 마찬가지로 돼지는 아시아 서부 지역과 아시아 남서부 지역에서 길들여져온 것으로 보인다. 쌀도 또한 아시아 남부 지역과 중국 지역에서 각각 독립적으로 재배되어왔다. 심지어 개는 농경이 발달하기 전인 약 1만 5,000년 전에 여러 지역에서 인간의 가까운 동반자가 되었다.

개는 우리의 사냥 파트너일 뿐 아니라 인간의 집단 거주촌의 규모가 커지면서부터 위생 기술자 및 보안 경비견의 역할을 담당하게 되었다. 또한 일부 문명 지역에서는 식용으로 사용되기도 했다. 그리고 중동 지역에서는 인간들이 많은 곡물을 저장하기 시작하면서 설치류들이 문제를 일으키기 시작하자 고양이가 인류의 친구가 되었다.

이들 '농경혁신의 지역적 중심'이 조성된 주요 요인은 무엇이었을까? 기후가 결정적인 역할을 했을 것은 자명한 사실이다. 농경이 일찌감치 발달된 지역은 계절적으로 춥거나 건조한 지역이 대부분이다. 식물이 자라지 않는 계절은 땅을 쉬게 하고 물건이 썩어가는 것을 감소시키고, 병원균을 자라지 못하게 하며, 추수와 씨뿌리기를 준비하기가 용이하게 하고, 인간들에게 보다 복잡한 사회를 건설하고 유지할 수 있게 만들어준다. 이러한 사회에서는 보다 긴 시간 동안 안정을 확보할 수 있기 때문에 여러 지역에서 길들인 활용 가치가 높은 동물들을 서로 가져와 한데 모으게 된다. 또 이들 지역이 농경 집중 지역의 중심지가 된 또 다른 요인은 이들 지역이 가지고 있는 지리적 특성 때문이다.

지중해 동부 지역 사람들과 비옥한 초승달 지역 사람들은 주요 산악 지역으로 둘러싸여 있다. 이들 산악 지역은 아주 거대한 꽃밭과도 같은 지역으로 대부분의 산악 지역에 있는 서식지는 인간에게 유용한 양질의 식물과 맛있는 동물을 제공해주고 있다. 또한 이 지역은 넓은 유라시아 대륙의 일부분인 데다가 낮의 길이가 밤의 길이와 비슷하기 때문에 이 지역 내의 다른 곳으로부터 길들여진 식물과 동물들을 쉽게 구할 수 있었고 원하는 곳으로 옮겨올 수가 있었다. 비옥한 초승달 지역에 살고 있던 초기 농부들이 맨 처음 밀, 보리, 완두콩, 이집트콩병아리콩, 양파 등을 재배하기 시작한 곳이 바로 이 지역이다. 조금 더 지나자 그들은 올리브, 대추야자, 무화과, 포도건포도와 포도주를 만들기 위해를 재배하기 시작했다. 그리고 1,000여 년이 더 지나자 지중해 지역과 서부 아시아 지역에 살고 있는 인류는 또한 사탕무첨채, 양배추, 샐러리, 오이, 상추, 무, 시금치, 순무 등을 식탁에 올리기 시작했다. 그리고 복숭아, 체리, 사과, 자두, 살구, 석류와 같은 과일도 재배하기 시작했다. 또한 양념이나 향신료로서 아니시드

aniseed, 스페인과 라틴아메리카에서 많이 사용하는 향신료, 나륵풀, 회향, 마늘, 부추, 박하, 겨자씨, 로즈마리, 샐비어, 백리향 그리고 참깨 씨앗을 재배하기 시작했다. 이러한 식물들은 지역 내의 여러 지방과 여러 정착 지역으로부터 가져왔고 근동 문명 지역의 생활을 훨씬 더 풍요롭게 만들어주었다.

다른 지역에 있는 농작물 재배의 중심지도 비슷한 채소와 향신료를 풍부하게 가지고 있었다. 여기서 우리가 간과해서는 안 될 중요한 점은 앞에서 열거한 식물들이 바로 꽃을 피우는 식물들이라는 사실이다. 중동, 인도, 중국, 멕시코, 풍요로운 안데스 그 어디든지 이야기는 똑같이 전개된다. 꽃을 피우는 식물들이 위대한 인류의 문명을 건설하는 데 필수불가결한 것을 가져다주었다는 것이다.

중요한 것은 이러한 인간이 재배하는 새로운 농작물과 사육하는 동물들이 원산지에 관계없이 인류 역사의 대서사시에 아주 중요한 변화를 가져왔다는 것이다. 농경시대가 발달하기 이전의 수렵 채취 시대의 인류의 집단 거주지는 평균 약 ½에이커약 2,000평방미터 정도면 충분했다. 하지만 농경시대의 발전과 더불어 인류의 거주지는 평균 2에이커 또는 그 이상이 되었다. 하지만 농업혁명이 일어나고 난 뒤에는 동일한 면적에서 수렵 채취 시대보다 10배나 많은 인구를 먹여 살리는 지역도 있었다. 그리고 좀더 지나면서 물을 이용하는 기술이 개발되자 농업은 거대한 강을 따라서 수십만의 도시 인구를 먹여 살릴 수 있게 되었다.

유감스럽게도 농업은 아주 심각한 부정적인 결과를 가져오기도 했다. 많은 사람들의 키가 수렵 채취 시대의 선조들보다 작아졌다. 아마도 먹을거리를 곡식에 주로 의존하다 보니 그렇게 된 듯하다. 그리고 사람들이 마을에 너무 많이 모여 살고 길들여진 가축과 너무 가까워졌기 때문에 여기저기 떨어져서 방황하던 시절에는 도저히 있을 수 없었던 질병들이 빠르게 발생하고 전염되기 시작했다. 그럼에도 불구하고 인류는 그 숫자를 점점 더 늘려갔고 보다 더 복잡한 사회구조를 발전시켰다. 인류의 새로운 '공생' 파트너와 더불어 인류는 이제 지구의 얼굴을 바꿀 수 있는 힘이 되었다.[9]

기본 농업작물들-곡물, 콩, 덩이줄기 식물

에너지는 우리를 살아 있게 하고 활동할 수 있게 만든다. 이러한 에너지는 앞에서 언급한 바와 같이 우리의 세포 안에 있는 작은 미토콘드리아 내부에 있다. 그곳에서 호흡작용을 통해 우리들에게 에너지를 만들어주고 있다. 그러므로 이 호흡이 없다면 우리는 살아갈 수가 없다. 우리의 미토콘드리아를 활동하게 만드는 에너지의 대부분은 농업의 발명과 더불어 곡식에서 나온다. 곡물들은 우리와, 우리가 키우는 동물들이 계속 움직일 수 있게 하는 에너지를 제공한다. 가장 중요한 곡식들은 밀, 쌀, 옥수수 순이다. 또한 수수, 보리, 귀리, 호밀, 기장 등도 중요한 곡물이다사실 옥수수는 지구상에서 가장 많이 생산되지만 옥수수 수확량 중 많은 부분이 동물의 사료와 기타 파생 산물로 간다. 하지만 우리는 건강을 유지하기 위해서 단지 에너지만 필요한 것이 아니다.

필수적인 질소와 비타민 또한 필요하다.

우리의 가장 중요한 필수 영양원소 중 하나는 질소다. 단백질을 만들고, 핵산을 만들고, 또 여러 가지 다른 몸체의 구성요소를 만드는 데 이 질소가 필요하다. 질소는 현대의 비료를 만드는 데 있어서 필수적인 요소이며, 얼마나 오랜 기간 동안 농사를 짓느냐와는 상관없이 여러 가지 토양 내의 원소 중에서 가장 빨리, 그리고 자주 결핍되는 요소다. 우리가 숨 쉬는 공기의 79퍼센트가 질소로 이뤄졌는데도 질소를 얻는 것이 왜 그렇게 어려운 것일까?

공기 중에 포함되어 있는 질소는 원자 형태가 아니라 분자 형태N_2로 존재한다. 분자 형태의 질소는 두 개의 원자가 아주 단단하게 붙어 있다. 문제는 이들 두 개의 원자가 서로 결합되어 있을 때에는 그들이 세 개의 강한 화학적 공유결합으로 결합되어 있고 계속 그런 상태로 붙어 있기를 원한다는 것이다. 이것이 공기 중의 질소가 쉽게 반응하지 않는 이유이고 대부분의 생명을 유지하는 과정에 사용할 수 없는 이유이기도 하다. 식물과 동물의 영양소로 사용하기 위해서는 우선 이 두 개의 원자를 서로 떼어내야 하고 그다음에 암모니아나 질산으로 변환되어야 한다. 질소 원자를 떼어내기 위해서는 엄청난 에너지가 필요하다. 하지만 다행스럽게도 몇몇 박테리아가 이 일을 할 수 있다. 그들은 대기 상태의 질소를 떼어내서 이를 '고정'시키고 따로따로 떨어진 질소 원자를 다른 유기체가 사용할 수 있도록 화합물 상태로 만들어준다.

오늘날 우리 인간은 하버보쉬법독일의 화학자 프리츠 하버의 이름에서 비롯된 암모니아 합성법의 하나을 이용해 산업적인 차원에서 같은 효과를 거두고 있다. 이때는 높은 온도와 압력을 가한 상태에서 촉매제를 병행하여 사용해야 한다. 이러한 합성법은 세계 60억 인구의 식량문제를 해결하는 데 중요한 역할을 하는 상업용 질소 비료의 주요 원자재로 사용된다. 실제로 이러한 기술을 통해, 우리 인간들은 매년 전 세계의 자연적 합성방법을 통해 만들어내는 질소 합성량만큼 많은 질소를 고정하고 있다. 이와 같은 자연적 질소 합성 방법에는 번개에 의한 충격, 질소 고정 미생물, 그리고 콩과科 식물 같은 특별한 꽃을 피우는 식물에 의한 방법 등이 포함되어 있다.

우리의 고급 식품원인 곡물에는 단지 적절한 양의 단백질만이 함유되어 있을 뿐, 우리가 만들어낼 수 없는 필수 아미노산의 하나인 리신이 결핍되어 있다. 이것이 콩이 대단히 중요한 이유인 것이다. 즉, 대두, 완두콩, 강낭콩, 리마콩, 땅콩 등과 같은 콩이나 콩과科 식물이 이 리신을 포함하고 있다. 또한 콩류의 씨앗들은 곡식의 씨앗보다 훨씬 더 크고 단백질과 지방질이 더 풍부하다. 콩류의 씨앗들이 단백질을 훨씬 더 많이 함유하고 있는 이유는 콩과 식물이 질소 고정 박테리아와의 특이한 공생관계를 가지고 있기 때문이다.[10]

콩과 식물의 뿌리는 특별한 조직체symbiosome이라고 부름가 들어 있는 작은 혹을 가지고 있는데, 그곳에는 질소를 고정하는 박테리아가 살고 있다. 이 작은 혹은 내부에 살고 있는 박테리아들이 자신들만의 생화학적 마술을 펼칠 수 있는 무산소 환경을 제공하고 있다. 여기에서 박테리아들은 활성이 없는 질소 원자를 사용이 가능한 질소로 변화시키는 일을 한다. 이뿐만이 아니라 콩과 식물은 박테리아의 먹이 활동을 도와주는 특별한 단백질을 제공한다. 하지만 불행히도 그들의 공생관계의 파트너를 도와주는 이러한 모든 활동은 많은 에너지를 필요로 한다. 이러한 이유로 콩과 식물은 옥수수, 밀, 또는 쌀이 생산하는 것과 동일한 양의 씨앗을 생산하지 못하는 것이다. 문명의 세계에 사는 사람들은 곡물을 이용해 '에너지'를 얻고 콩과 식물을 이용해 단백질을 얻음으로써 보다 더 균형이 잡히고 영양이 풍부한 식생활을 하고 있다.

인류 역사에서 콩과 식물의 중요성은 또 다른 면에서도 찾아볼 수 있다. 콩과 식물은 단지 그들의 씨앗콩만이 단백질이 풍부한 것이 아니라 콩과 식물 자체가 다른 식물보다 질소를 더 많이 함유하고 있다. 그래서 콩과 식물은 죽거나 썩어버리면서 자신이 자라는 토양에 질소를 첨가하게 된다. 인공 비료가 발명되기 전에는 이러한 현상이 토양을 비옥하게 유지하는 중요한 요소였다. 초기 농부들은 작물을 교대로 재배하는 것, 즉 한두 계절 동안 곡물을 재배하고 다음 계절에는 콩과 식물을 재배하는 방법을 통해서 수천 년 동안 같은 땅에서 농사일을 계속할 수 있었다.

우리가 가장 좋아하는 '콩'은 곡물처럼 작고 딱딱하고 수분이 적다. 이러한 특성은 장기간 보관에 아주 요긴하다. 토마토나 아보카도, 또는 사과를 얼마나 오랫동안 보관할 수 있을까? 오래 보관하는 것은 불가능하다. 그러나 수분이 적은 곡식과 콩은 보관이 용이하기 때문에 쓰임새를 확대시키는 측면에서 대단히 중요한 요소다. 이들은 해충이 없는 건조한 곳에 보관한다면 영원히 보관하는 것이 가능하다. 곡식 작물과 콩과科 식물은 서로 같이 모든 위대한 문명의 기초가 되었다. 여기에 더하여 초본식물과 콩과 식물은 우리에게 고기와 우유, 가죽과 털을 제공하고 있는 목장을 유지하고 식용 가축을 생산하는 데 있어서 핵심적인 요소이기도 하다.

뿌리줄기 작물 또한 인류의 문명 사회에서 중요한 작물이다. 특히 곡식 작물이 잘 자라지 않는 대부분의 열대의 저지대에서는 더욱 그러하다. 여기에는 감자, 카사바, 고구마, 타로감자, 얌, 순무, 그리고 많은 다양한 종류들이 있다. 이러한 뿌리 작물들은 곡식보다는 더 많은 수분을 가지고 있기 때문에, 에너지도 덜 압축되어 있고 상하기도 쉬운 약점이 있다. 또한 단백질 함유량도 적다. 하지만 많은 뿌리작물들은 이들을 땅속에 내버려두었다가 단지 필요할 때마다 캐서 사용하면 되는 이점을 가지고 있다. 안데스 산맥의 서늘한 고지대에서 개발된 감자는 지금은 전 세계에서 네 번째로 중요한 식용작물이 되었다. 감자마름병으로 인해 아일랜드 대기아 사태가 발생하기도 했지만 감자가 에메랄드아일 섬으로 유입됨으로써 아일랜드의 인구가 세 배로 증가하기도 했다. 감자는 이 서늘한 북방 기후 지역에서 귀리나 기장이 제공하는 것보다 훨씬 더 많은 영양분을 제공했다. 그 참혹했던 마름병이 발생하기 전에는 감자와 버터밀크버터를 빼고 난 우유, 우유를 발효시킨 식품가 아일랜드 사람들에게 아주 풍부한 영양의 식사를 제공했다.

농업과 목축업은 인간들에게 이 예측 불가능한 기후와 강우의 세계에서 보다 안정적인 생존을 가능하게 해주었다는 사실만큼은 분명하다.[11] 보다 거대해진 정착사회는 식량을 저장할 수 있는 장치와 흙을 이용한 도자기 산업을 발전시켰으며 뒤이어 금속산업을 창조하게 했다. 그리고 그곳에서는 종교가 문학과 철학, 과학에 대한 선구자 역할을 했다. 이러한 모든 복잡한 사회는 꽃을 피우는 식물 재배의 성공에 기초를 두고 발전한 것이다. 일부 몇 안 되는 버섯류와 녹조류, 물고기와 조개류를 제외하고는 우리를 살아 있게 하는 모든 에너지는 꽃을 피우는 식물이 맨 처음으로 빨아들이는 햇빛으로부터 온다는 것을 잊어서는 안 된다.

농업, 그 놀라운 공생관계

농업은 인간의 인구가 팽창할 수 있는 에너지를 제공했다. 오늘날 농업이 우리 주변에서 너무나 일상적인 일이기 때문에, 우리는 농업이 우리 인류를 어떻게 변화시켜왔는지 그 행적에 대해 더 이상 관심을 갖지 않는다. 집단 거주하는 인간을 먹여 살릴 수 있는 곡물, 콩, 또는 뿌리작물이 없었다면 인류의 어떤 문명도 있을 수 없었을 것이다. 이러한 위대한 문명의 혁신은 지식이 많은 인간들을 만들어냈고 오랜 기간 동안에 걸쳐 인간들은 지식을 축적시켰다. 앞에서 언급한 바와 같이 고대의 간석기에 붙어 있던 녹말을 많이 함유한 곡식 알갱이들은 중동 지역에 살고 있던 사람들이 2만 3,000년 전에 야생 보리를 갈아서 빵을 구워 먹었다는 것을 알려주고 있다. 그것은 이 지역에서 대규모의 정착 농경생활을 시작한 것으로 밝혀진 시대보다 1만 4,000년이나 이전에 일어난 일이다. 분명히 정착된 농경생활이 발전하기 이전에도 수세기 동안 축적된 지식이 있었을 것이다. 그러나 그 당시에는 이러한 지식들이 단지 그 지역의 농부들이 언제 어떤 일을, 어떻게 해야 하는지에 관한 시행착오를 통해서 얻어진 지식에 불과했다. 이러한 지식들은 세계 각지에서 수많은 사람들에 의해서 계속해서 얻을 수 있는 지식이었다. 이러한 지식들은 특히 작물을 재배하는 계절에 언제 씨를 뿌리고 작물을 심기 시작해야 하는가에 대해서는 대단히 정확해야 했다.

계절적 영향이 강한 환경 아래에서 농부들이 작물을 성공적으로 심기 위해서는 많은 주의와 노력이 필요하다. 북반구에서는 너무 일찍 작물을 심으면 묘목들이 늦은 봄의 늦서리에 피해를 입는 것을 지켜보아야만 한다. 또, 너무 늦게 작물을 심으면 이른 가을의 갑자기 찾아온 추위가 아직도 완전히 익지 않은 작물에게 피해를 입힐 것이다. 이와 마찬가지로 건기를 가지고 있는 열대지방에서는 만약에 농부가 너무 늦게 작물을 심으면 씨앗이 채 여물기도 전에 비가 그치게 될 것이다. 이러한 이유로 모든 위대한 농업 문명은 그들의 농경문화를 중심으로 하여 1년간의 달력을 만들어냈다. 그들은 태양과 별을 신중하게 살펴보고 계절을 추적했던 것이다. 당시의 각 지역에 살고 있던 원주민 농부들이 언제 작물을 심어야 하는지 얼마나 정확히 알고 있었는지를 보여주는 최근의 연구가 있다. 바로 페루와 볼리비아에서의 연구가 그것이다.

아마도 수천 년 동안 안데스 산맥의 고산지대에서 감자를 재배하는 농부들은 밤의 길이가 가장 짧은 6월 21일을 잠을 자지 않고 밤을 홀딱 새우며 기다렸을 것이다. 그들은 몹시 추운 산꼭대기에서 해가 떠오르기 직전에 묘성이 떠오르기를 밤새 기다린다. 묘성은 밝기가 서로 다른 많은 작은 별들의 무리다. 이들 별들은 아주 맑은 저녁에 더 밝아질 뿐만 아니라 마치 거기에 더 많은 별들이 있는 것처럼 보인다. 그렇다면 왜 그들 감자 농부들은 묘성이 떠오르기를 기다리며 밤을 새워야만 했을까? 그것은 언제 감자를 심어야 할 것인가를 결정하기 위해서라는 것이다. 묘성이 떠오르는 모양이 그들에게 언제 감자를 심어야 할 것인가를 알려주었다. 그들은 계절에 대한 지식을 가지고 있었기 때문에 이것이 가능했던 것이다. 정상적인 해에는 감자를 일찍 심었다. 그러나 엘니뇨 현상이 발생하는 해에는 비가 언제 오는지 믿을 수가 없고 또 비도 거의 오지 않기 때문에 농부들은 반드시 정상적인 해보다 더 늦게 감자를 심어야만 한다. 농부들은 별이 떠오르는 모양을 보면서 그런 해가 임박했는지 여부를 알아내었던 것이다.

최근에 인류학자들과 기상학자들은 이러한 고대의 농부들이 실행했던 것들이 과연 얼마나 과학적이었는가를 살펴보기 위해서 위성 데이터를 가지고 함께 연구하고 있다. 그리고 마침내 그들 농부들이 왜 수세기 이상을 이 일을 해왔는지에 대한 과학적 설명을 할 수 있게 되었다. 엘니뇨가 발생하는 해에는 아주 엷고 높은 고도의 구름이 이 지역에 형성된다. 이 구름은 너무 엷어서 육안으로는 볼 수가 없었다. 하지만 아주 높은 지역에 있는 전망대에서 수평선의 대기를 통해 묘성의 밝기가 흐려지는 여부를 바라봄으로써 이 구름이 끼어 있는지를 알 수가 있었던 것이다. 평년에는 묘성이 아주 맑고 밝게 동쪽 하늘에 떠오르지만 엘니뇨 현상이 일어나는 해에는 묘성은 맑지 않고 그 개수도 적다. 이것은 그해에는 감자를 늦게 심으라는 신호였던 것이다. 이렇게 함으로써 농부들은 수확량이 떨어지는 엘니뇨 현상이 일어나는 것을 몇 개월 전에 이미 예측하고 있었던 것이다. 정확한 관측과 좋은 기억력, 그리고 입으로 구전되는 전통으로 기후 환경에 대해 미리 예보를 할 수 있는 특별한 재주를 스스로 만들어냈던 것이다.[12]

현대의 과학적 농업기술은 이들 전통적인 농부들이 남긴 발자국을 그대로 계속해서 따라하고 있다. 우리는 이미 어떻게 콩과科 식물이 박테리아와 공생관계를 통해서 질소가 풍부한 씨앗과 조직을 만들어내는지를 설명했다. 하지만 지구상에는 심각한 식물의 질병과 작물의 손실을 일으키는 많은 박테리아들이 있다. 4장에서 식물의 병원균에 대해 언급했던 바와 같이, 인류는 그동안 식물의 병원균에 대한 연구를 통해서 질병을 물리치는 데 많은 공헌을 했다. 근두암종병에 관한 이야기는 기초적인 연구조사가 얼마나 중요한가를 증명해주는 좋은 실례다. 나는 식물학자들이 당근의 근두암종병의 메커니즘을 찾아내려고 노력한 것이 그들의 시간을 낭비했다고 생각한다. 내가 보기에 그들은 이러한 문제점을 회피하기 위해 저항력이 강한 새로운 당근의 교배종을 만들어내려고 했던 것처럼 보였다. 1950년대 후반기에 이러한 연구에 대해 재정적인 지원을 한 것은 당근에 자라나고 있는 이 암과 같은 질병의 연구를 통해 우리가 인간의 암에 대해 무언가 배울 수 있을 것이라는 생각에서였다. 하지만 식물의 세포조직과 동물의 세포조직은 전혀 다르다. 그런데 어떻게 이러한 연구가 암과의 투쟁에서 인간을 도와줄 수 있단 말인가? 이 근두암종병이 박테리아Agrobacterium tumefaciens에 의해 발생한다는 것을 알아내는 데는 그 이후로도 수년이 더 걸렸다. 그러나 식물학자들은 연구기금을 확보했고 1970년대 초기가 되어서야 박테리아가 당근의 세포핵에 유전자의 뭉치플라스미드(the plasmid), 자기 복제로 증식할 수 있는 유전인자를 보내고 있다는 것을 발견했다. 그리고 그 유전자 뭉치가 자라고 분열해서 근두암종을 형성한다는 것을 발견한 것이다. 암종이 박테리아가 살아가기에 좋은 장소를 제공하기만 하는 것이 아니라 변형된 암종 세포는 당근 세포가 만들어내지 못하는 화합물을 생산한다. 이 화합물은 박테리아가 팽창하는 데 필요한 '식량'을 제공한다. 당근의 세포핵에 삽입된 이들 박테리아 유전자는 세포로 하여금 암종을 만들어내게 한다. 이것은 참으로 위대한 발견이었다. 식물유전공학자들은 그때부터 우리가 선택한 유전자를 박테리아 플라스미드를 통해서 우리가 개발하려는 농작물에 보내는 방법을 알게 되었던 것이다. 분명한 것은 이 연구의 암에 관련된 부분에 관해서는 내 생각이 옳았지만 이 연구의 중요성을 완전히 간과한 것은 잘못된 것이었다. 이것이야말로 '기초적인 연구'가 얼마나 중요한 것인가를 증명해주는 탁월한 실례가 아닐 수 없다. 근두암종병을 이해하려고 노력하는 것이야말로 아주 중요하고 유용한 발견에 이를 수 있도록 간접적으로 인도했던 것이다.

그러나 여기에 중요한 문제가 있었다. 플라스미드는 꽃을 피우는 쌍떡잎식물당근과 같은 식물에는 잘 작용하지만 외떡잎식물에는 잘 작용하지 않는다는 것이다. 우리가 가장 중요하게 여기는 곡식작물들은 대부분 외떡잎식물이라는 데 문제가 있는 것이다. 그래서 그때부터 식물학자들은 곡식작물의 수확을 증가시키려는 노력으로 초본식물의 배아 세포에 유전자를 쏘아 보내는 방법을 개발해냈다. 그들은 유전자를 금가루 위에 올려놓고 이것을 식물의 세포 속으로 쏘아 넣었던 것이다. 이 작업 자체만 보면 상당히 비효율적이다. 하지만 수만 개의 묘목을 검사해보면 우리가 원하는 유전자의 전이를 볼 수가 있다. 그럼에도 불구하고, 아직까지는 플라스미드가 우리가 개량하거나 보호하고자 하는 식물 속으로 다른 유전자를 도입하는 가장 효율적인 방법으로 사용되고 있다.

분명한 것은 우리가 박테리아가 근두암종병을 만들어내기 위해 어떻게 세포를 변형시켰는가를 이해한 이후에야 그것이 가능해졌고, 또한 곡식작물에 대한 현대의 유전공학이 실질적으로 시작되었다는 것이다. 이러한 기술을 통해 우리는 근본적으로는 어떤 작물에든지 새로운 가치가 높은 특성을 인입할 수 있게 된 것이다. 일부 유전학자들은 인간의 면역체계에 반응하는 특별한 원자를 생산하는 식물을 개발할 꿈을 가지고 있기도 하다. 이러한 생명공학적 생산물은 우리로 하여금 냉동된 혈청을 그들에게 주사하지 않고도 메마른 열대 지역 국가에 살고 있는 사람들에게 도움을 줄 수 있게 만들었다. 분명히 농업의 미래는 새로운 가능성의 하나로 등장할 것이다.[13]

◈

꽃을 피우는 식물들은 영장류와 양손을 번갈아 매달리며 이동하는 유인원들의 진화에 있어서 중심 역할을 해왔다. 그리하여 두 발로 걷는 인류와 농업의 발전의 발원이 되기도 했다. 오늘날 꽃을 피우는 식물은 우리가 섭취하는 칼로리의 90퍼센트 이상을 제공하고 있으며 그들은 또한 우리가 사육하는 동물들의 먹이를 제공하고 있다. 1990년대를 기준으로 우리 인간은 12억 9,400만 마리의 소를 사육하고 있으며 8억 5,600만 마리의 돼지와 107억 7,700만 마리의 닭을 키우고 있다. 이들 대부분은 꽃을 피우는 식물에 의해 먹이를 제공받고 있다.[14] 분명한 것은 꽃을 피우는 식물은 전 세계의 보다 더 큰 인간 사회의 기반이 되고 있는 것이다. 이러한 모든 관찰 결과를 서로 합쳐볼 때 꽃을 피우는 식물이 없이는 인간과 우리의 위대한 문명사회는 존재하지 않았을 것이라는 것을 쉽게 추측할 수 있다.

그러나 꽃을 피우는 식물이 지역적인 생태 시스템도 변화시킬 수가 있을까? 그리고 기후도 바꿀 수 있을까? 마지막으로 꽃을 피우는 식물들이 어떻게 문자 그대로 이 세상을 바꾸어왔는지 알아보자.

8

flower

꽃은 어떻게 세상을 바꾸었을까?

꽃이 진화함에 따라서 완전히 새로운 차원의 복잡한 세상이 나타났다. 보다 더 독립적이고, 보다 많은 정보와 보다 많은 의사소통과 보다 많은 실험이 가능한 세계가 된 것이다.

- 마이클 폴런 Michael Pollon[1]

현대 생물학에 있어서 하나의 흥미롭고 이례적인 현상은 '진화'라는 단어의 언급을 회피하는 현상이다. 사물은 항상 발전하고 있고, 꽃은 변화하고 있고 생물의 형태학적 복잡성은 점점 증가하고 있지만 단지 현대의 과학에서는 문자 그대로 '진화'하는 것은 아무것도 없는 것처럼 보인다. 19세기 중반에는 발전에 관한 이야기들이 아주 무성했다. 결국 이러한 발전의 결과로 우리 인간의 생활 속에 산업혁명이 깊이 파고들어왔다. 즉, 새로운 극적인 발명들이 더 많은 변화를 일으키고 있었고 그 깊은 변화의 영향은 오늘날까지도 역동적인 발전을 지속하고 있다. 사람들은 가는 곳마다 이러한 변화를 경험해왔다. 또 한편으로는 많은 사람들이 이러한 변화를 신의 섭리나 우주의 원리로 여기기도 했다. 계획이나 목적을 가진 우주로 돌리는 데 열심이기도 했다. 진화가 사전에 신에 의해 계획된 것이라는 주장과 신성한 목적을 이루기 위한 것이라는 상반된 생각에 뒤엉켜서, 20세기의 과학자들은 불행하게도 진화에 대해 관심을 기울이기는커녕 이러한 용어와 개념조차도 회피하려는 경향이 뚜렷했다. 당연히 발전에 대해 언급하는 것은 보다 나은 환경을 만들어내고 환경에 대해 보다 잘 적응하고자 하는 것을 의미하지만 이러한 모순관계에 대해 생물학자들은 어느 것이 옳은가를 판단하는 것조차 회피해온 것이다. 그 결과 우리 지구의 생활에 관련한 연구용어에 대한 중요한 갭이 형성되어 있다. 유명한 고생물학자 스티븐 굴드Stephen Jay Gould, 1941~와 닐스 엘드리지Niles Eldredge, 1943~는 화석상의 기록을 분석해본 결과 '진화'에 대한 그 어떤 확실한 징후도 없다는 주장을 수록한 책을 저술했으며 이 책은 큰 인기를 끌었다.[2] 나는 아직까지도 왜 이들 두 능력 있는 과학자가 우리 주위에 있는 세상과 우리의 생명의 역사를 통해 스스로 증명이 되는 명확한 현상에 대해 사실과 반대되는 주장을 했는지 알 수가 없다.

현재 열대우림에서부터 아카시아 사바나, 그리고 꽃으로 가득한 초원지대로 이어지며 피어나는 꽃들은 5억 년 전 이 땅에서 단 하나의 생명체가 이룩한 드라마틱한 진화의 증거라 할 수 있다. 그 오랜 기간 동안 생명체는 더더욱 복잡한 양태를 띠게 되었고 생물의 종류 역시 그 숫자가 상당히 증가했다. 이것은 어떤 측면에서 보더라도

'진화'한 것임에는 틀림없다. 대부분의 다른 생물학자와 마찬가지로 굴드와 엘드리지는 자연의 선택은 본능적으로 발전지향적 추진력이 부족하다고 주장한다. 그것은 사실이다. 그러나 그렇다고 자연의 선택이 경쟁이 심한 환경과 특수한 여건과 같은 발전지향적 추세의 '출현을 촉진하는' 조건을 창출할 수 없는 것은 아니다. 생물은 더 빠른 포식자에게 쫓기거나 나쁜 질병으로부터 위협을 받으면 역으로 발전적으로 대응하면서 환경에 빠르게 적응하는 것이 사실이다. 비록 돌연변이나 생존을 위해서 즉석에서 바로 만들어지는 산물은 아니라 하더라도 진화는 시간이 경과하면서 풍부한 다양성과 극심한 경쟁 환경하에 있는 살아 있는 생명체 사이에 당연히 나타나는 현상임이 분명하다.

생명의 역사에서 발견되는 가장 명백한 진보적 경향은 시간이 지남에 따라 늘어나는 생물 종의 숫자다. 지난 3억 년 동안 관다발식물의 종류가 수적으로 거의 수천 배 증가했다는 노먼 휴스의 평가를 우리는 앞에서 살펴보았다. 곤충의 종류에 대한 숫자의 증가도 이에 못지않게 늘어났다. 이와 같이 훨씬 더 많아진 종들은 생물체들 사이에 보다 더 많은 상호작용을 가져오고 자연은 이에 대한 대응작용으로 보다 더 복잡한 생태 시스템을 만들어간다.

보다 중요한 것은 우리 지구의 표면에 존재하는 종들의 숫자가 지난 6,000만 년 동안 상승하게 된 것은 꽃을 피우는 식물의 수가 증가한 것과 밀접한 관계가 있다는 것이다. 그런데 다른 종보다 훨씬 급격하게 진화한 종류가 있었다. 조류나 포유류의 종들이다. 이들은 자신들의 조상인 파충류의 종의 숫자를 순식간에 넘어서는 빠르고 많은 '혁명적인 진화'를 보여주고 있다. 하지만 이들도 25만 종 이상을 넘지는 못한다. 그뿐만 아니라 수백만 종의 곤충이나 수천 종의 육상 척추동물 중에서 어느 한 가지 종만으로는 이 복잡하고 상호의존적인 지구의 생태 시스템을 유지할 수가 없다. 우리 지구의 생태 시스템을 유지하는 것은 바로 녹색식물이고 또한 그중에서도 결정적으로는 꽃을 피우는 식물에 의해서 유지해오고 있는 것이다.

자, 그럼 이들 꽃을 피우는 식물이 과연 어떻게 진화해왔는지 또 어떻게 진화하고 있는지 자세히 살펴보도록 하자.

어떻게 꽃을 피우는 식물은 계속해서 확장되는 것일까?

앞에서 언급한 바와 같이 동물에 의한 꽃가루 수정은 바람에 의한 꽃가루 수정보다 훨씬 효과적이고 확률적인 수정을 할 수 있다. 또한 다른 무리와 격리되어 있고 개체 수도 적은 서식지 내에서는 동물에 의한 꽃가루 매개가 유전자의 퇴보나 손실을 줄일 수도 있다. 그러나 우리는 동물에 의한 꽃가루 매개 자체가 생태 시스템 내에서 어떻게 다양성을 증가시킬 수 있는지에 대해서는 집중적으로 연구해보지 않았다.

침엽수는 꽃을 피우는 식물은 아니다. 그리고 거의 모두가 바람에 의해 꽃가루가 매개된다. 바람에 의해 꽃가루가 매개되는 수정방법의 문제점은 같은 지역 내에 같은 종의 식물의 개체 수가 많이 존재했을 때에는 효과적이지만 개체 수가 많지 않으면 비효율적이라는 점이다. 결국 이것은 다양성에 대한 강력한 방해가 될 수 있다. 간단하게 말한다면 바람에 의해 꽃가루가 매개되는 약 30종 이상의 서로 다른 나무들은 같은 숲에서 살 수 없다는 것을 뜻한다. 이렇게 많은 종류의 식물이 한 지역에 살아가고 있으면, 바람에 의해서 자신과 같은 종으로부터 꽃가루를 받아들일 수 있는 기회가 확률적으로 많지 않기 때문이다. 이것을 보다 자세하게 알아보기 위해 키가 큰 나무들의 서식지로서 가장 전형적인 미국의 태평양 북동 해안 지역의 고대 침엽수림을 살펴보기로 하자. 이 지역의 포근한 겨울과 건조한 여름은 솔방울을 맺는 상록수가 옆에서 같이 자라는 데 일조한다. 지구상의 어느 숲에서도 이렇게 많은 나무줄기가 같은 지역 안에서 빽빽하게 자라고 있는 곳은 없다. 하지만 이들에게 속아 넘어가면 안 된다. 이들은 다양한 종을 가지고 있는 숲이 아니다. 그들은 같은 서식지 안에 단 20여 종의 나무들만이 살아가고 있다. 그리고 이들은 역동적으로 성장하고 있는 숲이 아니다. 이 숲 속에서 1,000년 이상 자란 나무들은 여러 모로 축복을 받은 것이다. 이 태평양 해안 지역에서는 허리케인 정도의 강풍이 발생한 적이 없었다. 게다가 풍부한 강우로 산불은 거의 나지 않는다. 이렇게 습기도 많고 좋은 숲의 환경을 지니고 있지만 환경적 스트레스를 많이 받는 알프스의 초원이나 미 중서부의 초원에 비해서 적은 종의 나무들이 자라고 있다. 그 원인은 바람에 의해 꽃가루를 매개하는 방법은 꽃을 피우는 식물들이 만들어내는 것과 같이 식물의 종류가 다양하고 풍부한 식생지대를 유지할 수가 없기 때문이다.

꽃을 피우는 식물들은 같은 종의 식물을 찾아가는 곤충이나 새, 박쥐 등의 도움으로 1~2에이커 정도 넓이의 열대 상록수림 안에 무려 300종 이상의 거대한 나무들을 자라게 할 수 있다. 이에 대한 보상으로 이들 나무들은 굶주린 초식동물을 먹여 살린다. 그리고 이들 초식동물들을 잡아먹고 사는 또 다른 포식자들과 기생충들이 같이 살아가고 있다. 이것이 바로 꽃을 피우는 식물이 세상을 변화시켜온 가장 핵심적인 방법이다.

꽃을 피우는 식물은 다양한 꽃가루 매개동물들과 공생관계를 발전시킴으로써 스스로 생존할 수 있고, 여기저기 띄엄띄엄 흩어져서도 살아갈 수 있게 되는 것이다. 이러한 방법을 통해서 이들 식물들은 바람이 적거나 아예 바람이 불지 않는 깊은 숲 속의 밑바닥에서도 풍요로운 삶을 이어나가고 있다. 화려한 꽃잎과 매혹적인 향기와 달콤한 꿀을 만들어내는 비싼 비용이 들긴 했지만 이러한 투자는 충분히 회수가 가능한 것이다. 꽃을 피우는 식물의 종들은 다른 어떤 육상식물의 개체 수보다 숫자가 몇 배 이상 늘었다. 꽃을 피우는 식물들은 동물을 꽃가루 매개 수단으로 사용함으로써 과거의 어느 때보다도 더 풍부한 종을 가진 생태 시스템을 만들어낼 수 있었던 것이다. 어떤 사람들은 이것을 진화적 차원으로 생각하지 않는 사람들도 있지만 나는 이것은 분명히 진화라고 확신한다. 그리고 이것 말고도 더 많은 요인이 있다.

오늘날의 열대의 습기가 많은 숲 속의 서식지를 고도로 역동적인 생태계가 되도록 만들어가는 과정에서 왜 꽃을 피우는 식물들이 뛰어난 역할을 하고 있는지 그 이유를 이해할 수 있다. 대부분의 꽃을 피우는 식물은 빠르게 자라고 재빨리 번식한다. 꽃을 피우는 식물 중 300년 이상을 사는 식물은 거의 없다. 반면에 겉씨식물은 1,000년 이상을 살 수도 있다. 또한 꽃을 피우는 나무들은 침엽수보다 더 빨리 썩고, 그런 이유 때문에 그들의 영양분을 토양에 더 빠르게 돌려준다. 빠르게 자라고, 일찍 죽고, 동물로 하여금 꽃가루를 운반하게 하고 널리 퍼뜨리게 함으로써 꽃을 피우는 식물들은 이 지구의 표면을 보다 더 비옥하게 변화시켰다. 열대우림 안에서나, 낙엽이 떨어지는 활엽수림 안에서, 또는 탁 트인 사바나나 스텝 초원에서 꽃을 피우는 식물들은 변화무쌍하고 빠르게 진행되는 생태 시스템을 만들어내고, 더 많은 다른 종들을 먹여 살리고 있다. 그리고 속씨식물들은 나뭇가지를 잡고 양손을 번갈아 교대하며 이동하는 유인원들에게 생활의 터전을 제공해주었다. 축축한 숲 속에서 이들 넓게 퍼져 있는 가지들은 많은 작은 식물기착식물들이 서식할 수 있도록 해주었으며 이들 기생식물들은 나무둥치에 뿌리를 박고 자라면서 아름다운 꽃목걸이를 만들어낸다. 기착식물들은 높은 나무의 옆 가지 위에 자라기 때문에 높은 나뭇가지 위에서 살아가는 특별한 동물군들에게 보금자리를 제공하고 더 나아가서는 생물 종들의 풍부성을 확대시키는 데 기여하고 있다.

과거에는 많은 열대 및 온대 고산 지역에서도 침엽수림의 서식지대가 많이 형성되어 있었다. 하지만 불행하게도 이들 숲들은 지난

몇 세기 동안 인간들에 의해 벌목되어 사라져버리고 말았다. 이제 침엽수림은 계절적으로 혹독한 알래스카, 캐나다, 그리고 북부 러시아의 북풍지대 숲의 일부 지역에서만 눈에 띈다. 그러나 이러한 숲들은 여러 다양한 수목 종들을 가지고 있지 않다. 아니 절대로 가질 수가 없다. 꽃을 피우는 식물들은 훨씬 빠른 생애 주기와 무척 다양한 번식 방법을 통해, 그리고 자신들 스스로가 다양한 식물 종을 만들어감으로써 더 풍부한 세상을 만들어냈다.

꽃을 피우는 식물이 자신들의 개체 수를 늘리는 데에는 두 가지 중요한 방법이 있다. 첫 번째 방법은 새로운 서식지로 이동해 들어가는 방법을 들 수 있다. 그들은 열대 지역 밖으로 나와서 좀더 서늘한 지역으로, 건조한 서식지로, 그리고 새로운 생태 지역으로 자신들의 삶의 영역을 확대한다. 예를 들면 나뭇가지 위에서 살아가는 방법을 개발하여 꽃을 피우는 식물들을 위한 새로운 '서식지'를 열어주는 것을 들 수 있다. 마치 기생식물겨우살이과이나 기착식물난초, 브롬멜리아드 등처럼 나무에 기생하는 것이다.

두 번째 방법은 점점 더 개체 수를 늘리면서 보다 더 정밀하게 서식지를 분할하는 방법이다. 우리는 이미 곤충에 의한 꽃가루 매개 방법이 열대우림 속에 수백 개의 서로 다른 꽃을 피우는 식물의 종을 탄생시키는 것을 도와준다는 사실을 알고 있다. 그러나 곤충들간의 치열한 경쟁을 통해 훨씬 더 많은 일을 할 수 있게 되었다. 5월부터 9월까지 매달 하순마다 미국 대륙의 중서부 지역에 발달한 초원지대를 찾아가보라. 그리고 흔하게 피어 있는 꽃을 피우는 식물들을 조사해보라. 매번 찾아갈 때마다 그들이 자신들의 꽃의 향연 속에 새로운 특성을 부여하고 있음을 알 수 있다. 초원지대에 사는 대부분의 종들은 그들이 꽃을 피워야 하는 정확한 기간을 알고 있다. 대개 3주 정도를 넘어가지 않는다. 어떻게 그렇게 정확할 수 있을까? 가장 그럴듯한 해답은 꽃가루 매개 서비스를 받기 위한 극심한 경쟁 때문에 이러한 시기별로 순차적으로 꽃을 피우는 시간이 정해지고 그에 따라서 꽃의 개화가 이루어지고 있다는 것이다. 심지어는 열대 상록수림 속에서도 많은 열대 식물 종들이 정확한 스케줄에 따라서 꽃을 피우는 것을 볼 수 있다. 더 많은 꽃을 피우는 식물을 만들어내는 것 자체도 또한 많은 다른 생물의 종들을 다양화할 수 있도록 도와주며 이러한 생물의 종들이야말로 생물학적 다양성의 척도이므로 속씨식물은 오랜 시간 동안 생물학적 다양성을 확장시키는 엔진으로서의 역할을 해왔다고 볼 수 있다.

마지막으로 우리는 동물에 의해 꽃가루를 매개하는 방법이 기본적으로 격리된 식물이나 멀리 떨어진 서식지에 유전자를 유통시키는 활동을 유지할 수 있는 이점을 가지고 있다는 것을 잊어서는 안 된다. 오직 지각 능력이 있는 동물들만이 스스로 기억하는 경로를 따라 움직이면서 이 가치 있는 장거리 서비스를 제공할 수 있는 것이다. 이와 같은 메커니즘 덕분에 멀리 떨어진 서식지를 가지고 살아가는 새로운 종들이 많이 진화되었다. 이러한 '분열화分裂化' 작업이 전에는 대부분 끝까지 살아남지 못했던 곳에서도 새로운 종들을 살아남게 하는 풍부한 꽃가루 수정을 가능하게 했다.

자신들의 종들을 기하급수적으로 생산해내는 속씨식물의 능력이야말로 정말로 놀라운 것이다. 꽃을 피우는 식물에는 1,000여 종이 넘는 종을 가지고 있는 식물 속屬도 있다. 1,500여 종을 가지고 있는 금불초속과 1,000여 개의 종을 가지고 있는 베르노니아속vernonia, 국화과의 일종 등이 대표적이다. 아카시아는 1,200종을 가지고 있으며, 자운영astragalus은 2,000여 종을 가지고 있다. 이들은 모두 콩과科 식물이다. 유포비아는 1,500여 종을 가지고 있고, 커피과의 일종인 사이코트리아psychotria는 1,400종을 가지고 있다. 작은 면적을 가진 코스타리카는 이 중 100여 종의 사이코트리아 원산지다. 그중에서 14종은 코스타리카 이외의 다른 곳에서는 발견되지 않고 있다. 불행하게도 전문가들은 인플레이션 분류법이라고 불리는 방법으로 이들 많은 종들을 작은 그룹으로 나누어 분류하고 있다나는 이것도 또한 전문가들의 자기주장만을 확산시키는 것이라고 생각한다. 그러나 우리는 실제로는 왜 어떤 속은 수백 종의 많은 종을 가지고 있는 데 반해 어떤 속은 몇몇 종만을 가지고 있는지는 잘 모른다. 우리는 아직도 종의 번식에 대해 완전하게 이해하고 있지 못하며 왜 꽃을 피우는 식물들이 종의 번식을 잘하고 있는지에 대해서도 또한 완전한 이해를 하지 못하고 있다.

꽃을 피우는 식물과 생물학적 다양성의 확대

우리 지구상의 생태계에서 속씨식물이 중요한 것은 기본적으로 그들이 자신의 개체 수를 증가시키는 일 이상의 일을 하고 있다는 사실이다. 앞에서 우리는 꽃을 피우는 식물에서 발견되는 여러 가지의 다양한 성장 형태에 대해 알아보았다. 이러한 성장 형태의 다양성은 열대지방의 우림 지역 내부에서도 그 증거를 찾을 수 있으며 나뭇가지에 붙어서 자라는 이끼만 한 크기의 난초로부터 그 난초의 숙주가 되는 키가 큰 나무까지 광범위한 증거를 찾아낼 수 있다. 여기에 더하여 숲 바닥에서 자라는 바나나 같은 대형 '초본식물', 분류계통의 하부계층에 속하는 떨기나무 관목들, 구불구불하고 두꺼운 나무덩굴들, 그리고 키가 크지만 가느다란 야자수들이 풍요로운 열대우림을 구성하고 있는 것이다. 아울러 그들은 모두 광합성을 하느라 바쁘고 꽃을 피우는 식물들은 이러한 광합성의 결과로서 햇빛으로부터 받은 에너지를 원숭이와 새, 곤충들과 다른 모든 숲 속에 살고 있는 생물들이 생명을 유지하기 위해 먹고 살 수 있는 물질로 바꾸어준다. 이처럼 다양한 구성을 가지고 있는 속씨식물은 숲 속의 다른 모든 구성원들에게 보다 풍요롭고 복잡한 환경을 제공한다.

꽃을 피우는 식물들은 건조한 계절을 가지고 있는 열대수림 지대와 사바나, 그리고 북부 활엽수림의 숲 속에서도 비슷한 역할을 담당했다. 우리는 이미 활엽수의 떨어지는 잎과 초본식물의 '발명'이 어떻게 속씨식물로 하여금 많은 건조한 계절을 가진 서식지에서 생존할 수 있도록 해주었는지 연구해보았다. 하지만 이들 '발명'이 세상을 어떻게 바꾸어왔는지를 연구하지는 않았다. 기본적으로 꽃을 피우는 식물은 보다 더 영양분이 많고 광범위하고 풍요로운 생물 종들이 살아가는 생태 시스템을 창조했다. 단순하게 보면 침엽수 나무 하나하나는 꽃을 피우는 식물 하나하나만큼 많은 초식동물을 먹여 살리지는 못한다. 아마존 강 유역의 우림지대에서는 단 한 그루의 속씨식물 나무에서 163개의 종을 가진 딱정벌레와 43종의 개미들이 살아가고 있다는 놀라운 사실이 발견되었다. 열대우림지대에서 살아가고 있는 동물들에게 어린 잎사귀, 수액, 꿀, 씨앗, 그리고 특별히 과육이 많은 열매들은 모두 중요한 먹을거리다. 다른 어떤 식물들도 꽃을 피우는 식물이 제공하는 만큼의 많은 칼로리를 주변 생물들에게 제공하는 식물은 없다.[3]

뿐만 아니라 꽃을 피우는 식물이 배출하는 화학 물질 역시 주변 생물들에게 이익을 가져다준다. 그동안 우리는 꽃을 피우는 식물의 화학 물질 배출을 식물의 자기 방어적 차원에서만 연구했다. 하지만 인간을 비롯한 동물들은 이 화학 물질을 자신들의 이로움을 위해 활용해왔다. 특히 인류가 토착 원시사회에서 사용했던 의약품, 약초, 향을 내는 물질향료의 기초 재료 역시 꽃을 피우는 식물들이다. 새로운 의약품을 위한 우리의 끊임없는 연구는 열대우림 지역에서 원시시대의 조상들이 꽃을 피우는 식물들이 만들어내는 다양한 화학 물질을 활용하던 것을 이어받은 것이다. 그러므로 숲은 또한 식물들이 초식동물의 군단으로부터 자기 자신을 방어하기 위해 만들어내는 많은 서로 다른 화학 물질이 복잡하게 얽혀 있는 화학적 모자이크다. 이러한 추론은 최근의 연구조사를 통해서 입증되었다. 새로 개발된 '유전자 추출knock-out genes' 실험은 정상적인 식물이 가지고 있는 핵심 유전자를 추출하여 유전자 결핍 식물을 만들어낸다. 이 연구조사에서는 담배nicotiana종의 식물에서 그들의 화학적 방어기제를 담당하는 유전자를 추출했다. 그리고 이들 담배 종들을 야생 서식지에다 심고 관찰했다. 당연히 정상적인 담배보다 훨씬 적은 양의 화학 물질을 분비하는 이 실험용 담배에 담배의 천적인 곤충들이 대량으로 모여 들어 축제를 벌였다. 그런데 보다 더 중요한 것은 다른 해로운 곤충들도 이 파티에 모여들었고 통상적으로 담배를 회피하던 곤충들도 모여들었다는 점이다.[4] 이 실험으로 화학 물질들이 자체적으로 만들어지는 방어수단의 역할을 하고 있다는 것이 분명해졌다.

이러한 화학적 방어는 그 반대급부로 초식동물의 다양화를 가져오게 되었다. 특히 곤충들의 다양화가 두드러졌다. 우리가 유액 분비식물에서 살펴본 바와 같이 서로 다른 곤충들이 서로 다른 화학적 독성 물질을 대응할 수 있도록 적응하는 것, 특히 자신들의 숙주 식물에 대해 더 특화적으로 적응하는 것을 알았다. 이러한 식물과 초식동물 사이의 '무기 경쟁'은 이 세상을 보다 더 다양한 세계로 만드는 데 일조를 하고 있다. 여기에 또 다른 사례가 있다. 꽈리과Physalis 식물은 담배와 마찬가지로 담배과의 식물로서 약 80여 종의 '중국 초롱'이 매달리는 식물들을 포함한다. 이들 종류의 일부는 대부분의 식물 조직의 주성분인 리놀렌산이 전혀 없는 열매를 생산한다. 이러한 특이한 식물사이살리스 안굴라타(Physalis angulata)을 연구하는 것이 중요한 이유는 바로 곤충이 정상적으로 성장하기 위해서는 리놀렌산을 필요로 하기 때문이다. 그런데 헬리오티스 서브플렉사Heliothis subflexa라는 작은 나방의 애벌레가 이 필수 물질의 결핍을 보충해내는 방법을 찾아냈다. 리놀렌산을 보충하는 방법을 발전시킨 이 나방의 애벌레는 두 가지 이점을 가지게 되었다. 첫째로는 다른 곤충들이 먹지 않는 식물을 먹을 수 있다는 것이다. 그리하여 다른 곤충들이 침범하지 못하는 자신들만의 식사 메뉴를 가질 수 있다. 두 번째 이점은 이들 식물 종들은 리놀렌산이 부족하기 때문에 다른 해로운 말벌들이 자신들을 찾아내는 데 이용하는 휘발성 물질을 적게 만들어낸다는 것이다. 또한 여기에 더하여 말벌들이 이들 애벌레 한 마리를 찾아내어 자신의 알을 낳는 희생양으로 이용했다 하더라도 이 숙주에 리놀렌산이 부족하기 때문에 말벌의 새끼들이 정상적으로 발육할 수가 없다. 이러한 특이한 생화학적 요소에 의해 이 특별한 식물과 특별한 나방은 모두가 자신들의 특별한 영역을 확보하고 있는 것이다.[5] 자, 그러면 지금부터는 어떻게 식물이 분비하는 생화학적 특성화가 생명의 세계 다양성을 증가시키는가에 대한 또 다른 전형적인 사례를 알아보도록 하자.[6]

비록 우리가 꽃을 피우는 식물들이 자체 방어를 위해 사용하고 있는 광범위한 화학적 무기를 다 관찰할 수는 없지만 우리는 그 결과를 이해할 수 있고 또한 그들의 다양화된 형태를 조사할 수 있다. 이들 몇 가지 특별한 형태들은 그들 자신만의 특별한 세상을 창조해냈다. 아메리카의 열대우림 속에서 '탱크 식물'이라고 불리는 브로멜라이드bromeliad, 브로멜라이드과 식물는 기착식물 무리 중에서 가장 눈에 잘 띄는 식물이다. 왜냐하면 이들 식물은 넓은 잎의 기저부에 물을 담

❖ 브로멜라이드는 넓은 잎의 기저부에 물을 담고 있어서 다른 생물이 기생해 살아갈 수 있는 조건을 만들어준다.

고 있기 때문에 나무 꼭대기에 높은 작은 미소 서식 환경미생물이나 곤충 등의 서식에 적합한 곳을 만들어주고 있다. 여기에서는 곤충들과 작은 양서류들이 자신들만의 세상을 만들면서 살아가고 있다. 습기가 많은 숲 속의 높은 나뭇가지에서 스스로의 작은 저수지를 가지고 살아가고 있는 브로멜라이드는 아메리카의 열대지방을 대단히 풍요롭게 만들고 있다.

이처럼 브로멜라이드가 숲 속의 다양한 구조를 만들어주는 새로운 요소를 제공하는 것과 마찬가지로 꽃을 피우는 식물들도 전 세계에 걸쳐 이와 똑같은 활동을 해온 것으로 보인다. 즉 그들은 1억 년 전보다 그 형태와 수적 측면에서 훨씬 다양해지고 증가한 것이다. 오늘날의 세계에서는 속씨식물들이 지배하는 숲이 겉씨식물이 지배하는 숲보다 훨씬 더 많은 종류의 식물과 동물을 가지고 있다. 1억 년 전에 일어난 속씨식물의 확산이 전 세계적으로 동일한 효과를 만들어왔을 것이다. 성장 형태의 다양성, 열매와 꽃을 피우는 부분의 다양성, 그리고 보다 개방되고 넓게 퍼진 상부의 나뭇가지와 잎사귀의 다양성들, 이 모두가 꽃을 피우는 식물들이 지배하는 숲을 보다 더 다양한 생명체의 숲으로 만드는 데 기여했다.

최근에 발표된 양치류 식물의 진화에 대한 연구는 이러한 생각을 증명해준다. 고대식물인 양치식물은 백악기, 즉 1억 4,500만 년 전부터 6,500만 년 전 사이에 꽃을 피우는 식물들이 확산됨에 따라서 그 다양성이 급격히 감소되었다고 생각해왔다. 그러나 화석으로 나타난 증거와 최근의 DNA 연구를 결합해보면 꽃을 피우는 식물이 확산된 바로 직후에 더 많은 근대의 양치식물들이 스스로 확산을 시작했다는 것을 명확하게 보여주고 있다. 이때 확산된 근대의 양치식물들이 현재 살아 있는 양치식물의 60퍼센트를 차지하고 있다. 비록 이들 양치식물들이 꽃을 피우는 식물이 등장하기 이전부터 존재했던 식물이긴 하지만 꽃을 피우는 식물들이 확산되고 나서야 이들 양치식물의 확산도 이루어졌다. 다른 말로 설명하자면 1억 3,000만 년 전과 1억 년 전 사이에 속씨식물들이 다양화를 시작했고, 그보다 좀 늦게 1억 1,000만 년 전부터 6,500만 년 전 사이에 털미역 고사리를 비롯한 양치식물들이 확산된 것이다.[7] 이끼류와 우산이끼류들도 이와 유사한 시기에 증가했다. 마치 꽃을 피우는 식물들이 보다 넓은 가지를 가진 나무들로 이루어진 복합적인 숲을 만들어냈던 것처럼.

만약 화석의 기록이 정확한 것이라면, 곤충과 다른 많은 현지의 생물들도 모두 자기들의 개체 수를 똑같은 방법으로 증가시키지 않았을까 하는 의문을 가진다. 이러한 것들은 모두 꽃을 피우는 식물 덕분에 가능했을 것이다. 여기에 더하여 꽃을 피우는 식물의 확산이 해양 생물 사회의 다양화를 가능하게 했다는 증거도 있다. 보다 복잡한 다중생물대를 가지고 있는 우림 지역의 진화는 보다 더 생산적인 초본식물과 더불어 추가적인 유기물 영양분을 바다로 운반하게 되는 결과를 초래했다. 이것은 지난 8,000만 년 이상 동안 바다 생물의 종들이 풍부하게 성장한 것으로 평가되는 사실과 관련이 있다

이것은 보다 최근의 시기에 많은 화석층에서 발견된 것으로 단지 통계적으로 밝혀낸 사실이 아니다.

꽃을 피우는 식물들이 세상에 커다란 변화를 가져왔다는 것은 분명하다. 그들은 보다 다양한 숲을 형성했을 뿐만 아니라 건조하고 광활한 초원도 풍요롭게 만들었다. 아마도 최근에 일어난 가장 중요한 변화는 초원지대를 만들어낸 일일 것이다. 불이 지나가거나 가뭄이 지나간 후에 빠르게 성장하는 초원지대는 대형 초식동물의 무리를 먹여 살리고 있다. 이것은 이전 식물의 생장으로서는 도저히 할 수 없었던 것이다. 초본식물의 잎이 가진 특이한 능력은 바로 그들이 바닥 가까운 곳으로부터 계속해서 자라난다는 것이다. 이것은 풀의 윗부분이 불에 타거나 동물들이 뜯어 먹어도 풀잎은 계속해서 자라날 수 있다는 것을 의미한다. 심지어 오늘날에도 초원지대는 우리의 가장 중요한 식용 동물을 먹여 살리고 있고, 초본

식물은 우리들에게 위대한 문명을 건설하는 데 도움을 주는 곡식을 제공하고 있다. 그렇다면 초원지대는 지구의 기후를 변화시키는 데에도 기여해왔을까?

초원은 지구의 기후를 어떻게 바꾸었을까?

최초의 위대한 육상식물의 성공은 석탄기2억 9,000만 년 전부터 3억 6,300만 년 전 사이의 거대한 석탄 수풀을 만들어낸 것이었다. 이러한 수풀은 열대지방의 저지대, 특히 하천 유역의 지반을 따라서, 그리고 삼각주 지역에만 한정되어 있었다. 이들 숲은 오늘날 우리의 가장 중요한 산업 에너지의 원천이 되는 거대한 석탄 퇴적층을 만들어냈다. 그러나 모든 고대 식물의 성장은 그 당시의 기후를 위해서는 부정적인 결과를 만들어냈다. 많은 고생물학자들은 이러한 거대한 숲이 대기로부터 많은 이산화탄소를 흡수했기 때문에 지구 주변의 온도를 낮추는 결과를 초래했다고 믿고 있다. 이산화탄소는 특이한 능력을 가지고 있다. 그것은 에너지가 적은 적외선을 흡수하는 반면에 에너지가 높은 자외선을 투과시키는 능력이다. 태양으로부터 방출되는 가시광선과 자외선은 지구를 따뜻하게 만들어준다. 이 온기는 에너지가 낮은 적외선을 만들어내며, 이때 만들어진 적외선은 우주 밖으로 방출된다. 그런데 이산화탄소는 얇은 이불 역할을 해 에너지가 탈출하지 못하도록 지구를 덮어주는 역할을 한다메탄, 수증기와 같은 다른 온실가스와 함께. 결국 이들 가스들은 우리 지구를 따뜻하게 하는 방한 이불 역할을 한다. 이 이산화탄소의 함유량이 감소함에 따라 지구를 덮어주는 이불이 얇아지게 되어 더 많은 온기가 우주로 빠져나갔고 지구 표면의 온도는 어쩔 수 없이 내려가게 되었다. 약 2억 8,000만 년 전의 이첩기 빙하시대는 최근 5억 년 중 가장 추운 날씨가 가장 길게 계속되었던 시기다. 아마도 거대한 석탄 숲에 의한 과다한 이산화탄소의 흡수가 그 원인이 되었을 것이다. 보다 최근인 약 4,000만 년 전에는 지구의 온도가 지속적으로 내려가기 시작했던 것으로 보인다. 그리고 소위 말하는 빙하시대가 약 180만 년 전에 서서히 시작되었다.

지난 6,000만 년 동안의 꽃을 피우는 식물의 확산이 이러한 점진적인 지구 온도의 저하를 초래하는 데 어떤 역할을 했을 가능성은 없을까? 지구와 같은 별들은 세월이 흐름에 따라 온도가 상승하지 하락하지는 않는다는 가설이 있다. 그런데 왜 지구는 최근 수천만 년 동안 기온이 낮아졌을까?

앞에서 언급한 바와 같이 초원지대는 약 3,000만 년 전에 만들어지기 시작했던 것으로 보인다. 그리고 그 이후에는 점점 확산되기만 했다. 불행하게도, 초본식물이 거의 화석화되지 않았기 때문에 우리는 초원지대의 확산에 대해 간접적으로 연구할 수밖에 없다. 하지만 풀을 게걸스럽게 뜯어 먹었을 초식동물 화석의 이빨은 우리에게 초원지대의 확산에 대한 좋은 증거를 제공해준다는 것을 기억하고 있다. 이외에도 또 다른 증거자료가 있다. 고식물학자 그레고리 레탈락Gregory Retallack은 화석화된 흙을 조사함으로써 초원지대의 확산을 연구했다.

미국 중서부 지역인 오리건 주와 동아프리카, 그리고 또 다른 곳의 현대의 흙과 화석화된 흙을 비교 분석하면서 레탈락은 호기심을 자극하는 하나의 패턴을 발견해냈다. 그것은 초원지대의 흙이 숲의 흙보다 더 작은 알갱이로 이루어졌다는 사실이다. 초원지대의 흙은 알갱이가 큰 숲 속의 흙보다 땅이나 공기와 접하는 부분이 훨씬 더 많다나무의 입체조각의 표면적을 증가시키려면 그 나무를 단지 작게 자르면 된다는 것을 생각하면 이해가 쉽다. 초원지대의 토양은 넓은 표면적을 가짐으로써 보다 더 많은 유기물질을 묶어놓을 수 있다. 이것은 초원지대의 흙을 매우 비옥하게 만들 수 있는 중요한 요소다.

토양학자들은 일찍이 습기가 많은 초원지대의 토양은 스텝이나 준 사막 지역의 건조한 초원지대의 토양에 비해 훨씬 깊다는 사실을 발견했다. 그러므로 흙의 깊이는 고생물학자들에게 선사시대의 초원지대가 얼마나 건조했는가를 알려주는 단서가 되고 있다. 레탈락이 발견한 것은 약 600만 년 전에는 초원지대의 흙이 얕았고 초원지대가 더 건조한 지역에만 한정되어 있었다는 것이다. 그리고 600만 년 전을 기준으로 초원지대가 습기가 많은 지역으로 확산되어간 것이다. 이것은 그들의 흙의 깊이가 깊은 것을 보면 알 수 있다. 흙이 깊은 초원지대가 맨 처음으로 나타난 것은 약 600만 년 전의 일이다. 그리고 그때부터 비가 많이 내리는 지역으로 점차 확산되어갔던 것이다. 이러한 발견에 기초를 두고 레탈락은 아주 무모한 가설을 세웠다. 이 초원지대의 확산이 바로 빙하시대를 가져오는 데 일조했다는 것이다.

앞서 말한 것처럼 습기가 많은 지역의 토양은 깊고, 알갱이가 작아 광활한 수림지대가 만들어냈던 것보다 훨씬 더 많은 표면적을 제공한다. 따라서 많은 수림지대들이 점차 초원으로 대체되었다. 그리고 이들 초원지대의 토양은 그 전에 있던 수림지대의 흙보다 더 많은 양의 유기물질을 포함할 수 있다. 이것이 초원지대의 식물들이 긴 가뭄과 극심한 화재와 풀이 모두 뜯어 먹힌 후에도 빠르게 회복할 수 있었던 원동력이다. 유기물질은 이에 대한 보답으로 광합성에 의해서 공기에서 끌어낸 이산화탄소로부터 추출한 많은 양의 탄소를 보존하고 있는 것이다. 분리된 탄소의 일부는 대기 속으로 돌아가지 않았고, 때문에 공기 중의 이산화탄소의 감소 현상이 발생한 것이다. 이 이산화탄소의 감소가 지구의 온도를 떨어뜨리고 이러한 이유로 초원지대가 바로 약 200만 년 전부터 시작된 최근의 빙하시대를 초래했다고 레탈락은 주장했다. 그렇다면 왜 초원지대는 수림지대가 있던 지역으로 확산되었을까?

초본식물들은 불의 협조를 받아서 수림지대의 가장자리를 침식할 수 있었다. 풀은 불을 일으키기도 쉽고, 건조해지면 불에 타기도 쉽기 때문에 불에 무척 취약하다. 가까이 있는 나무가 많은 식물지대는 이러한 뜨거운 불에 견딜 수 없어 곧 굴복해버리고 수림지대가 사라진 이곳으로 초원지대가 전진한다. 게다가 초원지대는 잎으로 덮인 수림지대의 임관林冠처럼 진한 녹색이 아니기 때문에 수림지대에 비해 햇빛을 반사하는 확률이 높다. 반사된 햇빛은 대기층에 흡수돼 대기 중의 온도를 높인다. 따뜻해진 공기는 서늘한 공기보다 더 많은 습기를 가두기 때문에 습기를 대기 중에 빼앗긴 초원지대는 건조해지고, 강우량이 적어져 화재 발생 건수를 증가시킨다. 한편으로는 동물들이 돌아다니면서 숲의 가장자리에서 싹을 틔운 어린 나무들을 자라지 못하게 파괴한다. 레탈락은 화재와 풀을 뜯어 먹는 동물들이 연합해서 수림지대를 초원지대로 뒤바꾸어놓았고, 기후를 변화시켰다고 주장한다. 그는 "풀과 초식동물의 합동적인 진화 활동에 의해 간접적으로, 단계적으로, 그리고 장기간에 걸친 기후의 냉각, 건조, 그리고 불안정성이 초래되었다"고 주장한다.[8]

무모한 것처럼 보였던 레탈락의 가설은 과학적으로 증명되었다. 이 새로운 가설을 뒷받침해주는 최초의 증거는 아주 미약했고 신뢰성도 없어 보였다. 그러나 레탈락의 가설을 실증할 수 있는 새롭고 핵심적인 방법을 찾아내는 데는 그리 오래 걸리지는 않았다. 미국의 지질학자들은 반세기 동안 대륙의 이동에 대한 가설을 인정하지 않았다. 그러나 깊은 바닷속의 균열과 대양 바닥의 확산의 증거가 발견되고 대륙의 이동의 메커니즘이 확실하게 증명되자 대륙 위치가 고정되어 있다는 믿음은 산산이 깨져버렸다.

초원이 지구의 냉각을 초래하는 원인이 되었다는 레탈락의 주장이 추가적인 분석을 통해 학계에서 정설로 인정을 받을 수 있을까? 초원지대의 확산이 정말로 지구의 기후를 바꾸었을까? 이 부분에 대해서는 이 분야에 대한 지식이 보다 넓어지고 있으므로 우리 지구와 그 역사에 대해 보다 더 많이 알게 될 때까지 과학이라고 부르는 학문에 기대를 가지고 기다려볼 수밖에 없을 것이다.

꽃을 피우는 식물과 인간-새로운 공생관계

이미 우리는 농업이 어떻게 인간의 환경을 변화시켰는지를 보아왔다. 인간과 동식물과의 밀접한 상호작용 덕분에 지금은 많은 자연환경이 전보다 더 많은 사람들을 먹여 살리고 있다. 정착된 농경민들이나 떠도는 유목민들이나, 인간들은 태양 에너지의 생산물을 더 많이 수확하고 있다. 농업은 거대한 강의 범람 지역을 연해서 수천 명의 인간이 살아가고 있는 도시들을 먹여 살릴 수 있었다. 이러한 초기 문명화의 등장과 더불어 도자기 기술이 발전되었고, 야금술이 발명되었으며, 학문체계가 개화되었고, 과학이 시작됐다.[9]

오늘날에는 일 년 내내 충분한 식량이 공급됨에 따라서 과거에 농업이 창조해낸 놀라운 변화에 대해 감사하는 마음을 갖기가 어렵다. 오늘날의 농업은 전 세계의 60억 인구를 모두 먹여 살릴 수 있을 만큼 발달했다. 물론 지구상의 어디에선가는 수많은 사람들이 식량이 모자라 굶주리고 있지만 그것은 식량의 분배의 구조에 문제가 있기 때문이지 절대적 식량이 부족한 것은 아니다. 이러한 성공의 많은 부분은 수천 년 동안 사용해왔던 전통적인 농업기술에서 비롯된 것이다. 그러나 오늘날에는 우리의 먹을거리 중에서 강력한 비료와 항생제의 공격적인 사용으로 얻어진 농산물이 차지하고 있는 부분이 증가하고 있다. 이것들은 발전하는 화학산업이 있기 때문에 가능해진 것이다. 실제로 오늘날 우리 인간들은 다른 모든 생태계에서 고정하고 있는 분량만큼의 질소를 대부분 비료를 만드는 데 사용하고 있다. 말할 것도 없이 추가적으로 고정된 질소가 없이는 우리 인간은 이처럼 많은 사람들을 먹일 수가 없다. 우리가 앞에서 언급한 바와 같이 25종의 꽃을 피우는 식물이 우리가 채식으로 얻는 에너지의 90퍼센트를 제공하고 있다. 그것은 지구상에 살아가고 있는 최대 26만 종의 꽃을 피우는 식물 중에서 선택된 25종일 뿐이다. 만약에 우리가 언제든지 마음 놓고 골라 먹을 수 있도록 그 종류가 다양하고 풍부하지 못하다면 우리의 식료품 저장소는 텅텅 비어버릴 것이다. 몇몇 육상동물, 물고기, 해산물, 그리고 균류와 녹조류를 제외하고는 꽃을 피우는 식물만이 바로 우리들의 '연료 탱크'를 채워주고 있는 것이다. 그리고 꽃을 피우는 식물은 또한 우리에게 영양분을 제공해주는 동물들의 사료가 되어주고 있다.

분명한 것은 꽃을 피우는 식물이 없었다면 우리 인간은 지금까지 우리가 해온 것처럼 월등한 힘을 가질 수 없었을 것이다. 그리고 비록 꽃을 피우는 식물의 많은 종류가 지난 5,000만 년 동안 세상을 변형시켜왔을지라도 최근 5,000년 동안 이 지구 전체에 놀라운 변화를 가져온 것은 바로 우리 인간이다. 물에 잠기지 않은 세계의 대부분의 지역을 비행기 창문으로 내려다보면, 우리는 우리 인간의 영향력을 볼 수가 있다. 아메리카 대륙의 중서부에 있든지, 에티오피아의 고지대에 있든지, 아니면 남부아시아에 있든지 우리가 보고 있는 대지는 기본적으로 농경지다. 한때 사바나였고 스텝 초원이었고, 수림지대였던 그 지역들이 지금은 밀, 쌀, 옥수수, 보리, 사탕수수, 기름용 야자, 그리고 다른 곡식들의 경작지다. 추가적인 대지들은 소, 양, 염소를 위한 목초지를 제공하고 있으며, 다른 지역들은 목재나 섬유 작물을 제공하고 있다. 현대의 산업 사회는 그 자체가 식물의 에너지로부터 많은 동력을 얻고 있다. 이 에너지는 속씨식물이 나타나기 이전에 오랫동안 살았던 다른 식물에 의해서 만들어진 화석 에너지다. 우리는 지금 화석연료가 베풀어주는 은혜로 이룩한 문명화된 사회에 살고 있는 것이다. 지구의 표면 속에 보관되어 있는 석탄, 석유, 그리고 가스에 함유된 에너지를 발견함으로써 우리의 생활방식을 풍요롭게 만들어왔다.

화석 에너지는 현대 세계에서 가장 중요한 원동력이 되었다. 그리고 우리의 삶의 모든 분야에 영향을 미쳤다. 석유는 전쟁을 일으키거나 식품을 냉장 보관하거나 차를 움직이는 등 현대 사회의 모든 분야에서 중요한 역할을 하고 있다. 증기기관 동력의 시작과 더불어 우리는 에너지를 이용하지 않을 수 없는 깊은 관계를 맺고 있는 사회를 만들어냈다. 1930년대 후반에는 매년 200만 명 정도의 인구가 비행기로 여행을 했었지만, 지금은 그 수가 2억 명으로 늘어났다. 식료품 생산의 팽창과 발전된 위생산업, 전염병의 효과적인 통제, 그리고 항생제의 사용 등으로 세계 인구는 60억 명에 달했다. 1800년대에는 오직 6억 명 정도만 살고 있던 것으로 평가되고 있었으니 우리는 불과 두 세기 동안 무려 열 배에 해당되는 인구의 증가를 만들어낸 것이다. 비록 지금은 인구 증가의 비율이 감소하고 있긴 하지만 우리는 매년 이 지구에 7,000만 명의 인구를 계속해서 추가해가고 있다. 전 세계의 도시들은 인구가 증가해가고 있고 동시에 도시 외곽 개발의 물결은 이러한 인구 집중 지역을 확산시키고 있다. 고속도로와 도로망들이 이미 전 생태계를 변화시키기 시작했으며 인간 활동의 네트워크 내에 있는 모든 규모의 공동체를 서로 연결해 주고 있다.

우리가 좋아하는 소고기용 소를 위한 목초를 생산하기 위해 숲을 없애는 행위는 기후를 변화시킨다. 바로 과거에 불을 질러 초원지대를 확장시켰던 것들이 기후를 변화시켰던 것과 마찬가지인 것이다. 광활한 목초지대와 농경지는 진녹색의 숲 속 잎사귀 임관이 했던 것보다 적은 햇빛을 흡수한다. 목초지와 농경지 위에서 반사되는 햇빛이 증가하고 이 햇빛은 공기를 따뜻하게 하고 대지를 더 건조하게 만든다. 또한 비가 내리면 빗물에 의한 침식작용으로 옥수수 밭이나 목초지는 겹겹으로 겹쳐진 숲이나 초원지대에서 생기는 침식작용보다 더 많이 깎여나간다. 쌀과 콩과 쇠고기에 들어 있는 모든 미네랄 영양소는 거대한 인구 중심지에서 소화된 후에 대부분 바다로 흘러간다. 공장에서 생산된 화학 물질이 땅을 중독시키는 것은 다시는 돌아올 수 없는 일방통행 길을 가는 것과 같다. 그리고 척박해진 땅에서 농작물을 키우기 위해 더 많은 비료를 생산해야 하고, 그러기 위해서는 더 많은 에너지를 필요로 하는 악순환이 이어진다. 이것은 조만간 이러한 잘못된 시스템이 심각한 문제를 유발할 수 있다는 것을 암시한다.[10]

그동안 우리는 내내 세상의 자연 식생을 감소시키는 행동을 계속 해왔고, 깨끗한 물의 사용량을 계속 증가시키고 있으며, 전례 없이 많은 이산화탄소를 대기 속으로 방출해왔다. 부유한 나라에서는 우리의 삶을 보다 더 낭비하도록 만들고 있다. 이 모든 것들이 약 45억 살이나 먹은 지구상에 살고 있는 오랜 생명의 역사 중에서 아주 최근에야 이루어지기 시작한 것들이다. 마지막으로 오늘날 우리가 있는 이 자리에 어떻게 오게 되었는지 개략적으로 살펴보도록 하자.

생명체 역사의 열 가지 주요 단계

우리는 꽃들이 현대 세계를 만들어내는 데 중요한 역할을 해왔다고 결론을 내릴 수 있다. 그러나 보다 더 넓은 관점에서 본다면 그들을 어떻게 보아야 할 것인가? 최근의 과학적 사고로 본다면 30억 년 이전에 시작된 긴 생명의 역사에서 그들이 얼마나 중요한 역할을 해왔을까? '진화의 대서사시'로 일컬어지고 있는 아직 풀어놓지 않은 이야기를 밝혀낸 것이야말로 현대 과학이 성취한 주요 업적 중의 하나다. 이것은 오랜 역사와 함께 설명되고, 천문학으로부터 지질학에 이르기까지, 그리고 미생물학에서부터 식물학과 동물학에 이르기까지 많은 과학의 전문 분야와 융합하여 만들어졌다. 나는 이러한 긴 역사에 기초를 두고 열 가지 주요 발전 단계를 식별했으며 이러한 열 가지 단계를 통해 우리가 오늘날 알고 있는 세상을 만들고 이끌어가고 있다고 믿는다.

생명의 역사에 있어서 그 첫 번째 중요한 발전 단계는 단순 생명의 발생이다. 현대의 세계에서는 이를 간단한 박테리아 수준의 세포에 의해서 시작되었노라고 설명한다. 기본적인 생명체로서의 상징적인 것은 스스로 세포를 만들어내는 능력과 에너지를 채집하고 사용하는 능력, 복제할 수 있는 능력, 그리고 한 세대에서 다른 세대로 이들 모든 활동에 대한 정보를 전달하는 능력 등이라고 할 수 있다. 이것은 생명의 역사 중에서 가장 풀어내기 어려운 단계가 되어왔고 생명의 시작 단계를 밝히려는 많은 학자들이 의문을 품고 연구를 해왔다. 몇 년 전만 해도 그린란드에 있는 38억 년 전의 바위에 생명체가 만들어내는 탄소동위원소의 비율과 비슷한 탄소동위원소 비율이 새겨져 있다는 주장이 있었다. 비록 이 주장이 여러 생명 연구에 자주 인용되긴 하지만 이들 주장을 추가적으로 뒷받침할 만한 보충 증거는 발견되지 않고 있다. 이렇게 증거가 불충분해지자 이제는 이 지구상에 생명체가 스스로 생겨나는 데 좀더 긴 시간이 걸렸을 것이라고 생각하게 되었다. 이것은 상당히 일리가 있는 주장이다. 이 시기에는 소행성과 혜성의 '엄청난 폭격'이 우리 지구와 달에 쏟아졌을 것이며 이러한 우주의 충돌은 약 38억 년 전경에 끝나고 안정기에 들어섰을 것이라고 생각하게 되었다. 그러므로 이 시기는 지구상에 초기 생명체가 등장하기에는 알맞지 않은 시기임에 틀림없다. 그러나 35억 년 전쯤 되면서 지구상의 생명의 기원에 관련된 지질학적 증거가 나타나기 시작했다. 바로 스트로마톨라이트stromatolite, 녹조류(綠藻類) 활동에 의해 생긴 박편상 석회암다. 이 석회암 구조물은 50~100센티미터 정도의 높이로 둥그런 돌 모양을 하고 있으며 박테리아와 그 시체 및 배설물의 얇은 층으로 이루어져 있다. 시간이 지나면서 초기

◈ 스트로마톨라이트는 지구상의 초기 생명체의 존재를 강력히 증명해주고 있다.

에 만들어진 스트로마톨라이트의 특징을 나타내는 이들 횡단면 층 위에 새로운 층들이 만들어져 있다. 이러한 구조물이 어떻게 만들어졌는지 우리는 알지 못하지만 이들은 지구상에 초기 생명체가 존재했다는 것에 대한 강력한 증거가 아닐 수 없다.

두 번째 주요 단계는 광합성의 발명이다. 광합성은 태양광선을 이용해 물 분자를 분리하여 수소 원자를 만들어내는 것이다. 이 단계에서의 광합성은 박테리아 수준의 세포조직에서 이루어지고 있다. 이러한 과정은 수소 원자와 이산화탄소를 결합함으로써 태양 에너지를 생명체 활동을 위한 주 에너지가 되는 탄수화물로 변형시키는 과정이다. 이 탄수화물은 생물의 생존에 필요한 에너지가 풍부한 물질이다. 이 중요한 일련의 반응처리 과정에서 가장 중요한 역할을 하는 것은 엽록소와 관련된 색소들이다. 최초로 광합성을 시작한 주체는 청록박테리아blue-green bacteria일 것으로 추정되며 이 청록박테리아는 오늘날에도 중요한 역할을 계속하고 있다. 일단 지구상의 생명체가 태양 에너지를 화학적 에너지로 변형시키는 것을 알았고 유기체가 점점 진화하면서 광합성을 발전시키기 위한 노력이 시작되었다.

생명체의 역사에서 세 번째 주요 단계는 진핵생물 세포의 발전이다. 진핵세포는 청록박테리아보다 더 크고 복잡하며, 스스로 출산과 복제가 가능하며, 염색체 내부에 핵을 가진 것이 특징이다. 이러한 세포는 박테리아 세포보다 1,000배 이상 크고 더 큰 세포를 만드는 데 필요한 에너지를 충족시키기 위해 간단한 탄수화물을 분리하는 미토콘드리아를 보유하고 있다. 최근 한 연구에서 한때 독립적인 박테리아급 미생물이었던 미토콘드리아가 내공생內共生이라고 불리는 과정을 통해 진핵세포가 살아가는 데 없어서는 안 되는 중요한 부분이 되었다는 주장을 증명하는 증거를 밝혀냈다. 이들 초기의 진화과정 기간 동안 또 하나의 주요 단계는 진핵세포의 한 종이 또 다른 파트너 박테리아 또는 내공생 세포와 통합되는 것이다. 이것은 광합성 작용을 하는 박테리아의 경우에만 일어난다. 이 새로운 결합은 엽록체의 등장을 만들어냈고 이 엽록체는 녹조류와 상위 식물에서 일어나는 광합성 작용을 주관하는 세포조직이다.

이제 이러한 생물학적 복잡성을 증가시키는 일련의 활동들이 꼬리를 물고 일어나게 되었다. 이 영속적인 위대한 서사시의 네 번째 주요 단계는 다세포 유기체를 만들어낸 것이다. 이 단계에서는 진핵 세포보다 더 큰 세포를 만들어내기 시작하며 그 세포들이 각각 식물, 균류, 그리고 동물 종 내에서 독립적으로 발전하는 기초를 제공하게 되었다. 이 과정은 우리의 지구를 장식하고 있는 균류, 식물, 동물이라는 세 개의 위대한 생물의 왕국을 만들어내기 시작했다. 처음에는 모두가 단 하나의 세포를 가진 생명체로서 그들 자신의 삶을 시작했음에도 불구하고 이들 각각의 왕국에 살고 있는 더 큰 형태의 생명체는 완전히 별개의 방법으로 구성되기 시작하면서 독립적으로 발전하기 시작했다. 덧붙여 말하자면 이들 왕국의 어떤 대형 유기체도 박테리아 급의 세포로 만들어지지는 않았다는 것이다. 진핵세포가 가지고 있던 에너지 활용 능력과 정보 전달 능력은 더 크고 복잡한 다분자 유기체를 만들어내는 데 있어서 기본적이고 꼭 필요한 첫 번째 단계였음이 분명하다.

화려한 생명체 발달의 행렬에서 다섯 번째 중요한 단계는 약 5억 4,000만 년 전에 있었던 소위 캄브리아기의 대폭발이라고 불리는 기간이다. 이 기간 동안 더 크고 보다 활동적인 동물의 진화가 발생했다. 이 기간 동안 바다는 각종 기어다니는 벌레와 갑각류, 벌레 모양의 동물들이 북적이며 살아가는 동물원이 되어버렸다. 이들 생물들의 대부분은 그들이 어디로 가는지 볼 수 있는 눈과 서로 잡아먹을 수 있는 이빨이 발달되었다. 왜 그렇게 갑자기 이런 일이 일어났는지는 아직도 의문투성이다. DNA에 나타나는 증거를 보면 이들 각각 다른 계통의 동물들은 그보다 훨씬 더 일찍부터 진화되어왔다는 것을 보여주고 있다. 그러나 이들이 이동한 자국이 새겨진 화석예를 들면 벌레가 지나간 자국이 나타나지 않는 것으로 보아 그들이 아직까지는 아주 미세한 생물의 수준이었고 캄브리아기 이전에는 아주 적은 크기의 생물이었다는 것을 알 수 있다. 아마도 이 시기에 동물들이 이제는 더 크게 자랄 수 있고 서로가 활발하게 쫓고 쫓길 수 있을 정도로 활동할 수 있게끔 대기 중의 산소가 충분히 고농축 상태에 이르게 되었던 것이 아닌가 추정하고 있다.

생명의 역사에서 여섯 번째 중요한 단계는 더 커진 크기의 녹색식물이 육지를 점령해버린 사건이다. 6장에서 살펴본 바와 같이 이것은 단 하나의 식물 종에 의해 성공시켜온 아주 힘든 변화로서 4억 5,000만 년 이전에 시작되었다. 이 시기에는 육상식물의 크기가 더 커지고 복잡해졌으며, 지구상의 따뜻하고, 습기가 있는 지역은 각종 식물들이 서식하기 시작했다. 이 중요한 단계에서 또 하나의 획기적인 진화가 이루어졌다. 바로 씨앗식물의 꽃가루 알갱이였다. 꽃가루에 의한 수분과 수정은 더 이상 물을 필요로 하지 않았다. 이에 따라 종자식물은 그 이전의 식물들보다 훨씬 더 건조한 서식지에서도 생존할 수 있고 번식할 수 있었다.

특히 우리 인간의 관점에서 일곱 번째 중요한 단계는 육상 척추동물의 출현이다. 네 발 달린 척추동물은 육상식물처럼 민물의 주변에서 생성되었고 3억 6,000만 년 전에 땅 위로 이동했다. 여기에 중력을 무시할 수 있고, 크기가 더 커질 수 있고, 재빨리 움직일 수 있고 그리고 보다 더 복잡한 뇌를 지닌 동물의 계통이 생겨났다. 지상의 식물군락에는 곤충과 거미, 벌레, 달팽이들이 서식하게 되었고 이들 다양한 생물이 살아가는 식물군락은 초기의 지상 척추동물이 먹을 거리를 찾고 번성할 수 있는 터전을 제공해주었다. 인간의 팔다리와 많은 부분으로 구성된 척추는 우리가 사지 척추동물의 후손이라는 명백한 증거다.

이 시기에 우리의 복잡한 생명체 역사 속에서 한 가지 중요한 퇴보가 나타난다. 그것은 2억 5,000만 년 전의 페름기-삼첩기 생물의 대량 멸종이다. 이 사건은 육상동물과 바다동물의 생명을 황폐하게 만들었다아마도 그들의 화석 기록이 너무 부족해서 이 시기에 육상동물이 대량으로 죽어간 것에 대한 증거를 찾기는 힘들다. 이 육상동물의 대량 죽음의 원인이 무엇이었는지에 대해서는 아직까지 분명하지 않다. 그러나 이 시기의 대규모 화산 폭발과 마그마 분출이 이러한 대량 멸종에 중요한 역할을 한 것은 분명하다. 그럼에도 불구하고 여기서 살아남은 일부 식물과 동물들은 새롭게 그리고 빠르게 팽창했다.

여덟 번째의 획기적인 발전은 꽃을 피우는 식물의 진화라고 나는 생각한다. 꽃가루 식물의 여러 똑똑한 적응 중에서 동물을 이용해 꽃가루를 운반하도록 만든 것은 아마도 생물 진화의 역사상 단일 사건으로서는 가장 중요한 혁신적인 발전이다. 꽃을 피우는 식물들은 꽃가루 매개체로서 동물을 이용한 것뿐만 아니라 매개 동물, 특히 곤충들이 다양화할 수 있는 여건을 만드는 데 기여했다. 이렇게 해서 곤충과 속씨식물은 오늘날 우리가 누리고 있는 믿기 어려울 정도로 풍요로운 세상을 함께 만들어왔다.

그리고 이 시기에 생명 세계에서의 또 하나 중요한 퇴보가 나타났다. 6,500만 년 전에 발생한 거대한 소행성이 지구를 강타한 사건이다. 바로 백악기 말의 멸종 사건이다. 이 사건은 지구를 온통 먼지구름으로 덮어버림으로써 많은 육상과 해상 생물 종의 생명을 앗아갔다. 이 사건으로 지구상에 존재했던 가장 크고 강력했던 육상동물의 한 종류인 공룡이 멸종됐다. 조류를 제외하고는 1억 년 전에 지구 전체를 지배했던 모든 동물이 모두 멸종되었던 것이다. 이것은 나쁜 소식이다. 그러나 좋은 소식도 있었다. 크기가 작은 털이 있는 생물에게 친화적인 환경이 찾아온 것이다. 공룡의 몰락에 따라 포유류 동물의 다양화가 폭발적으로 진행되었다. 그동안에도 꽃을 피우는 식물들은 대멸종에 흔들리지 않고 세계의 식생을 다양화하는 작업을 계속했다.

이러한 화려한 생명체의 발전이 계속됨에 따라서 꽃을 피우는 나무들은 원숭이의 진화를 도와주었고 양팔을 교대로 흔들며 이동하는 유인원의 등장을 도와주었다. 계절적으로 건조한 서식지인 새로운 대지의 모습이 된 광활한 초원지대는 대형 포유류 초식동물의 팽창을 촉진시켰다. 그리고 두 다리로 걷는 영장류가 여러 식물들을 재배하고 몇몇 동물과의 현명한 문명의 공생관계를 발전시킴으로써 우리 인간은 생명의 역사 속에서 가장 성공적인 대형 동물이 되었다. 이것이 우리 지구에서 아홉 번째의 위대한 발전이었다고 나는 믿는다. 바로 농경 기반의 인간 사회의 등장인 것이다.

그리고 이어서 현대의 시대가 도래했다. 생명의 역사의 열 번째 중요한 단계는 우리 인간이 화석 연료의 화력과 함께 산업혁명과 결합한 것이다. 이 똑똑한 결합을 통해 우리는 우리가 살고 있는 세상을 이해하기 시작했을 뿐만 아니라 지구를 보다 깊이 통제할 수 있게 되었다. 그리고 인구가 폭발적으로 증가하기 시작했다. 이 가장 최근의 진보는 우리로 하여금 지구촌에서 가장 지배적인 생명체가 되도록 해주었다.

속씨식물이 지난 1억 년 동안 세계를 변화시켜왔다는 것은 분명한 사실이다. 이것은 꽃을 피우는 식물이 없이는 영장류가 다양화될 수 없었을 것이고, 긴 팔을 가진 유인원이 열대 수림지대의 나뭇잎 지붕을 통해 양팔을 교대로 매달리며 이동할 수는 없었을 것이다. 또한 초식동물로 가득한 초원지대는 그 존재 자체가 등장할 수 없었을 것이다. 꽃을 피우는 식물은 인간의 등장에 결정적인 역할을 했을 뿐만 아니라 농경활동을 통해 인간이 지구촌에서 지배력을 거머쥐는 데 큰 도움을 주었다.[11]

꽃을 피우는 식물은 인간 문명의 발전에 강력한 추진력을 부여함으로써 그 이전의 어떤 다른 생태적 변화보다도 더 세상을 깊숙하게 변화시켜왔다. 세상을 이렇게 빨리 그리고 다양한 방법으로 변화시킨 것은 인류 한 종뿐이다.

이제 우리 인간의 공격에 생태계 전체가 비틀거리고 있다. 비록 인류가 다른 별로 여행하여 새로운 세계를 만들 수 있다고 하는 인류 유전학적으로 영광된 유토피아를 예측하는 '미래주의자'들이 있기는 하지만 많은 사람들은 불길한 미래에 대한 공포에 떨고 있다. 그러나 유토피아적 낙천주의자든 생태학적 비관주의자든 우리는 모두 꽃을 피우는 식물들이 실제로 변화시켜온 세상을 살아가고 있는 것이 엄연한 사실이다. 사실상, 인간의 존재를 보다 낫게, 그리고 보다 나쁘게 우리 지구촌의 주인으로 만들어준 것은 바로 꽃을 피우는 식물들이다.

Epilogue

대재앙으로부터 지구를 보호하라

이제 우리 인간은 지구를 지배하는 종이 되었다. 하지만 불행하게도 새로 획득한 이 지배권은 우리에게 엄청난 책임을 안겨주었다. 우리의 오래된 유산의 원예와 조경의 관점에서 이러한 책임을 생각해보자.

초기의 우리의 조상들은 아마도 세밀한 계획을 세우지 않고 그저 식량작물, 양념식물, 그리고 의약용 약초들이나 키우며 농경활동을 시작했을 것이다. 그러나 인구가 증대됨에 따라서 이 기초 곡물, 콩류, 그리고 뿌리작물들을 보다 넓은 면적에, 보다 집약적으로 재배하지 않으면 안 되게 되었다. 지금은 세밀하게 준비된 경작지에서 계획적으로 식량으로 사용되는 식물을 재배해야만 한다. 관개시설이 발달함에 따라서, 농업은 도시국가를 구성하는 기초적인 인구인 수천 명 이상을 먹여 살릴 수 있게 되었다. 이집트 문명은 나일 강에 의해 물을 공급받고 매년 범람에 의해 침수됨으로써 비옥해지고 둘러싸고 있는 사막에 의해 외적의 침입으로부터 방어를 받음으로써

5,000년 이상을 번성했다. 그러나 대부분의 많은 다른 문명은 그렇게 운이 좋지 않았다. 왜냐하면 토양은 점점 더 황폐해져갔고 그에 따라 발생한 기후의 변화는 그 문명을 몰락시켰다. 그 모든 기간 동안 전 세계의 촌락에서 작은 경작지들이 계속해서 우리의 식단을 다양하게 하고 인간의 삶을 풍요롭게 했다.

장식용으로 꾸미는 정원은 사회가 보다 부유해지고 더 복잡해지고, 계층화된 다음부터 발전되었다. 정원은 종교 사원을 둘러싸고 있기도 하고 또는 귀족의 저택을 꾸미기도 하고 조용한 난민수용소 안에도 형성되기도 하면서 많은 서로 다른 사회의 문화생활을 나타내는 중요한 부분이 되었다. 스페인 정복자들은 멕시코의 아즈텍 정원과 페루의 고지대에 있는 정원을 보고 대단히 큰 감명을 받았다. 이러한 정원은 중국에서 시작된 긴 역사를 가지고 있으며, 그다음에는 일본에서도 등장했다. 가장 오래된 정원같이 보이는 모양을 그림으로 나타낸 것은 3,500년 전의 이집트의 정원이다. 이 정원은 연꽃과 파피루스를 가득 심은 사각형의 연못에 오리를 기르고 있었으며 그 둘레에는 산책로가 만들어져 있었다. 그리고 경계선에는 목초와 나무들이 심어져 있다. 나무들은 그늘을 만들어주고 있었으며, 무화과나무, 대추야자나무, 석류나무, 포도나무 등이 주류를 이루고 있었다. 이들 나무들은 빙 둘러서 울타리를 만들어주었고 모든 화초와 정원수들이 울타리 안에 들어 있었다. 이들 울타리에 심어진 나무들은 특별한 자연의 공간을 강조하고 있으며 정원을 번잡한 도시로부터 격리시키고 굶주린 염소와 개구쟁이 아이들로부터 보호하는 역할을 했다.

'파라다이스paradise, 낙원'란 단어는 고대 페르시아어로 '울타리로 둘러싼 곳enclosure, 인클로저' 이라는 말에서 유래되었다. 페르시아 왕의 사냥터는 밀렵꾼과 일반인의 출입을 금지하기 위해 울타리를 쳐놓았다. 이러한 울타리로 둘러싼 공원은 그리스의 파라데이소스paradeisos의 개념을 등장시켰는데 이것은 호화로운 정원이라는 뜻이다. 그리스도교는 이 개념을 받아들여 천국의 이미지를 만들어냈다. 이슬람도 마찬가지로 이 개념을 도입했다. 이런 의미에서 정원은 대단히 특별한 공간이 되었다. 즉 혼돈과 외부세계의 번잡함으로부터 격리되고 보호되는 곳이 되었다. 세월이 흐름에 따라 정원의 아이디어는 특별한 소수를 위한 성역의 개념으로 발전했다. 중세 초기의 수도원의 정원은 몇 가지 역할을 해왔다. 한쪽에서는 과일나무를 재배함과 동시에 다른 한쪽에서는 수도사들의 묘지가 되었고, 채원에서는 채소를 생산하고 약초원은 의약용으로 쓸 허브를 재배하고 있었다. 그뿐만 아니라 이들 정원은 새로운 종을 도입하고 가장 좋은 변종을 선택하는 일종의 실험장 역할을 하기도 했다. 17세기 유럽 부유층의 정원에는 광활한 대지와 잘 가꾸어진 정원을 갖추고 있었다. 그리고 그 후에는 중산층들도 이러한 개념을 발전시켜 작은 정원을 갖기를 희망했다.[1]

마침내 산업혁명이 진행됨에 따라 사람들이 도시에 밀집하게 되자 넓은 공공의 공간이 필요하게 되었다. 현대 도시 계획에는 가로수가 늘어선 거리와 대형 광장, 그리고 공공의 정원, 즉 공원이 포함되어 있다. 그리고 오늘날의 조경 설계에는 나무와 덤불, 넓은 잔디밭, 산책로 들을 신중하게 배치하는 것을 포함하고 있다. 도시 속의 공원은 콘크리트와 철강재로 이루어진 현대 도시의 중심과 현격한 대조를 이루고 있다. 이들은 골치 아픈 대도시의 상업적 일상으로부터의 탈출과 휴식을 제공하고 있다. 센트럴 파크가 없는 뉴욕이나, 나무 그늘로 덮인 산책길이 없는 워싱턴 DC나, 호수 공원이 없는 시카고를 상상한다는 것은 대단히 어려운 일이다. 이러한 거대한 공공의 공간을 만들어내는 것은 에너지와 자금과 비전이 없이는 불가능하다. 몽고메리 워드Montgomery Ward, 1844~1913는 시카고의 호수공간을 공공장소로 보존하는 데 무려 20년 이상을 투쟁해야 했다. 그의 정적들은 호수를 따라 도시를 개발한다면 더 많은 세금을 걷을 수 있을 것이고, 이들 세금으로 더 좋은 학교와 병원을 지을 수 있다고 주장했다. 넓은 대지를 보존하고 공공의 정원을 설치하는 것은 보다 더 굳은 신념과 결심이 필요했다.

미국 사람들이 '꽃과 나무를 가꾸는' 취미활동을 위해 얼마나 많은 돈을 쓰는가를 조사한 결과 2002년에 무려 190억 달러를 사용한 것으로 드러났다.[2] 이것은 미국이 체육활동과 영화에 투자하는 돈과 맞먹는 금액이다. 두말할 필요도 없이 이러한 돈은 우리가 정원을 가꾸고 마을을 아름답게 꾸미는 데 들어가는 돈이다. 이와 마찬가지로 꽃을 재배하고 유통하는 것은 세계적인 대형 산업이 되었다. 상업용 과수원에서는 장식용으로 화분에 심은 식물을 판매하고 있고 전 세계적으로 매년 20억 달러의 가치를 창출하고 있다.

도시 인구가 점점 늘어남에 따라서 도시는 끊임없이 교외로 뻗어나가고 있으며 불행하게도 자연적인 수목지대는 점점 파괴되고 있다. 세계의 자연 수림이 감소되고 있을 뿐만 아니라 잠식당하고 있다. 또 다른 문제는 서식지의 상실이라는 충격뿐만 아니라 외래종의 침투로 토종 수림이 공격을 받고 있고 토종 식물과 동물을 멸종시키고 있다는 것이다. 미국 남동부의 칡, 미국 중동부 지역 삼림지대의 마늘겨자, 또는 그레이트 레이크의 얼룩말 홍합zebra mussel 등 외래종의 도입으로 인해 현지 생태계가 급격히 교란되고 있다. 자신의 천적이나 해충이 없는 새로운 지역에 도착한 이들 외래종들은 아무도 관심을 갖지 않고 내버려둔 가운데 급격히 팽창하고 있다. 또한 해충과 기생충이 들어오게 되면 대규모의 파괴를 가져올 수도 있다. 유라시안병의 침투로 미국의 밤나무가 멸종되었고 계속해서 미국 전역의 느릅나무를 소멸시키고 있다. 이러한 중요한 파괴를 일으키는 것은 단지 몇몇 공격적인 종들이지만 우리 인간들이 지구촌 전역을 이동하고 물건들을 전 세계로 유통시키는 덕분에 외래종은 전 세계 곳곳에서 골치 아픈 문제가 되고 있다. 외국의 야생 동식물을 구매하고 전 세계의 장식용 화초를 재배하고 국제공항에 도착하는 더럽혀진 트래킹 신발 등으로 인해 이러한 외래종의 침입을 막는 것은 어려운 일일 수밖에 없다.

비료의 사용과 항생제의 축적, 침식 등에 의해서 경작지의 황폐화를 가속화함으로써 다가오는 미래는 문제가 많을 것으로 예상되고 있다. 요즘 다목적 스포츠 차량이 중국에서 엄청나게 팔리고 있다. 이 인구가 많은 나라가 다른 모든 나라의 부유한 사회가 걸어가는 길을 그대로 답습하는 것이다. 이러한 일들은 수백만 년 전의 광합성에 의해 만들어진 것들을 무차별 소비하고 있는 것이다.

분명한 것은 꽃을 피우는 식물이 세계를 변화시킨 것 중에서 가장 중요한 것은 인간이라는 하나의 지배종을 탄생시킨 것이다. 이 지배종은 지능이 아주 좋고, 번식력이 뛰어나며, 물질적, 감각적 다양성을 위한 욕망을 갖추고 있어서 이러한 인간의 팽창으로 인해 생태계 전체가 고통을 받고 있다. 비록 몇몇 국가에서는 우리 인간의 증가율이 점점 줄어들고 있지만 매년 7,000만 명 이상의 인구가 증가하고 있어서 그 숫자는 계속해서 늘어나고 있다. 그리고 이런 인구 증가는 대개 빈곤한 나라에서 일어나고 있다. 인간의 숫자는 21세기 중반에는 90억에 달할 것으로 예측되고 있다. 이러한 인구의 팽창은 지금보다 훨씬 많은 자원과 더 넓은 경작지, 도시 환경, 그리고 세계적인 어획자원어획량은 이미 심각하게 줄어들고 있다을 필요로 할 것이다. 세계 인구의 절반 이상이 영양실조로 고통 받고 있으며 이 숫자는 인류 역사상 가장 많은 숫자이고 지금도 계속 증가하고 있다. 분명히 인간의 존재는 우리를 먹여 살리고 있는 자연생태계와 조화를 이루며 살아가고 있지 못하다.

우리의 지구는 '순환적 물질대사'를 가지고 있다고 일부 학자들이 주장하고 있다. 이 물질대사는 미생물과 식물과 동물과 강우와 침식과 해류와 심지어는 화산활동과 함께 촘촘히 짜여진 네트워크를 통해서 일어나고 있다는 것이다. 어떤 사람들은 이러한 상호작용

요소들이 전 시스템을 균형 있게 유지하도록 서로 협력하는 생명활동과 유사하다고 주장한다. 우리는 이것을 가이아 이론Gaia hypothesis이라고 부른다.[3] 나는 이에 동의하지 않는다. 지질학적 대멸종 시기에 모든 동물이 멸절된 것에 대한 화석의 증거와 지난 100만 년 동안에 일어난 혼란스러운 반복적인 빙하기의 등장 등으로 미루어볼 때 지구는 우리가 바라는 것처럼 그렇게 안정적이고 예측 가능하며, 자체 통제력이 있는 삶의 터전이 아니라는 것을 암시하고 있다. 생태계와 대기만이 고도로 역동적이기만 한 것이 아니라 우리 인간도 많은 변수에서 변화하기 시작하고 있다. 지구온난화는 더 이상 가정이 아니다. 이제 남은 단 하나의 의문은 우리 인간들이 이 온난화에 얼마나 기여했는가, 그리고 이 온난화가 얼마나 심각한 상태까지 진행될 것인가 하는 것이다. 현재의 세계는 역동적인 변화의 시기에 있는 것으로 보인다. 인간은 이 전례 없는 변화에 대한 책임을 면할 수 없다.

우리는 인간의 역사가 중요한 세 개의 단계를 가지고 발전해온 것으로 여긴다. 이들 세 가지 단계는 우리의 에너지 소비와 깊은 관계가 있다. 그 첫 번째 단계는 조그만 집단의 약탈꾼 무리들이 생명 유지를 위해 대지를 여기저기 찾아다니며 살아왔으며 이들은 수십만 년 이상을 통해 조금씩 변했다. 수렵꾼과 채취꾼으로 불리는 이들은 무리를 이루고 살았고 그 무리는 거의 50명의 성인 개체를 넘지 않았다. 그러나 수렵과 채취만으로는 이 많은 사람들이 생명을 유지하며 살아갈 수 없었다. 맛 좋은 관다발식물과 에너지가 풍부한 동물은 그 당시 전 세계 대부분의 생태계에서는 찾아보기가 아주 힘들었다.

두 번째의 역사적인 진보는 농경방법의 발명과 함께 등장했다. 이를 통해 많은 서식지가 과거에 그 지역에 살아왔던 사람들의 수십 배에 달하는 인구를 먹여 살릴 수 있게 되었다. 농업은 더 많은 먹을 거리를 보다 안정적으로 공급함으로써 인간의 에너지 획득 차원에서의 첫 번째이자 중요한 진보를 대표하게 되었다.

마지막 세 번째 단계는 바로 산업혁명과 화석 연료에 기초를 둔 하나의 복잡한 기술이다. 이 화석 연료는 처음에는 석탄으로 그다음에는 석유로 그리고 최근에는 가스가 주로 많이 사용되어왔다. 오늘날 전 세계적으로 우리는 매일 8,000만 배럴 이상의 석유를 연소시켜 이산화탄소를 만들어내고 있다. 이 이산화탄소는 단지 지구온난화를 점점 더 촉진시키고 있을 뿐이다. 이런 활동이 장기간 지속될 수 있을 것이라고 생각하는 사람들은 거의 없다. 그럼에도 불구하고 대부분의 사람들은 낙천적이다. 그들은 '만일 발달된 기술이 이러한 문제를 발생시켰다면, 기술의 발달이 또한 이를 해결할 것'이라고 생각한다. 그리고 세상에는 이런 문제에 무관심한 사람들도 많다. 그들은 성경에 나오는 '종말의 시기'가 다가오고 있으며 머지않은 장래에 우리 앞에 도달할 것이라고 믿는다. 대부분의 사람들은 계속 팽창하기만 하는 산업 성장과 인구 팽창의 결과를 무시하고 있다.[4] 그러나 불행하게도 전례 없이 끔찍한 전 지구적인 재앙이 발생할 가능성이 높아지고 있다는 것이다. 그때가 되면 인구밀도의 증가와 전 세계의 초고속 국제 항공 여행으로 인해 어떤 치명적 병원균이 중세 유럽을 휩쓸었던 흑사병처럼 전 세계에 만연될 것이다. 어쩌면 이것이 앞뒤를 가리지 않고 허둥지둥 생태적 자기 파괴 속으로 달려가는 그 길에서 우리를 구해줄지도 모른다.

◈

우리가 알고 있는 어떤 다른 우주의 실체와는 달리 지구는 푸르고, 희고, 녹색을 가진 혹성이다. 사실이 그렇다. 지구는 아직도 그 표면이 겹겹이 싸인 정원에 의해 아름답게 꾸며진 혹성인 것이다.[5] 이러한 활발하게 상호작용을 하는 환경의 도움은 우리에게 생명을 유지할 수 있고 먹고 살 수 있도록 도와주었다.

좋든 싫든 우리 인간은 이제 우리의 생명을 탄생시킨 이 지구라는 혹성을 점점 변화시키고 있다. 우리가 우리의 집안과 정원을 위해 한 것과 똑같은 노력을 자연환경을 보존하는 데 기울이지 않는다면, 미래의 세대들의 복지는 아주 큰 위험에 처하게 된다. 우리 인간은 반드시 우리의 탐욕과 소비를 줄여야 한다. 만약에 우리가 우리의 자손들에게 보다 더 나은 세상을 물려주고자 한다면, 우리는 보다 더 좋은 일을 지금 해야 한다. 바로 오늘 이 순간 어느 정치 지도자도, 어떤 경제학자도, 또는 언론인도 우리가 당면하고 있는 미래의 커다란 문제를 인식하지 못하고 있는 듯하다. 우리가 우리 지구를 수백만 년 이상 그래왔듯이 아름답고 행복한 보금자리를 그대로 유지하고자 한다면 참으로 엄청난 노력을 기울이지 않으면 안 된다.

지금 내가 앉아 있는 이곳으로부터 지난 5억 년 동안 일어났던 다섯 번의 대멸종 사건에 이어 여섯 번째 대재앙이 아주 가까이 다가오고 있으며 그 대멸종은 어느 한 종류의 생물체에 의해 일어나는 최초의 대멸종 사건이 될 것이다. 지구에서 우리 인간은 자연이 이룩한 최고의 지능을 가진 작품이다. 하지만 우리는 또한 자연에게 가장 심각한 위협이 되고 있다. 우리는 우리의 자세를 바꾸지 않으면 안 된다. 생태계의 위대한 정원사, 지구촌의 스튜어디스가 되어야 한다.

용어 설명

ㄱ

가짜 꽃 Pseudoflowers
진짜 꽃을 닮은 생물학적 가짜 꽃을 말한다.

감수 분열 Meiosis
생식 세포 분열이라고도 함. 생식 세포의 핵이 2번 분열하여 성 세포性細胞인 4개의 배우자를 만들고 각 배우자는 원래의 세포가 갖고 있던 염색체 수의 절반을 갖게 되는 분열 방식.

갓털 Pappus
국화과의 식물의 꽃부리관의 아랫부분을 반지처럼 둘러싸고 있는 비늘이나, 털. 관모冠毛라고도 한다.

강 綱, Class
생물 분류 체계의 계급에서 문門, division과 목目, order 사이의 중간.

개화기 Anthesis
하나의 꽃이 완전히 피어나는 시기.

겉씨식물 Gymnosperm
솔방울의 한 부분인 포엽 위에 성장하는 씨앗을 가진 겉씨식물계에 속하는 식물.

겹잎, 복엽 複葉, Compound leaf
분리된 잎자루의 작은 잎을 가진 잎. 잎들은 통상적으로 엽액에 싹을 가지고 있지만 작은 잎들은 그렇지 않다.

곁순, 곁가지 Lateral bud
잎의 엽액에서 나오는 순, 또는 떨어진 잎이나 발달되지 않은 엽액으로부터 나오는 순을 말한다.

계 界, Kingdom
가장 크고 가장 포괄적인 생물 분류 체계의 계통.

계통분류학 Systematics
생물계의 다양성을 밝히고, 질서를 찾아 종류별로 나눈 후 계통을 세우고 다양성의 유래를 밝히는 학문이다.

계통발생론 系統發生論, Phylogeny
종 또는 다른 분류군의 계통과 유연관계에 관한 발생 역사. 동식물을 막론하고 어떤 한 종種이 한 조상에서 나왔다는 이론이 과학계에서는 보편적으로 받아들여지고 있으며 계통발생의 기초가 되고 있다.

고산 식물 Alpine
나무 생장선 이상의 높은 산악지대에서 자라는 식물상.

곧은뿌리 直根, Taproot
땅속으로 곧게 내리는 뿌리. 배아로부터 나오는 두드러지는 가장 중요한 뿌리로 쌍떡잎식물과 겉씨식물의 특성이다.

공변세포 Guard cell
작은 구멍 주변을 둘러싸고 있는 짝을 진 세포의 하나.

공생 共生, Symbiosis
상호 이익을 위해 두 가지 서로 다른 생물들이 더불어 이익을 주며 살아가는 것. 상리공생mutualism, 기생생물parasite 등과 비교해보라.

공진화 共進化, Coevolution
두 개의 종이 밀접하게 상호작용하고 시간이 경과하면서 서로의 특성에 영향을 미칠 때 일어나는 현상.

과 科, Family
동식물 분류체계에서 속屬의 상위 분류 계층. 다른 과의 종들이 아니라 보다 밀접한 관계의 동식물을 포함한다.

과피 果皮, Pericarp
씨방 벽으로부터 추출된 열매의 외부 껍질을 말한다.

관다발식물 Vascular plant, Tracheophyte
줄기 속에 물과 영양분을 전달하는 조직을 포함하고 있는 식물로 양치류, 종자식물이 이에 속한다.

관다발 Vascular bundle
물관부와 체관부 모두를 포함하는 특별한 세포의 묶음. 물과 영양분을 전달하는 조직.

관목 灌木, Shrub
떨기나무라고도 함. 여러 개의 줄기가 있으나 어느 것 하나가 특별히 크지 않고 나무의 키가 3미터 이하의 작은 나무. 가지가 촘촘히 많이 났을 때는 덤불이라고 부른다.

광주기성 光週期性, Photoperiodism
하루나 계절 또는 1년 주기로 바뀌는 낮과 밤의 길이 변화에 대해 생물이 보이는 기능이나 행동 반응.

광합성 光合成, Photosynthesis
녹색식물이나 그 밖의 생물이 빛 에너지를 화학 에너지로 바꾸는 과정. 이산화탄소와 물을 이용해 탄수화물을 만들어낸다.

교목 喬木, Tree
해마다 다시 자라는 목본성 식물. 교목으로 분류되는 대부분의 식물들은 자신을 지탱하는 목질조직으로 된 하나의 줄기樹幹를 가지며 또한 가지라고 부르는 2차적인 줄기를 만든다.

구과식물 毬果植物, Conifer
침엽수에 대한 일반적인 이름. 솔방울을 가지고 있는 겉씨식물의 강. 소나무, 전나무, 가문비나무, 사이프러스 등이 이에 속한다.

구근 球根, Bulb
에너지를 저장하고 있는 변형된 잎을 품고 있는 짧고 함축된 줄기, 양파가 이에 속한다.

굴성 屈性, Tropism — 주로 한쪽 방향에서 오는 센 자극에 대해 식물이나 하등동물이 보이는 반응이나 방향성. 자발적 운동이나 구조변화를 통해 나타난다.

굴지성 屈地性, Geotropism — 중력에 반응하여 자라나는 식물의 성장.

균근 Mycorrhiza — 균류菌類의 관管 모양을 한 균사菌絲와 고등식물 뿌리와의 밀접한 관계에 의한 구조.

근친교배 Inbreeding — 자가수정같은 식물 내에서의 수정 또는 개체 수가 적은 동일한 식물들 사이에서 일어나는 수정을 말한다. 아주 가까운 개체끼리의 교배를 가리키는 말이다.

기공 氣孔, Stomata — 잎과 어린 줄기의 표피에 있고 현미경으로만 볼 수 있는 작은 구멍. 보통 잎 아래쪽에 더 많으며 바깥 공기와 잎 안쪽 공기 통로에 있는 공기를 교환하는 역할을 한다.

기관탈리 器官脫離, Abscission — 줄기로부터 잎, 꽃, 과일 등을 체계적으로 잘라내는 것. 보통 세포에 특별한 층을 만들어서 잘라낸다.

기근 氣根, Aerial root — 지표면 위로 자라는 뿌리, 공기뿌리라고도 한다.

기생근 Haustorium — 기생식물에 의해서 만들어진 뿌리와 같은 모양의 기관으로 영양분을 빨아 먹기 위해 숙주의 조직 속으로 파고든다.

기생생물 Parasite — 숙주의 살아 있는 조직으로부터 영양분을 흡수하는 생물체동물과 식물을 통틀어 말한다.

꼭지눈, 끝눈 Terminal bud — 각각의 싹의 끝에 나는 눈.

꽃덮개 Perianth — 꽃의 꽃받침과 꽃잎을 통틀어서 부르는 말. 화피라고도 한다.

꽃밥 Anther — 수술대의 끄트머리 부분에 있는 주머니 모양의 구조물로서 그곳에서 화분립이 만들어진다.

꽃부리 Corolla — 꽃의 꽃잎을 다 같이 하나의 단위로 생각하는 꽃잎. 화관花冠이라고도 하며, 생식에는 직접 관계는 없지만 현화식물을 분류하는 데 중요한 기관이다.

꽃실 Filament — 통상 가느다란 수술대, 꽃밥을 가지고 있다.

꽃자루 Peduncle — 화병花柄·화경花梗이라고도 한다. 꽃자루를 몇 개 또는 다수 달고 있는 큰 가지를 꽃줄기花莖라고 한다.

꽃차례 Inflorescence — 많은 수의 꽃을 품고 있는 싹. 확대된 축이나 일련의 줄기를 따라 피어난 꽃의 배열을 말한다.

꽃턱 Receptacle — 꽃의 각 부위가 올라오는 꽃의 기저부분, 꽃의 기저부분의 중앙.

꿀샘 Nectary — 식물 내부에서 꿀을 만드는 조직이나 기관. 밀선이라고도 한다.

ㄴ

나이테 Annual ring — 나무의 단면에 나타나는 둥근 테, 매년 성장 계절에 하나씩 만들어진다.

낙엽활엽수 落葉闊葉樹, Deciduous — 한 계절에 모든 잎들이 지는 활엽수들로 이루어진 식생. 성장 계절이 끝나면 자신들의 잎을 떨어뜨리는 나무와 떨기나무.

난세포 Egg cell — 식물에서의 여성 생식체. 밑씨나 장란기와 같은 보호된 장소 내부에 들어 있다.

내공생 內共生, Endosymbiosis — 공생자가 다른 공생자의 내부에서 살아가는 공생관계. 이것이 미토콘드리아와 엽록체가 진핵세포의 한 부분이 되어왔는가를 설명해 주는 것으로 생각되어왔다.

녹말 綠末, Starch — 모든 녹색식물에 존재하는 백색의 과립형 유기물질. 부드러운 무미無味의 백색 분말로 찬물이나 알코올 및 기타 용매에 불용성이다.

ㄷ

다년생식물 Perennial plant — 2년 이상 생존하는 식물을 뜻한다. 다년생 초본식물의 경우에는 지상 위의 부분은 매년 죽지만 다시 소생한다.

다육식물 Succulent — 물을 저장할 수 있도록 적응된 다육질의 두꺼운 조직을 지닌 식물. 선인장류는 줄기에만 물을 저장하며 잎은 없거나 있다 할지라도 아주 작지만 용설란류는 주로 잎에 물을 저장한다.

단일계통 Monophyletic — 단계적單系的 계통분류학의 하나의 공통된 조상을 가진 모든 자손을 포함한 생물체들의 집단을 기술하는 용어.

대립유전자 對立遺傳子, Allele — 염색체의 어느 한 유전자좌遺傳子座에 나타날 수 있는 두 가지 이상의 유전자 가운데 하나.

덩굴손 Tendril
덩굴을 이루는 줄기를 고정하고 지탱해주는 특수화된 가는 줄기와 잎의 변형된 식물기관. 대개 잎, 잔잎, 잎끝, 턱잎이 변한 것이지만 포도처럼 줄기가 변한 것도 있다.

덩이줄기 Tuber
짧고 두꺼우며 땅속에 들어 있는 줄기. 일부 종자식물의 휴지기休止期를 이룬다. 이 줄기에서 아주 작은 비늘로 된 잎이 나오는데 각 잎에는 새로운 식물로 자라게 될 눈이 한 개씩 있다.

독립 영양 생물 Autotrophic nutrition
광합성 과정을 통해 식물 스스로 생산한 영양분.

돌연변이 Mutation
유전자나 염색체에 일어난 변화로서 후세에 유전되는 변형을 말하며, 자연적으로 발생하는 것과 실험적으로 발생하는 변화를 모두 포함한다.

동종이형 同種二形, Dimorphism
어리거나 성장한 잎의 형태와 같이 두 개의 다른 형태를 가진 것 또는 같은 종에서 두 가지 종류의 꽃을 갖는 것.

동질접합체 Homozygous
특정한 유전자를 위해 일란성의 대립유전자를 갖는 것을 말하며 또는 하나의 개별적인 식물이나 동물 유전자의 그룹을 말한다.

두상꽃차례 Capitulum
촘촘하게 밀집된 꽃들로 이루어진 꽃차례. 머리라고 불린다.

DNA
모든 살아 있는 세포에서 볼 수 있고 유전형질을 전달하는 복잡한 유기화학적 분자구조.

떡잎 Cotyledon
자엽子葉이라고도 한다. 보통 한 마디에서 여러 개가 나오는 경우가 많다. 일부 종에서는 영양분을 보관하는 기관으로 변형되기도 한다.

ㄹ

리그닌 Lignin
산소가 함유된 복합유기물질. 셀룰로오스와 함께 목재를 이루는 주성분이다.

리아나 Liana
땅속에 뿌리를 내리고 자신을 지탱하기 위해 다른 식물체를 기어오르거나 감으면서 자라는 줄기가 긴 목본성 덩굴식물.

ㅁ

마디 Node
잎이 붙어 있거나 곁눈이 생겨 나오는 줄기의 한 지점.

먹이사슬 Food chain
광합성 생산자로부터 초식동물, 육식동물, 그리고 분해자까지 생태계에 있어서 화학 에너지의 경로.

명명법 命名法, Nomenclature
생물 분류에서 생물체에게 이름을 붙이는 방법. 종의 학명은 생물이 속한 속명屬名과 종명種名 두 단어로 나타내는데 이는 여러 어원을 갖는 라틴어 단어들이다.

목 目, Order
생물 분류체계에서 과科의 상위 계급으로 같은 목의 외부의 과의 생물이 아닌 서로 가까이 연관을 가진 과들을 포함한다.

무한생장 Indeterminate growth
무제한으로 계속되는 성장. 또한 많은 측생아곁눈를 만들어내는 새싹의 축을 나타낼 때도 사용한다.

문 門, Division
생물 분류체계에서 강綱 위의 상급체계, 계界 아래의 분류체계. 동물학자들은 Phylum이라고도 함.

물관, 관 Vesse
효율적인 물 운반조직인 물관부의 한 구조. 식물 조직 중에서 가장 분화된 부분이며 도관導管이라고도 한다.

물관부 Xylem
관다발계의 한 조직. 뿌리에서 식물체의 다른 곳으로 물과 무기염류를 운반하며 기계적인 지지작용도 한다. 목부木部, 목질부木質部라고도 한다.

미량영양소 Micronutrient
식물과 동물에 의한 성공적인 성장과 번식을 위하여 필요한 아주 작은 양의 요소를 말한다. 식물을 위해서는 철분, 망간, 아연 등이 미량영양소에 속한다.

미토콘드리아 Mitochondria
미토콘드리아는 세포 내 화학 에너지 생성을 담당하는 소기관으로 내부공생설에 의해 형성되었을 것으로 알려져 있으며, 세포 내 호흡을 주도한다. 유기 고분자 화합물을 분해하여 이산화탄소와 물로 전화시키고 이때 유리되는 에너지를 아데노신 삼인산으로 저장하여 생명체가 사용할 수 있게 한다.

민꽃식물 Cryptogam
씨앗이 아니라 홀씨로 번식하는 식물. 은화隱花식물이라고도 하며, 이끼류, 우산이끼류, 석송류 등이 이에 속한다.

밀산 화서 Fascicle
빽빽한 꽃과 잎, 줄기의 묶음.

밑씨 Ovule
여성의 성 세포를 가지고 있는 특수한 조직으로 수정을 거쳐서 씨앗이 된다. 진화적으로 식물의 씨앗의 여성 배우체로 감소했다.

박각시나방 Hawk moth
중요한 꽃가루 매개동물 중 하나다. 그들의 빠른 날갯짓은 벌새와 마찬가지로 공중에 머물면서 꿀을 빨아 먹을 수 있게 한다.

반수체 Haploid
염색체의 한 세트만을 가지고 있는 것, 대부분의 유기체가 가지고 있는 염색체 숫자의 절반만 가지고 있다. 생식세포 참조.

발아 發芽, Germination
보통 휴면기가 지난 후 씨앗이나 다른 생식체에서 싹이 트는 현상.

발효 Fermentation
식품의 분자를 분해하여 산소를 탈취하고 이산화탄소와 에틸알코올과 에너지를 생산하게 한다.

방사 대칭 Actinomorphic
생물체의 형태와 구조에서 체축體軸에 대한 대칭면이 세 개 이상인 체제. 식물에서는 꽃, 줄기에서 볼 수 있다.

배상꽃차례 Cyathium
꽃대와 몇 개의 포엽이 변형하여 잔 모양으로 된 등대풀속에 속하는 가짜 꽃.

배수 염색체 Diploid
유기체의 세포 안에 두 개 세트의 염색체를 가지는 것. 하나는 남성으로부터 또 하나는 여성으로부터 받는다. 대부분의 식물은 배수염색체 생물이다.

배아 Embryo
식물 성장의 가장 초기의 조직 단계.

배우체 Gametophyte
식물의 세대교번 중 나타나는 유성시기 또는 그 시기에 있는 개체. 포자체에 대응되는 말로 유성생식을 위한 생식세포난세포·정자·화분·배우자 등를 만든다.

번식체 繁殖體, Propagule
모체에서 떨어져 지상에 낙하하여 발아하며 영양생식을 한다. 보통 잎겨드랑이에서 생기며 참마, 혹쐐기풀 등에서 볼 수 있다.

벌새 Hummingbird
아메리카 대륙에 살고 있는 아주 중요한 매개동물의 하나로서 꽃으로부터 꿀을 빨아 먹는 동안 횃대가 필요하지 않는 새다.

복합과 Multiple fruit
공통의 축에 의해 성숙한 씨방의 덩어리가 하나의 열매로 서로 결합된 과일을 말하며, 파인애플 같은 것들이 여기에 속한다.

본성 Habit — 식물의 일반적인 형태 또는 외형.

부생식물 Saprophyte — 죽은 유기체 물질로부터 에너지를 추출해내는 식물.

부식 腐植, Humus — 식물과 동물의 분해로부터 토양 속으로 돌아가는 유기체의 물질을 말하며 토양에 영양분을 제공하는 중요한 소스다.

부정근 Adventitious root — 줄기 등 비정상적인 식물의 부위에서 자라나고 있는 뿌리.

부정제화 Indeterminate growth — 꽃받침, 꽃잎, 수술 등에서 그 크기나 형상이 다른 꽃. 이와 같은 윤상으로 방사대칭적인 관계가 성립되지 않으며 나선상 또는 좌우 대칭의 형상을 띤다.

분기학 Cladistic analysis — 독특하고 유래된 특성을 이용해 관계의 형태를 결정하는 방법.

분류학 分類學, Taxonomy — 식물과 동물의 다양한 무리들을 단계별로 질서 있게 정리하여 원리와 방법을 탐구하는 과학.

분열 조직 分裂組織, Meristem — 세포분열을 계속할 수 있는 능력을 가지고 있고 장기간 동안 분화하는 능력을 가진 배아처럼 생긴 세포의 조직을 말한다.

불염포 佛焰苞, Spathe — 잎새 모양 또는 꽃잎 모양의 구조물로서 꽃차례의 토란의 경우처럼 기저부분을 감싸고 있다.

불완전화 Incomplete flower — 정상적인 꽃의 기관 중 하나 또는 그 이상의 기관이 부족한 꽃을 일컫는 옛날 용어다.

뿌리Root — 식물체의 땅속 부분. 뿌리의 1차 기능은 식물체를 고정하고 물과 물 속에 녹아 있는 무기염류를 흡수하며 양분을 저장하는 것이다.

뿌리줄기 Rhizome — 수평으로 자라는 땅속줄기. 뿌리줄기는 어린 줄기와 뿌리를 만들 수 있어 모식물母植物이 영양번식무성생식을 할 수 있게 하고 자라기에 불리한 계절에도 땅속에서 살아남을 수 있다.

ㅅ

산포체 散布體, Disseminule — 영양증식 과정을 거치지 않고 영양체로부터 분리하여 다음 세대 식물체의 기반이 될 수 있는 것의 총칭.

산형꽃차례Umbel — 줄기의 축의 어느 한 지점에서 모든 꽃의 줄기가 돋아나는 꽃차례.

상록수 Evergreen	일 년 내내 또는 많은 계절 동안 푸른 잎을 유지하고 있는 나무.
상리공생 相利共生, Mutualism	서로 다른 두 종種의 생물 간에 이익을 주고받는 관계. 흔히 서로 이익을 주는 관계로 숙주식물과 공생자 모두가 영양분을 더 잘 섭취할 수 있도록 서로 도와준다.
생물 기후학, 계절학 Phenology	식물과 동물들에게 영향을 미치는 계절성을 연구하는 학문.
생물권 Biosphere	우리의 모든 생태계, 지상, 토양, 바다 그리고 대기를 망라하는 권역. 생태계.
생식 Reproduction	생물이 자신의 종種을 영속시키기 위해 자신을 복제하는 과정. 생물의 유전형질은 한 개 이상의 염색체상에 배열되어 있는 유전자에 의해 조절된다.
생식세포 Gamete	생식을 통해서 유전 정보를 다음 세대로 전달하는 반수의 염색체를 가진 성 세포, 즉 정자 또는 난자 세포.
생애주기 Life cycle	한 종種의 구성원이 주어진 발생단계에서 시작해 뒤이은 세대에서 같은 발생단계의 시작에 이르기까지 겪는 일련의 변화.
서식지 Habitat	생물의 종이나 유기체의 자연환경.
선태식물 蘚苔植物, Bryophyta	태류苔類와 선류蘚類를 포함하여 이루어진 하등 녹색식물. '이끼식물'이라고도 한다.
설상화 舌狀花, Ray flower	많은 국화과 식물에서 볼 수 있는 것으로 접시 모양으로 원을 이루며 피어 있는 긴 혀를 닮은 모양의 작은 꽃잎으로 이루어진 꽃을 말한다.
섬유 Fiber	길고 두꺼운 벽을 가진 세포, 성숙하면 죽어서 목질부 줄기에 강력한 강도를 제공한다.
성장 Development	한 개체가 수정된 배아체로부터 살아 있는 동안 크기, 모양, 기능 등이 점차 변화함으로써 유전적 잠재력유전자형이 기능적인 성체조직표현형으로 전환되는 과정.
세대교번 Alternation of generations	생물의 생활사에서 유성시기와 무성시기가 교대로 나타나는 현상. 그 두 시기는 형태와 염색체의 차이로 쉽게 구분된다.
세포 기관 Organelle	특별한 기능을 수행하는 세포 내부의 별도의 작은 조직을 말한다.
세포 Cell	복잡한 식물과 동물에 있어서 가장 작은 기능 단위. 식물세포는 셀

룰로오스로 만든 벽을 가지고 있다.

세포성 표피 Epidermis
대부분의 식물 부위에 있는 세포의 외곽 층을 말한다.

세포질 Cytoplasm
진핵생물 세포에서 핵을 둘러싸고 있는 살아 있는 물질.

셀룰로오스 Cellulose
포도당으로 만들어진 복잡한 탄수화물. 식물세포의 벽을 구성하는 주성분.

소실 Locule
씨방 안에 있는 격실.

소철류 蘇鐵類, Cycad
소철목蘇鐵目, Cycadales에 속하며 야자나무처럼 생긴 겉씨식물강에 속하는 목본식물. 통상 두꺼운 줄기, 큰 솔방울, 야자나무 같은 잎을 가지고 있다.

소포자 小胞子, Microspore
작은 홀씨라고도 하며, 남성 배우체 안에서 발달하는 홀씨를 말한다.

속 屬, Genus
복수형은 genera. 과科와 종種 사이의 생물학적 분류 등급.

속씨식물 Angiosperm
씨방 내에 있는 소실에서 탄생한 밑씨에 의해 특징지어지는 종자식물의 한 계통, 속씨식물문.

속씨식물문 Magnoliophyta
속씨식물로 이루어진 문門. 모든 식물 무리 중 가장 많은 수의 종種으로 이루어져 있으며 가장 다양한 서식처에서 자라고 있다.

수과 瘦果, Achene
갈라져 열리지 않는 간단하고 건조한 하나의 밑씨와 하나의 씨앗을 가진 열매.

수목한계선 樹木限界線, Timberline
교목한계선이라고도 함. 산악지역이나 북극과 같은 고위도 지방에서 나무가 자랄 수 있는 한계선. 주로 온도에 의해 위치가 결정되나 토양, 배수 기타 요인들도 영향을 미친다.

수분 受粉, Pollination
'꽃가루받이' 라고도 하며, 종자식물의 수술에서 만들어지는 꽃가루 알갱이를 밑씨나 밑씨가 들어 있는 기관으로 운반하는 과정. 수정이 이루어지고 씨를 만들기 위해서는 반드시 이 과정이 필요하다.

수상꽃차례 Spike
많은 착생된 꽃을 달고 있는 하나의 솟아있는 축을 가진 꽃차례.

수생식물, 수초 水草, Aquatic plant
물의 표면이나 밑에서 자라는 식물.

수술 Stamen
꽃가루를 만드는 생식기관. 수술을 총칭하여 수술기라고 한다. 수술은 가느다란 수술대와 주머니 모양의 꽃밥으로 구성된다.

수술군 Androecium — 꽃의 남성기능 부분.

수정 Fertilization — 난자와 정자가 합일하여 배수성倍數性인 핵을 만들어내는 과정.

수피 樹皮, Bark — 줄기나 둥치를 방어하는 데 도움을 주는 부름켜를 둘러싸고 있는 바깥쪽 조직. 나무줄기의 코르크 형성층보다 바깥 조직을 말한다.

숙주 Host — 어떤 생물체가 기생 또는 공생을 위해 살고 있는 식물체. 또는 기생생물에 감염되었거나 기생생물을 먹여 살리고 있는 식물.

식물독소 Phytotoxin — 초식동물에 대해 독성을 갖도록 식물이 분비하는 물질.

식물상 Flora — 어떤 지역에 나타나는 식물들의 집합상, 목록, 식물들의 기재와 분류에 관한 연구.

식물상 튜브 Flora tube — 꽃의 기관들의 결합에 의해 만들어진 튜브나 컵 모양.

식물지리학 Phytogeography — 식물의 분포와 지리를 연구하는 학문.

식물표본 Type specimen — 식물체의 일부 또는 전부를 채집하여 눌러 말린 뒤 계통적으로 분류한 표본. 식물표본은 종種을 대표하고, 종이 지니는 변이의 폭과 양상을 보여주기 때문에 식물상 연구의 기본 재료가 된다.

식물표본집 Herbarium — 말린 식물 표본을 많이 모아놓은 것을 말하며 체계적으로 정리되어 있고 연구나 비교, 학습을 위해 사용한다.

식충 식물 Insectivorous plan t — 질소와 기타 다른 영양소를 섭취하기 위해 곤충을 포획하여 잡아먹는 식물.

신진대사 Metabolism — 세포나 유기체를 살아 있도록 하는 생화학적인 과정을 총칭하는 말이다.

실뿌리 Fibrous root — 가지처럼 넓게 퍼져 뻗은 뿌리의 시스템. 수염뿌리라고도 하며 외떡잎식물의 특징 중 하나다.

심피 心皮, Carpel — 암술을 구성하는 잎. 씨방·암술대·암술머리로 특수하게 분화하며, 양치식물에서는 대포자엽이 이에 해당한다.

싹 Shoot — 잎을 품고 있는 줄기를 말한다.

쌍떡잎식물 dicotyledon — 속씨식물의 한 아강亞綱. 마주 붙어 난 두 개의 떡잎이 있고 줄기가 비대하며 잎맥은 그물 모양이다. 떡잎이 한 개 있는 외떡잎식물에 대응되는 말.

씨방 Ovary — 암술의 기저부분을 말하며 밑씨를 감싸고 있고 나중에는 열매로 발달한다.

아린, 눈비늘조각 芽鱗, Bud scale — 초기에 눈과 봉오리를 둘러싸고 보호하는 비늘 모양의 부위, 또는 작게 줄어든 잎새.

아종 亞種, Subspecies — 변종變種. 구별되는 종의 하위분류로서 때로는 해당 종의 다른 하위 종들과 지리적으로 분리되기도 한다.

아한대 수림 亞寒帶 Boreal forests — 추운 북방지대의 수림. 통상 전나무, 소나무, 가문비나무와 같은 상록 침엽수가 지배적인 수종이다.

안토시아닌 Anthocyanin — 수용성 식물 색소의 중요한 그룹. 붉은색으로부터 푸른색까지 다양하다.

알렐로파시 Allelopathy — 한 식물로부터 방출된 화학 물질에 의해 근처에 있는 식물의 성장에 영향을 미치는 타감他感 작용.

알줄기 Corm — 짧고 두꺼운 땅속줄기 또는 줄기의 아랫부분. 식물은 여기에 영양분을 저장한다.

알칼로이드 Alkaloid — 탄소, 수소, 질소로 이루어진 유기화합물. 식물의 방어체계 화학 물질에 있어서 중요한 물질이다.

암수딴그루 Dioecism — 기능적인 남성과 여성의 부분을 서로 다른 개체에 가지고 있는 종. 각각의 개체는 이 중 한 가지 성의 기능만 갖는다. 자웅이주雌雄異株라고도 한다.

암술 Pistil — 꽃의 암 생식기관. 일반적으로 꽃의 중앙에 자리 잡은 암술은 밑부분에 부풀어 오른 씨방이 있고 여기에 앞으로 씨가 될 밑씨가 들어 있다. 하나의 암술은 하나 또는 그 이상의 암술잎으로 만들어져 있다.

암술대 Style — 암술머리를 가지고 있는 씨방 윗부분의 암술 부위. 어떤 암술은 암술대를 가지지 않는 경우도 있으며 바닥에 착생된 암술머리를 가지고 있는 경우도 있다.

암술머리 Stigma — 꽃가루를 받아들이는 암술 또는 암술대의 한 부분. 꽃가루가 발아하는 표면.

암포자 Megaspore
여성 배우체 안에서 발달하는 포자를 말한다.

야행성 Nocturnal
박쥐나 올빼미처럼 야간에 활동적인 것. 식물 중에도 야행성 식물 즉, 밤에 피는 꽃이 있다.

열개 과일 Dehiscence
열매가 성숙하면 터져 벌어지는 과일.

열매 Fruit
꽃의 암술에 들어 있는 씨방이 수정 후 성숙한 기관.

염색체 Chromosome
계통 순서에 있는 유전자를 운반하는 DNA의 가느다란 연결체. 식물세포 안에 있는 핵의 내부에만 들어 있다.

엽록소 Chlorophyll
광합성을 하기 위한 중심 역할을 하는 녹색의 분자형태의 물질. 잎파랑이라고도 한다. 지상식물의 세포 안에 있는 엽록체 안에 들어 있다.

엽록체 Chloroplast
광합성작용을 하는 진핵세포에 있는 기관으로 엽록소가 들어 있어서 광합성이 이루어진다.

엽맥, 잎맥 Vein
잎면과 꽃의 기관에 있는 물관 조직의 묶음관다발.

엽액 葉腋, Axil
줄기에 잎이 붙은 각도로 줄기 축의 방향에 대한 각도이다. 엽액 봉오리가 발달된다.

영양분 Nutrient
살아 있는 생물체에게 에너지를 제공하거나 성장을 촉진시키는 모든 물질을 총칭한다.

완전화 Complete flower
정상적인 꽃의 모든 부분을 가지고 있는 꽃.

외떡잎식물 Monocotyledon
속씨식물의 두 무리 중 더 작은 무리인 꽃이 피는 식물인 백합강百合綱, Liliopsida, 또는 외떡잎식물강에 속하는 식물로 배아 속에 하나만의 씨앗 잎을 가지고 있는 식물을 말한다.

우상맥 Pinnate venation
가운데 있는 중앙 잎맥으로부터 옆으로 자라는 잎맥을 가진 잎을 말함.

원시세포 Primordium
성장의 최초 단계에 있는 식물의 한 부분.

원예학 Horticulture
정원용 식물, 장식용 식물, 그리고 과수원용 식물을 연구하는 과학을 말한다.

원추꽃차례 Panicle
많은 초본식물에서 볼 수 있는 키가 큰 가지를 가지고 있는 무한 꽃차례.

원형질 原形質, Protoplasm
세포의 세포질과 핵. 이 용어는 1835년에 모든 생명 과정을 담당하는 생물체의 기본물질로 처음 정의되었다.

유기영양생물 Heterotrophic nutrition
고기와 감자로부터 썩어가는 나무까지 영양분 섭취를 위해 유기체적인 재료를 이용하는 것.

유사분열 Mitosis
하나의 세포가 유전적으로 동일한 두 개의 딸세포가 되는 세포의 복제 또는 생식과정.

유성생식 Sexual reproduction
암수 배우체의 융합으로 집합체가 만들어지는 생식의 한 형태.

유액 乳液, Latex
많은 식물의 외부 조직의 외부에 있는 통상 색깔 있는 유액, 몇몇 종으로부터 나오는 고무의 재료를 말한다.

유입종 Introduced
한 지역으로부터 다른 지역으로 유입되어 들어온 식물.

유전자 遺傳子, Gene
염색체에 있는 DNA의 순서로서 가지고 있는 유전적 형질을 가진 단위. 때로는 이들의 돌연변이 형태에 의해 발생한 효과에 의해 명칭을 부여하고 규정된다. 유전인자라고도 한다.

유전자형 Genotype
유기체를 구성하는 기본적인 유전자 구성. 유전자형의 영향은 성장기간 중에 환경적 요인과 기타 요인에 의해 변경될 수도 있다.

유제꽃차례 Catkin
가늘고 길게 매달린 꽃차례로 통상 바람에 의해 꽃가루가 매개되는 꽃을 달고 있다. 떡갈나무, 뽕나무 등에서 볼 수 있다.

유합조직 癒合組織, Callus
목질 조직에서 상처를 덮고 있는 코르크 조직.

육수꽃차례 Spadix
꽃을 달고 있는 두꺼운 꽃 축, 토란의 경우처럼 때로는 잎 모양의 불염포 안에 둘러싸여 있는 경우도 있다.

이계교배 Outbreeding
서로 다르거나 또는 덜 가까운 연관이 있는 식물끼리의 수정을 말하며 근친교배의 반대 개념이다.

2년생 식물 biennial Plant
2개의 성장 계절에 삶의 주기를 끝마치는 식물. 2년차에 과일과 씨앗을 만들어낸다.

24시간 주기리듬 Circadian rhythm
식물과 동물에 있어서 정기적인 성장과 활동의 리듬으로 통상 하루 24시간 주기와 보조를 같이한다.

이질접합체 Heterozygous
특정한 유전자를 위해 우성과 열성의 대립유전자를 가지고 있는 것을 말하며 또한 혼합된 혈통과 유전적 다양성을 가지고 있는 것을 의미한다. 동질접합체를 참고하라.

2차 생장 Secondary growth
목본형 쌍자엽식물에서 2차 형성층이나 2차 분열조직의 안팎으로 새로운 조직이 생성하는 것.

2차 성장 비대 Diffuse secondary growth
야자나무와 같이 비대한 세포분열에 의해 줄기를 두껍게 하는 것관다발 부름켜가 아님.

이화수분 Cross pollination
다른 식물에 꽃가루를 이전하는 것.

일기생장 Primary growth
정단분열조직의 활동이 개시되어 완료되는 기간 동안에 점차적으로 뿌리 및 영양기관과 생식기관의 묘苗가 형성되어지는 생장을 말한다.

일년생식물 Annual Plant
일 년 동안에 삶의 주기를 마치고 한 성장계절 안에서 씨앗을 생산하는 식물.

잎, 잎몸 Blade
잎의 편평한 부분 또는 꽃덮개 부분.

잎꼭지 Petiole
육경肉莖 잎의 줄, 가늘어진 잎의 하단부.

잎차례 Phyllotaxy
줄기를 따라 꽃이 피는 모양, 배열.

ㅈ

자가불화합성 Self-incompatible
자가수정을 하지 않는 식물.

자화수분 Self-pollination
같은 식물의 꽃이나 같은 꽃의 꽃밥에서 만들어진 꽃가루를 암술머리로 이동시키는 것을 말한다.

자가수정 自花受粉, Autogamy
자기 꽃의 화분이 암술머리에 붙는 현상으로, 동화수분同花受粉이라고도 한다.

자연도태 Natural selection
번식에 보다 더 성공적인 개체가 덜 성공적인 개체를 대신하는 것과 같이 시간이 경과함에 따라 일어나는 개체 수의 변화과정을 말한다. 자연선택이라고도 한다.

자웅양성 雌雄兩性, Bisexual
남성과 여성의 생식체를 동시에 만들어내는 것. 일부 식물들은 단성화를 가지고 있는 자웅양성의 경우도 있다는 것에 유의하라.

작은 두상화 Floret
국화과 두상꽃차례에 있는 작은 꽃과 초본식물의 이삭소수에 있는 작은 꽃을 말한다.

잡식동물 Omnivor
동물성 먹이와 식물성 먹이를 가리지 않고 모두 섭취하는 동물. 잡식동물은 대부분 먹이를 모으는 몸의 구조와 행동에서 독특하게 특수화된 양상을 보이지 않는다. 많은 소형 조류와 포유류는 잡식성이다.

잡종 Hybrid
두 서로 다른 종의 자손인 식물 또는 동일한 종의 다른 변종들을 말한다.

장과 漿果, berry
포도, 토마토, 바나나 등과 같이 씨방의 벽과 내부 부위가 커져서 과즙이 되는 과일.

장란기 藏卵器, Archegonium
난자 세포가 살고 있는 플라스크 모양의 무종자 식물의 여성 기관.

재배종 Cultivar
영농기술에 의해 재배된 다양한 작물.

접붙이기 Graft
접붙인 줄기로 번식시키기 위해 하나의 식물의 줄기를 다른 식물의 줄기에 접합시키는 것. 원예에서 대단히 중요하다.

접시형 꽃 Disc flower
국화과 식물의 두상꽃차례의 중앙 부분에 있는 튜브형이면서 방사형으로 대칭인 모양의 꽃.

접합체 Zygote
정자에 의한 난자의 수정의 결과. 배수체 접합자는 분열을 시작하고 배아를 형성할 것이다.

정자 精子, Sperm
대부분의 동물에서 생성되는 수컷의 생식세포.

조류 藻類, Algae
진핵생물, 대부분 간단한 수생식물.

조직 組織, Tissue
구조와 기능이 비슷한 세포 집단과 세포간 물질로 구성되는 다세포 생물 구성의 한 단계. 정의에 의하면 단세포 생물에는 조직이 없다.

종 種, Species
공통적인 특징을 가지며, 상호교배가 가능한 유연관계에 있는 생물들로 구성된 생물학적 분류 단위. 종의 분류는 국제 명명규약에 따라 이루어진다. 명명법에 따라 새로운 종을 명명할 때에는 두 부분으로 된 이름을 사용하는데 이는 같은 속屬의 유사한 종을 포함하는 속명과 신종을 구체적으로 구분하는 이름을 지니며, 라틴어를 사용한다.

종자, 씨 Seed
배胚로 이루어진 식물의 생식기관. 양분을 공급하며 보호 기능을 하는 종피種皮로 싸여 있다. 꽃을 피우는 식물에서 씨는 꽃가루받이와 수정을 거쳐 만들어진다.

종피 種皮, Seed coat
씨를 보호하는 외부의 층.

줄기 Stem
꽃, 눈芽, 어린 싹, 잎 등이 달린 식물의 중심축. 줄기의 끝은 뿌리와 연결되어 있다. 뿌리줄기, 덩이줄기 등의 변형된 줄기도 있다. 식물의 자루나 교목의 주줄기를 가리킨다. 물, 무기물, 영양분 등이 식물의 다른 부위로 이동하는 통로일 뿐 아니라 양분을 저장하기도 하고, 녹색의 줄기는 스스로 영양분을 만들기도 한다.

중복수정 Double fertilization
꽃가루관으로부터 하나의 핵이 난자 세포에 수정한 곳에 하나 또는 두 개의 여성 핵이 배젖을 만들기 시작하도록 또 다른 추가적인 핵이 결합하는 것.

증산 蒸散, Transpiration
잎의 기공氣孔을 통한 식물체에서의 수분증발. 기공은 잎 표면에 있는 작은 구멍으로 전체 면적이 잎면적의 1퍼센트도 안 된다.

지의류 Lichen
균류菌類와 조류藻類가 조합을 이루어 상리공생相利共生하는 식물군. 흔히 이끼류로 오인하기 쉬우나, 현미경으로 관찰하면 균체菌體라고 부르는 곰팡이류의 균사로 형성된 기질基質 안에 지의조地衣藻라고 부르는 수백만 개의 조류가 엮어져 있다.

진핵생물 세포 Eukaryotic cells
하나의 핵과 미토콘드리아를 가지고 있는 세포들. 지구상에 살고 있는 모든 상위 생명체의 기초가 되는 세포다.

진화 Evolution
생물이 이전에 존재하던 그들의 공통 조상으로부터 여러 세대를 거치면서 점진적으로 변화하는 것.

질소고정 窒素固定, Nitrogen-fixation
몇몇 종의 박테리아에 의해서 공기 중에 다량으로 존재하는 비교적 비활성기체인 유리질소를 보다 반응이 큰 화합물일반적으로 암모니아, 질산염 또는 아질산염로 전환시키는 공정.

집합과 Aggregate fruit
두 개 이상의 꽃에서 생긴 많은 과실이 밀집하여 한 개의 과실처럼 보이는 것.

ㅊ

착생식물 Epiphyte, Air plant
단지 몸을 지탱하기 위해 다른 식물이나 물체에 붙어서 생장하는 식물. 주로 열대지방에 분포한다. 땅이나 다른 분명한 영양공급처에 붙어 있지 않기 때문에 종종 공기식물로도 알려져 있다. 침식성 기생생물은 아니다. 기근氣根과 같은 특별한 기관이 발달해 있는 것도 있다.

천이 遷移, Succession
같은 장소에서 시간의 흐름에 따라 진행되는 식물군집의 변화를 말한다. 어떤 원인에 의해 형성된 맨땅을 그대로 방치하면 먼저 초본류의 군락이 형성된다. 그리고 몇 년 후에는 관목군락灌木群落이 되고, 다시 양수림陽樹林으로 바뀌며, 이곳에 음수陰樹가 침입하여 최후에는 그 지방의 기후조건과 평형을 이룬 음수림이 된다.

체관부 Phloem
사관부篩管部, 인피靭皮라고도 함. 잎에서 만들어진 영양분을 식물의 모든 부분으로 운반하는 식물의 기관.

초본식물 Herbaceous plant
통상 하나의 계절 동안 성장하고 다시 죽어서 흙으로 돌아가는 비교적 작은 식물.

초식동물 Herbivore
유제류有蹄類라고도 하며, 오로지 식물만을 먹는 동물.

총상꽃차례 Raceme
많은 줄기를 가진 꽃을 달고 있는 하나의 솟아 있는 축을 가진 꽃차례를 말한다.

총포 總苞, Involucre
꽃자루가 단축되어 포가 한곳으로 밀집된 것으로서, 가장 전형적인 것은 국화과에서 볼 수 있다.

충매 蟲媒, Entomophily
곤충에 의해 꽃가루를 수정하는 것.

충영 蟲癭, Gall
벌레혹이라고도 한다. 식물 조직의 한 부분이 비정상적으로 뻗어 나오거나 부푼 것. 통상 곤충, 박테리아, 또는 균류에 의해 발생한다.

측생 側生, Lateral
기관의 옆에서 나오는 것.

측생분열 조직 Lateral meristem
상하로 분열하여 신장에 영향을 미치지 않고 평면적 신장을 주도하는 분열 조직을 말한다. 생장점부름켜을 참조하라.

ㅋ

코르크 Cork
비대생장을 하는 식물의 줄기나 뿌리 주변부에 생성되는 보호조직.

크산토필 Xanthophyl
잎의 광합성과 관련된 것으로 노랗거나 갈색의 색소. 카로틴과 관련이 있다.

클론 Clones
단일개체의 식물이나 동물에서 무성생식으로 번식한, 유전적으로 똑같은 개체군 또는 세포군.

ㅌ

코르크 Cork
타닌산이라고도 함. 분말 엽편상 또는 해면덩어리 형태의 연노랑에서 밝은 갈색을 띠고 있는 무정형 물질. 식물에 분포되어 있으며 주로 가죽 무두질, 섬유 염색, 잉크 제조 및 여러 의학적 용도로 사용된다.

턱잎 Stipule
초기 성장단계에서 새싹을 보호하는 잎자루의 기저부분에서 옆으로 자라나는 잎으로 통상 쌍으로 자란다. 탁엽托葉이라고도 한다.

툰드라 Tundra
연평균 기온이 10도 이하의 나무가 없고 경사가 완만한 땅. 맨땅이나 바위 지대로 선류蘚類 이끼, 지의류地衣類 식물, 작은 초본류 식물, 키 작은 관목 등의 식물이 자란다.

특산식물 Endemic
지구의 특정한 지역에서만 자라는 식물.

ㅍ

파인애플과 Bromeliad
파인애플과Bromeliaceae에 속하는 약 25종種의 식물들로 이루어진 속.

팽압 Turgor pressure
세포에 물이 가득 찼을 때 세포 내부에 발생하는 압력. 팽압이 부족하면 시드는 결과를 가져온다.

평행 엽맥 Parallel venation
엽맥의 분포 상태의 하나로 잎맥이 서로 평행하게 형성되는 것으로 길쭉하고 좁은 잎에 많다. 주로 외떡잎식물에 많다.

폐화수정화 閉花受精花, Cleistogamous flower
피지 않거나 자가수정하는 꽃. 폐쇄화閉鎖花라고도 한다. 많은 제비꽃은 자신들의 정상적인 꽃에 추가하여 이러한 꽃들을 가지고 있다.

포엽 苞葉, Bract
초기에 꽃과 꽃차례를 둘러싸고 보호하는 비늘 모양의 부위 또는 작게 줄어든 잎새. 포인세티아에서 볼 수 있는 바와 같이 보여주기 위한 목적으로 크게 변형된 잎새.

포자 胞子, Spore
홀씨라고도 한다. 다른 생식세포와의 접합 없이 새로운 개체로 발생할 수 있는 생식세포. 통상 반수체 또는 배수체다.

표피 表皮, Cuticle
잎, 줄기, 그리고 다른 부위의 표면에 있는 미끈미끈한 층. 표면에서 일어나는 물의 증발을 막아준다.

표현형 表現型, Phenotype — 전물질과 환경과의 상호작용의 결과로 나타나는 모양, 크기, 색, 행동 등과 같은 모든 관찰 가능한 생물체의 특징.

풍매 pollinated by wind — 바람에 의해 꽃가루를 수정하는 것에 대한 전문적 용어.

필수원소 Essential elemen — 식물이나 동물에서 정상적인 성장과 발달을 위해 필요한 요소.

ㅎ

하층식생 下層植生, Understory — 산림에서 상층목에 대한 하층목 및 초본류로 구성된 식물 집단에 대한 총칭, 수풀의 나뭇가지 아래서 자라는 작은 초본식물, 떨기나무.

한정된 성장 Determinate growth — 제한된 성장 또는 성장이 끝남을 의미하며 꽃차례에서 자주 사용한다.

핵 核, Nucleus — 세균이나 남조류를 제외한 대부분의 세포에 존재하는 기관. 핵은 이중막의 핵막으로 세포 내 다른 기관과 분리되어 있다. 핵막은 소포체와 연결되어 있으며 구멍이 뚫려 있어 커다란 분자라도 통과할 수 있다.

핵과 Drupe — 복숭아, 체리, 올리브와 같은 하나의 씨방과 하나의 씨를 가진 단단한 과일을 말한다. 중심부 견고한 핵을 가지며, 석과石果라고도 한다.

현화식물 Phanerogams — 꽃이 피어 씨로 번식하는 식물. 피자식물, 꽃식물, 꽃을 피우는 식물이라고도 함. 꽃을 피우는 모든 식물. 식물 중에서 종수種數가 가장 많아 약 25만 종이 있는 것으로 알려져 있으며 오늘날 지구 표면에서 우점종으로 자리 잡고 있다.

형성층 Cambium — 부름켜의 세포들이 분열하여 줄기의 중심축을 향해 새로운 물관부 세포를 만들고, 바깥쪽을 향해 새로운 체관부 세포를 만든다. 부름켜는 생장과 분화를 계속할 수 있는 발생 능력을 가지는 미분화 세포에서 생긴다.

형태학 形態學, Morphology — 생물의 형태와 구조 및 생물체를 구성하는 각 부분의 크기 · 형태 · 구조 그리고 이들의 상호관계를 연구하는 생물학의 한 분야.

호르몬 Hormone — 다세포 생물의 일부 기관에서 합성되어 다른 기관에 영향을 미치는 물질. 호르몬은 성장 생식 생체 내 환경을 일정하게 유지하는 항상

성homeostasis 등 여러 가지 생리적 활성을 조절한다.

호흡 Respiration	산소를 이용해 탄수화물을 분해하여 에너지를 추출하는 과정을 말한다.
화밀 花蜜, Nectar	꽃, 줄기, 잎의 분비샘 또는 꿀샘에서 나오는 단맛의 점성 분비물. 식물은 화밀로 몸에 꽃가루를 묻혀 식물에서 식물로 옮기는 곤충을 유인한다.
화분괴 花粉塊, Pollinium	난초에서와 같이 꽃가루화분 알갱이들이 단단하게 뭉쳐 있는 덩어리를 말한다.
화분립 花粉粒, Pollen grain	암술머리에서 발아하는 작고 동그란 구조물을 말한다. 종자식물에 있어서 감소된 남성 배우체를 운반하는 미소체 홀씨로서 총체적으로는 화분이라고도 말한다.
화판상생 花瓣上生, Epipetalous	꽃잎에서 피어나는 것. 화판상생웅예花瓣上生雄蕊에서 볼 수 있음.
화피 조각 Tepal	꽃잎과 꽃받침이 서로 비슷한 모양으로 생겨나는 꽃받침 부분.
효소 Enzyme	생화학적 반응에서 촉매제로서 기능하는 단백질 분자.
휴면 休眠, Dormancy	환경적 압박 상태 또는 그와 유사한 조건이 가해졌을 때 이에 적응하여 생물이 물질대사적 활성을 낮춘 상태.

주

작가의 말

1 Karl J. Niklas, 『The Evolutionary Biology of Plants』(Chicago: University of Chicago Press, 1997), 13쪽 참조.

프롤로그

1 Loren Eiseley, 『The Immense Journey』(New York: Random House, 1957), 77쪽 참조.

1장 꽃을 어떻게 정의할 수 있을까?

1 Peter Bernhardt, 『The Rose's Kiss: A Natural History of Flowers』(Washington DC: Island Press, 1999)에서 꽃에 대한 상세한 설명을 발견할 수 있다. 또한 Sharman Apt Russell의 『Anatomy of a Rose: Exploring the Secret Life of Flowers』(New York: Perseus Books, 2001)도 좋은 읽을거리다.

2 장미의 '하위자방'은 실제로는 아주 복잡하다. 이것은 꽃대가 주머니 모양으로 발달한 것으로서 꽃의 중앙에 붙어 있는 암술의 각각 떨어져 있는 씨방을 감싸고 있다. 이것은 대부분의 하위자방과는 아주 다르며 단일암술의 기저부분에 위치하고 있다.

3 꽃의 구조와 식물학에 대한 일반적인 지식을 더 많이 알고자 한다면 대학 수준의 개론 교과서를 참고하는 것이 가장 좋은 방법이다. 생리학과 유전학의 기술적인 부분은 생략하라. 그리고 바로 구조론과 발전부분으로 가라. 그러고 나서 꽃에 관하여 구체적으로 설명한 부분을 찾아내라. 식물 분류법에 대한 소개를 잘 설명해주는 책으로는 James L. Castner, 『Photographic Atlas of Botany and Guide to Plant Identification』(Gainesville, FL: Feline Press, 2004)이 있으며, 보다 세밀한 내용을 알고 싶다면 Peter H. Raven, Ray F. Evert, 그리고 Susan E. Eichorn이 저술한 『Biology of Plants』(New York: W. H. Freeman & Co., 1999)를 참조.

4 야생 난초와 인공적으로 재배되는 여러 가지 다양한 난초에 대한 많은 책들이 있다. 일반적인 좋은 소개 책자로서는 Robert Dressler, 『The Orchids: Natural History and Classification』(Cambridge, MA: Harvard University Press, 1990)을, 더 상세한 칼라 사진을 포함한 책자로서는 William Cullina, 『Understanding Orchids』(New York: Houghton Mifflin, 2004)를 찾아보라. 또한 난초에 대한 간략한 개요에 관해서는 Kenneth Cameron, 「Age and Beauty」, 《Natural History》 113호 (June 2004) 참조.

5 초본식물에 관한 추가적인 자료를 원한다면 Richard W. Pohl, 『How to Know the Grasses』(Dubuque, IA: Wm. C. Brown, 1978)와 Rick Darke가 편집한 『Manual of Grasses』(Portland, OR: Timber Press, 1995) 참조.

6 미국 중서부 지방에 서식하는 구성체와 해바라기과 식물에 관한 좋은 소개 책자로는 Thomas M. Antonio와 Susanne Masi의 공저 『The Sunflower Family in the Upper Midwest』(Indianapolis: Academy of Science, 2001) 참조.

7 아로이드과 식물에 관해서는 Deni Brown, 『Plants of the Arum Family』(Portland, OR: Timber Press, 2000) 참조.

2장 무엇을 위해 꽃은 피어나는가?

1 원문 논문인 「Rescue of a Severely Bottlenecked Wolf(Canis lupus)」는 《Proceedings of the Royal Society of London》에 제출된 논문 B270(2003) 91~97쪽 참조.

2 붉은 여왕의 가설은 맨 처음에는 Leigh Van Valen에 의해 「A New Evolutionary Law」, 『Evolutionary Theory 1』(1973) 1~30쪽에 게재됨.

3 자가 불화합성에 관한 최근의 기술적인 연구는 S. J. Hiscock과 S. M. McInnis의 논문 「The Diversity of Self-Incompatibility Systems in Flowering Plants」, 《Plant Biology》 5호 (2003) 23~32쪽에 게재됨.

4 언제 꽃을 피우는가에 대한 추가적인 연구를 위해서는 Ruth Bastow와 Caroline Dean의 논문 「Deciding When to Flower」, 《Science》 302호(2003)1695~1697쪽 참조.

3장 꽃과 꽃을 돕는 친구들

1 식물에게 필요한 토양이 영양분을 만드는 데 있어서 균류와 그의 중요성에 관하여 추가적인 자료가 필요하다면 M. A. Selosse 와 F. Le Tacon의 「The Land Flora : A Phototroph-fungus Partnership?」, 《Trends in Ecology and Evolution》 13호(1998) 15~20쪽과 Elizabeth Pennisi의 최근 연구 논문 「The Secret Life of Fungi」, 《Science》 304호(2004) 1620~1622쪽 참조.

2 곤충은 색깔이 화려한 꽃을 위한 가장 중요한 꽃가루 매개자다. 이에 대한 아주 훌륭한 연구서로는 Friedrich G. Barth, 『Insects and Flowers: The Biology of a Partnership』(Princeton, NJ : Princeton University Press,1985)이 있으며, 또한 꽃가루 수정에 관한 기술적 연구에 대한 추가적인 자료가 필요하다면 Peter Yeo와 Andrew Lack의 『The Natural History of Pollination』(Portland, OR : Timber Press, 1996)을 참고하는 것도 좋다.

3 식물의 냄새에 관한 최근의 연구는 Eran Pichersk, 「Plant Scents: What We Perceive as a Fragrance Is Actually a Sophisticated Tool Used by Plants to Entice Pollinators, Discourage Microbes and Fend Off Predators」, 《American Scientist》 92호(2004) 514~521쪽 참조.

4 꿀벌의 생애와 '춤의 언어'에 대한 분석은 James L. Gould와 Carol G. Gould에 의해 세밀하게 연구되었다. 그들의 공저 『The Honeybee』(New York : Scientific American Library, 1995)를 참조하라. 또 다른 참고서적으로는 Hattie Ellis의 『Sweetness and Light: The Mysterious History of the Honeybee』 (New York : Harmony Books, 2004)와 Christopher O' Toole과 Anthony Raw가 쓴 『Bees of the World』(London : Blamford Press, 1991), Dave Goulson의 『Bumblebees : Their Behaviour and Ecology』(Oxford and New York : Oxford University Press, 2003) 등이 있다.

5 꿀벌의 머리에 관한 논문은 Victor B. Meyer-Rochow와 Olli Vakkuri에 의해 출간된 「Honeybee Heads Weigh Less in Winter than in Summer : A Possible Explanation」, 《Ethology, Ecology & Evolution》 14호 (2002) 참조.

6 비록 기술적으로는 고전에 속하지만 Bernd Heinrich, 『Bumblebee Economics』(1979; Cambridge : Harvard University Press, 2004) 참조.

7 다윈의 초기 해석에 관한 중요한 논문은 L. A. Nilsson을 비롯한 여러 명의 학자들이 쓴 「Monophily and Pollination Mechanisms in Angraecum arachnites Schltr. (Orchidaceae) in a Guild of Longtongued Hawk-moths (Sphingidae) in Madagascar」, 《Biological Journal of the Linnean Society》 26호(1985)를 참조. 또한 아이리스과의 식물에서 이러한 현상의 보다 더 긍정적인 해석은 Ronny Alexandersson과 Steven B. Johnson이 쓴 「Pollinator-mediated Selection on Flower-tube Length in a Hawkmoth-pollinated Gladiolus (Iridaceae)」, 《Proceedings of the Royal Society of London》 B 269(2002) 631~636쪽 참조.

8 긴 혀를 가진 꽃가루를 매개하는 남아프리카 파리에 대한 Laura A. Sessions와 Steven D. Johnson의 논문 「The Flower and the Fly」, 《Natural History》 114호, no. 2 (March 2005) 참조.

9 "꿀을 빨아들이는 곤충은 매 1분마다 태어나고 있다"는 이야기는 Peter Bernhardt의 『The Rose's Kiss: A Natural History of Flowers』(Washington, DC: Island Press, 1999) 191쪽에 기술되어 있다.

10 일부 난초가 생산하는 씨앗의 숫자에 관한 평가는 Edward Ayensu의 「Beautiful Gamblers of the Biosphere」, 《Natural History》 86집 8호(October 1977) 37~44쪽에 게재되어 있다.

11 난초의 향기와 곤충 암컷의 냄새를 모방하는 밀접한 화학 물질에 대해서는 F. Schiestl를 비롯한 여러 명의 공저 「Orchid Pollination by Sexual Swindle」, 《Nature》 399호(1999) 421~422쪽 참조. 또한 Manfred Ayasse의 「Pollinator Attraction in a Sexually Deceptive Orchid by Means of Unconventional Chemicals」, 《Proceedings of the Royal Society, London》 B270(2003) 517~522쪽 참조.

12 무화과나무와 무화과 말벌에 관한 추가 자료는 James M. Cook과 Jean-Yves Rasplus의 「Mutualists with Attitude: Coevolving Fig Wasps and Figs」, 《Trends in Ecology & Evolution》 18호(2003) 241~248쪽 참조.

13 특이한 살포자에 관한 기술 보고서를 보고자 한다면 Anthony C. Nchanji와 Andrew J. Plumptre의 「Seed Germination and Early Seedling Establishment of Some Elephantdispersed Species in Banyang-Mbo Wildlife Sanctuary, Southwestern Cameroon」, 《Journal of Tropical Ecology》 19호(2003)와 D. W. Snow, 「Tropical

Frugivorous Birds and Their Food Plants: A World Survey」, 《Biotropica》 13호 (1981) 참조.

15 카카오나무의 잎에 있는 균류를 물리치는 또 다른 균류에 대해서는 Keith Clay의 「Fungi and the Food of the Gods」, 《Nature》 427호(2004) 401~402쪽에서 잘 설명되고 있다.

4장 꽃과 그의 적들

1 초식동물과 식물들이 어떻게 그들에게 반응하는가에 대해서는 다양한 생태학 교과서에서 설명하고 있다. William Agosta의 『Bombadier Beetles and Fever Trees: A Close-up Look at Chemical Warfare and Signals in Animals and Plants』(New York: Addison-Wesley, 1996)와 같은 저자의 『Thieves, Deceivers and Killers: Tales of Chemistry in Nature』(Princeton, NJ: Princeton University Press, 2001)를 참조.

2 만약 선인장에 대해 더 자세하고 포괄적으로 알고자 한다면 Edward F. Anderson, 『The Cactus Family』(Portland, OR: Timber Press, 2001) 참조.

3 식물의 화학적 방어에 대해서는 많은 책자에서 다루어지고 있다. 초보자들은 위에서 인용한 William Agosta의 책을 참고하라. 또한 John King, 『Reaching for the Sun: How Plants Work』(Cambridge and New York: Cambridge University Press, 1997)에도 여러 장에 걸쳐서 설명하고 있다.

4 왕나비에 대한 최근의 상세한 연구에 대해 알고자 한다면 Karen S. Oberhauser와 Michelle J. Solensky가 펴낸 『The Monarch Butterfly: Biology and Conservation』(Ithaca, NY: Comstock Press, 2004) 참조.

5 '가짜 나비 알' 에 대한 연구는 A.M. Shapiro에 의해 연구되었으며, 「Egg-mimics of Strepanthus (Cruciferae) Deter Oviposition by Pieris sisymbrii (Lepidoptera: Pieridae)」, 《Oecologia》 48호(1981) 142~145쪽 참조.

6 개미와 식물의 공생관계에 대한 두 권의 책이 있다. Andrew J. Beattie, 『The Evolutionary Ecology of Ant-plant Mutualism』(Cambridge and New York: Cambridge University Press, 1985)과 Pierre Jolivet, 『Ants and Plants: An Example of

Coevolution』(Champaign, IL: Backhuys Publishers, 1996) 참조.

7 여기에 이 의문에 대한 몇 가지 참고사항이 있다. 옥수수 이야기는 H. T. Alborn 외 여러 명의 공저 「An Elicitor of Plant Volatiles from Beet Armyworm Oral Secretion」, 《Science》 276호(1997) 945~949쪽을 참조하라. 이와 같은 경우 옥수수나무는 거염벌레에 기생하는 말벌을 유혹하는 휘발성 물질을 발산한다. 또한 Clarence A. Ryan과 Daniel S. Moura discuss의 「Systemic Wound Signaling in Plants: A New Perception」, 《Proceedings of the National Academy of Sciences USA》 99호(2002) 6519~6520쪽에도 잘 나타난다. 이 문제에 대해 더욱 자세한 내용은 Anthony Trewavas의 「Aspects of Plant Intelligence」, 《Annals of Botany》 92호(2003) 1~20쪽 참조.

5장 꽃을 피우는 식물과 다른 식물들을 어떻게 구분할 수 있을까?

1 4억 년 동안 지구의 지상식물군의 변화를 중심으로 연구한 고식물학의 대학 수준의 연구를 자세히 알고자 하면 K. J. Willis와 J. C. McElwain, 『The Evolution of Plants』(Oxford and New York: Oxford University Press, 2002) 참조. 짧은 논문으로는 Paul Kenrick과 Peter Crane의 「Origin and Early Evolution of Plants on Land」, 《Nature》 389호(1997)가 있으며 전 시대를 통한 지상식물의 구조적 진화에 대해 연구한 또 다른 선구적 연구서에는 Karl Niklas가 쓴 『The Evolutionary Biology of Plants』(Chicago: University of Chicago Press, 1997)가 있다.

2 초기 지상식물에 대해 간략하게 알고 싶다면 J. William Schopf가 편찬한 『Major Events in the History of Life』 중에서 J. B. Richardson의 「Origin and Evolution of the Earliest Land Plants」를 참조하라. 또한 해조류의 조상에 대한 보다 더 최근의 기술 보고서로는 Louise A. Lewis와 Richard M. McCourt가 공저한 「Green Algae and the Origin of Land Plants」, 《American Journal of Botany》 91호(2004)가 있다.

3 Will H. Blackwell, 「Two Theories of Origin of the Land-plant Sporophyte: Which Is Left Standing?」, 《Botanical Review》 69호 (2003) 참조.

4 식물의 '도관 시스템'에 대해 더 잘 이해하고자 한다면, 앞에서 인용한 식물학 연구서에 수록되어 있는 식물해부학에 관한 논문을 참조하라. 예를 들면 Peter H. Raven과 Ray F. Evert, Susan E. Eichorn의 공저, 『Biology of Plants』(New York: W. H. Freeman & Co.,

1999)를 참조하라.

5 아주 잘된 식물의 구별과 중요한 식물 종류에 대한 사진 설명은 James L. Castner, 『Photographic Atlas of Botany and Guide to Plant Identification』(Gainesville, FL: Feline Press, 2004)을 참조하라. 또한 식물의 분류와 용어, 그리고 꽃을 피우는 식물 종류에 관한 논문으로는 Dennis Woodland, 『Contemporary Plant Systematics』(Berrien Springs, MI: Andrews University Press, 1997)가 있고 보다 현대적인 관점으로부터 검토한 자료로는 Walter S. Judd 외 여러 명이 저술한 『Plant Systematics: A Phylogenetic Approach』(Sunderland, MA: Sinauer Associates, 1999)가 있다.

6 속씨식물의 심피는 어떤 면에서는 추상적인 개념이다. 이에 대한 대학 수준의 교과서는 독자 여러분께 자연에 대한 추가적인 통찰과 겉씨식물에 있어서의 꽃의 자성기(雌性器, 암술군)의 다양성에 추가적인 지식을 제공해줄 것이다. 많은 식물학자들은 초기 속씨식물의 원시적인 암술과 원시적인 심피는 자연 상태의 잎 모양이었을 것이라고 생각하고 있다. 내 생각으로는 심피의 경우에는 맞지만 암술에 대해서는 그렇지 않다고 생각한다. 『The Anther: Form, Function and Phylogeny』(Cambridge and New York: Cambridge University Press, 1996)에 실린 나의 논문 「Are Stamens and Carpels Homologous?」 참조.

7 중국에서 발견된 새로운 중요한 화석에 대해서는 Ge Sun 외 여러 명의 공저인 「Archaefructaceae, A New Basal Angiosperm Family」, 《Science》 296호(2002) 899~903쪽 참조.

8 대부분의 식물학 교과서는 외떡잎식물과 쌍떡잎식물 사이의 현저한 차이를 설명하고 있다. 나는 지금까지 씨앗의 잎이나 외떡잎식물과 쌍떡잎식물의 떡잎은 상동기관이 아니라는 것을 주장해왔다. 「The Question of Cotyledon Homology in Angiosperms」, 《Botanical Review》 64호(1998) 356~371쪽 참조.

9 속씨식물을 분류하는 현대적인 방법은 최근 들어 여러 기술적 보고서에서 논의되고 있으며, 이 보고서는 일반 독자들에게는 열람이 불가능하다. 좀더 관심 있는 독자들은 Pamela S. Soltis와 Douglas E. Soltis의 「The Origin and Diversification of Angiosperms」, 《American Journal of Botany》 91호(2004)와, Peter K. Endress 「Structure and Relationships of Basal Relictual Angiosperms」, 《Australian Journal of Botany》 17호(2004)를 참조.

6장 무엇이 꽃을 피우는 식물을 특별하게 만들었을까?

1 Norman F. Hughes, 『Paleobiology of Angiosperm Origins』(Cambridge and New York: Cambridge University Press, 1976), 36쪽 참조.

2 Francis Hallé는 자신의 아름다운 사진으로 만든 저서 『In Praise of Plants』(Portland, OR: Timber Press, 2002)에서 식물의 형태와 구조를 설명했다. 꽃피는 식물로 하여금 다양한 구조를 형성하게끔 만든 유전학적 배경에 대한 기술적 연구서를 찾는다면 Annette Becker와 Günter Theissen의 「The Major Clades of MADS-box Genes and Their Role in the Development and Evolution of Flowering Plants」, 《Molecular Phylogeny and Evolution》 29호(2003) 참조.

3 G. Ledyard Stebbins와 나는 《Bioscience》 31호(1981)에 게재된 논문인 「Why are there so many kinds of flowering plants?」에 대한 질문에 대해 연구 발표했다. 습기가 많은 열대환경에서 이루어지는 다양화에 대해서는 John Terborgh, 『Diversity and the Tropical Rain Forest』(New York: Scientific American Library, 1992) 참조.

4 식물생리학과 광합성에 대한 일반적인 논의를 위해서는 John King, 『Reaching for the Sun: How Plants Work』(Cambridge and New York: Cambridge University Press, 1997) 참조.

7장 영장류, 그리고 꽃을 피우는 식물

1 R. W. Sussman은 「Primate Origins and the Evolution of Angiosperms」, 《American Journal of Primatology》 23호(1991)와 「How Primates Invented the Rainforest and Vice Versa」, 『Creatures of the Dark: The Nocturnal Prosimians』(New York: Plenum Press, 1995)를 통해서 속씨식물과 영장류의 관계에 대해 설명하고 있다.

2 나는 『Perfect Planet, Clever Species: How Unique Are We?』(Amherst, NY: Prometheus Books, 2003)의 7장에서 꽃을 피우는 식물이 양손을 번갈아 매달리는 유인원의 진화에 결정적인 역할을 했다는 것을 주장했다.

3 우리가 어떻게 우리의 두 발로 걷는 것을 시작하였는가에 대한 최신의 그리고 읽을 만한 논문

을 찾는다면 Craig Stanford, 『Upright:The Evolutionary Key to Becoming Human』 (New York:Houghton Mifflin, 2003) 참조.

4 이 주제는 일부에서 아직도 논쟁이 있는 주제다. Todd Surovell, Nicole Waguespack, P. J. Brantingham, 「Global Archaeological Evidence for Proboscidean Overkill」, 《Proceedings National Academy of Science, USA》 102호(2005)와 David A. Burney, Timothy F. Flannery, 「Fifty Millennia of Catastrophic Extinctions after Human Contact」, 《Trends in Ecology and Evolution》 20호 (2005)를 참조.

5 개미의 영농활동에 대한 기술적 논문에 대해서는 Ulrich G. Mueller, S. A. Rehner, and T. R. Schultz, 「The Evolution of Agriculture in Ants」, 《Science》 281호(1998) 참조.

6 초기 농경활동에 대해 잘 설명한 논문으로는 Bruce D. Smith, 『The Emergence of Agriculture』(New York:Scientific American Library, 1995)이 있다. 또 다른 중요한 요약 논문은 Richard S. MacNeish, 『The Origins of Agriculture and Settled Life』(Norman: University of Oklahoma Press, 1992). 보다 일반적인 연구는 Jack R. Harlan, 『The Living Fields:Our Agricultural Heritage』(Cambridge and New York: Cambridge University Press, 1995)를 참조하며, 이 주제를 논한 심포지엄 논문집에는 C. Wesley Cowan, P. J. Watson 편저 『The Origins of Agriculture:An International Perspective』 (Washington, DC:Smithsonian Institution Press, 1992)가 있다.

7 최초의 벼의 재배에 대한 기록은 Zhao Zhijun, 「The Middle Yangtze Region in China Is One Place Where Rice Was Domesticated:Phytolith Evidence from the Diaotonghuan Cave, Northern Jiangxi」, 《Antiquity》 72호(1998)에 보고되었다.

8 '농업의 중심지' 에 대한 주장을 연구하기 위해는 D. R. Harris, 「Vavilov' s Concept of Centers of Origin of Cultivated Plants:Its Genesis and Its Influence on the Study of Agricultural Origins」, 《Biological Journal of the Linnean Society》 39호(1990) 참조. 서반구에 대한 연구에 대해서는 Bruce D. Smith, 「The Origins of Agriculture in the Americas」, 《Evolutionary Anthropology》 3호 참조.

9 식물생리학과 광합성에 대한 일반적인 논의를 위해서는 John King, 『Reaching for the Sun:How Plants Work』(Cambridge and New York:Cambridge University Press, 1997) 참조.

10 협과 식물의 작은 혹에 대한 짤막한 기술적 참고자료는 Jean Marx, 「The Roots of Plant-microbe Collaborations」, 《Science》 304호(2004) 참조.

11 많은 인류학자들은 인간이 일부 식물과 동물을 길들였을 뿐만 아니라, 그 과정에서 인간 스스로가 길들여졌다고 믿고 있다. 이에 대해서는 Helen M. Leach의 논문 「Human Domestication Reconsidered」, 《Current Anthropology》 44호(2003) 참조.

12 이에 관한 이야기는 Benjamin Orlove, John Chang와 Mark A. Cane, 「Ethnoclimatology in the Andes」, 《American Scientist》 90호(2002) 참조.

13 식물 종자 연구에 있어서 최근의 발전에 대해 알아보고자 한다면, Paul F. Lurquin, 『High Tech Harvest: Understanding Genetically Modified Food Plants』(New York: Perseus Books, 2002) 참조. 그리고 우리 인류에 초점을 맞춘 유전과학에 대한 연구논문으로는 Henry Gee, 『Jacob's Ladder: The History of the Human Genome』(New York: W. W. Norton, 2004) 참조.

14 길들여진 동물의 숫자에 대한 통계는 J. R. McNeill, 『Something New Under the Sun: An Environmental History of the Twentieth Century』(New York: W. W. Norton, 2000) 참조.

8장 꽃은 어떻게 세상을 바꾸었을까?

1 Michael Pollon의 『The Botany of Desire: A Plant's Eye View of the World』 (New York: Random House, 2001) 108쪽 인용. 그는 우리 인류와 강력한 상호작용을 하는 사과, 튤립, 마리화나나무, 감자 등 4종의 재배된 식물의 역사와 생물학을 연구했다.

2 진화에 있어서 발전의 개념에 대해서 보다 더 자세한 설명은 나의 저서 『Perfect Planet, Clever Species』(Amherst, NY: Prometheus Books, 2003) 6장에서 잘 설명되어 있다.

3 온대지방의 나무에 의지하여 살아가는 곤충의 숫자에 대해서는 T. Southwood, 「The Number of Species of Insect Associated with Various Trees」, 《Journal of Animal Ecology》 30호(1961) 참조.

4 담배(가지과의 니코티아나속)에 살고 있는 곤충에 대항하는 화학 물질의 중요성에 대한 증거는 André Kessler, Rayko Halitschke, Ian T. Baldwin, 「Silencing the Jasmonate

Cascade: Induced Plant Defenses and Insect Populations」, 《Science》 305호(2004)에서 보고되었다.

5 Consuelo De Moraes, Mark C. Mescher, 「Biochemical Crypsis in the Avoidance of Natural Enemies by an Insect Herbivore」, 《Proceedings National Academy of Science, USA》 101호(2004) 참조.

6 특히 딱정벌레는 꽃을 피우는 식물 덕분에 개체 수를 증가시켰다. B. D. Farrell, 「'Inordinate Fondness' Explained: Why Are There So Many Beetles?」, 《Science》 281호(1998) 555~559쪽 참조.

7 Harald Schneider외 다수의 공저인 「Ferns Diversified in the Shadow of Angiosperms」, 《Nature》 428호(2004) 553~556쪽 참조. 양치식물에 대한 논문을 보려면 Robbin Moran, 『The Natural History of Ferns』(Portland, OR: Timber Press, 2004) 참조.

8 Gregory J. Retallack, 「Cenozoic Expansion of Grasslands and Climatic Cooling」, 《Journal of Geology》 109호(2001) 참조.

9 농업의 영향에 대해 더 자세히 알고자 한다면 마지막 장에 실려 있는 농업에 관한 참고자료를 참조하라.

10 Daniel Hillel, 『Out of the Earth: Civilization and the Life of the Soil』(Berkeley: University of California Press, 1991)을 자세히 그리고 오랫동안 읽어보라. 수세기 동안에 이루어진 숲의 소멸을 알기 위해서는 Michael Williams, 『Deforesting the Earth: From Prehistory to Global Crisis』(Chicago: University of Chicago Press, 2003) 참조.

11 꽃을 피우는 식물이 없이는 우리 인류가 이 지구상에 존재하지 않을 것이라는 주장은 내가 그동안 주장해온 '행운의 파괴' 시리즈의 일부이며 '완전한 지구, 현명한 생물 종'의 주요 주제다.

에필로그

1 일반적인 역사에 대해 알고자 한다면 Christopher Thacker, 『The History of Gardens』

(Berkeley: University of California Press, 1979)를, 많은 인간 사회에서 꽃을 어떻게 사용하고 있는가에 대한 포괄적인 연구는 Jack Goody, 『The Culture of Flowers』(Cambridge and New York: Cambridge University Press, 1993)를 참조.

2 이들 숫자의 출처는 2004년 1월 18일자 《New York Times》에 실린 George Vecsey의 칼럼 「Forget Pete Rose; The Country Has a Betting Habit」에서 인용.

3 가이아의 가설에 대해 보다 더 자세한 사항을 알고자 한다면 Lynn Margulis, 『Symbiotic Planet: A New View of Evolution』(New York: Basic Books, 1998)의 8장과 Elisabet Sahtouris, 『Gaia: The Human Journey from Chaos to Cosmos』(New York: Pocket Books, 1989) 참조. 좀더 짧은 글을 원한다면 C. Barlow, T. Volk, 「Gaia and Evolutionary Biology」, 《Bioscience》 42호(1992) 686~692쪽과 S. Schneider, 「A Goddess of Earth or the Imagination of a Man?」, 《Science》 291호(2001) 참조.

4 인간의 인구폭발에 대한 참고자료를 찾는다면 Joel E. Cohen, 『How Many People Can the Earth Support?』(New York: W. W. Norton, 1995)와 내 논문 「Human Population: The Next Half Century」, 《Science》 302호(2003) 참조. 또한 전 세계의 인류를 먹여 살릴 수 있을 것이라는 긍정적인 견해에 대해서는 Norman Borlaug, 「Feeding a World of 10 Billion People: The Miracle Ahead」, 『Global Warming and Other Eco-Myths』(New York: Prima Publisher, 2002), 29~59쪽 참조.

5 에코투어리즘(Ecotourism, 환경 관광, 자연 환경을 손상치 않는 관광 여행)은 자연의 본래의 정원을 유지하기 위한 하나의 방법이다. Michael J. Novacek이 편집한 『The Biodiversity Crisis』(New York: New Press, 2001), 156~162쪽 참조.

사진 출처

- 야생 제라늄 | 31p ⓒ Alvesgaspar@the wikipedia project
- 로시 브랙테아타 | 36p ⓒ Cillas@the wikipedia project
- 난꽃 | 46p ⓒ Calyponte@the wikipedia project
- 타베부이아 | 48p ⓒ 2006 Carla Antonini@the wikipedia project
- 민들레 | 59p ⓒ Wadester16@the wikipedia project
- 능소화 | 85p ⓒ Kurt Stueber @biolib.de
- 클레이니아 | 95p ⓒ Marianne Perdomo@Flickr.com http://www.flickr.com/photos/81724454@N00/245348689
- 박각시나방 | 122p ⓒ IronChris@the wikipedia project
- 개불알난 | 125p ⓒ Alex Tievsky(SaveThePoint)@the wikipedia project
- 오프리스 난초 | 128p ⓒ Bernd Haynold@the wikipedia project
- 쐐기풀 | 161p ⓒ Michael Gasperl@the wikipedia project
- 디기탈리스 | 165p ⓒ Kurt Stueber@biolib.de
- 우산이끼 | 196p ⓒ J. F Gaffard Jeffdelonge@fr.wikipedia
- 스위트피 | 213p ⓒ Giligone@the wikipedia project
- 엔세테 | 257p ⓒ Renata@the wikipedia project
- 가위개미 | 286p ⓒ Bandwagonmanen@the wikipedia project
- 브로멜라이드 | 324p ⓒ Prashanthns@the wikipedia project
- 스트로마톨라이트 | 338p ⓒ Laruth@Flickr.com http://www.flickr.com/photos/laruth/153584043/

※ 상기 표기된 사진을 제외한 다른 모든 사진은 저작권이 만료되거나 없는 사진임을 밝힙니다.